제 2 판

STM32CubeIDE를 이용한

CORTEX-M4 기초 및 응용

박 민 상 저

B.C.Info

머리말 PREFACE

필자는 (주)LG정보통신 중앙연구소에서 통신장비를 개발하였고, 현재는 대학에서 학생들에게 마이크로프로세서 관련 교과목을 강의하고 있습니다. 그러던 중 학생들이 산업체에서 사용하는 마이크로프로세서를 학교에서 배우고 졸업 후에도 관련 업무에 적용하는 데 도움이 되었으면 하였고, 이에 따라 Cortex-M4 프로세서를 기초부터 응용까지 적용할 수 있는 본 교재를 집필하게 되었습니다.

본 교재 중 기초 부분에서는 STM32F411을 사용하여 제작한 NUCLEO-F411 보드와 관련된 정보, 드라이버(GPIO, USART, ADC, I2C 등)을 이용한 기본 실습을 설명하였습니다. 응용 부분에서는 자이로&가속도 센서를 이용한 위치 측정과 FreeRTOS 그리고 최근 핫이슈인 X-Cube-AI를 이용한 인공신경망까지 실습할 수 있도록 하였습니다.

시중에 있는 다른 Cortex MCU 관련 교재들은 교재 실습을 위해 비싼 전용 보드를 구매해야 하지만, 본 교재에서는 NUCLEO-F411 보드와 기타 전자 부품만 사용하여 직접 하드웨어를 구성하고 동작시켜 볼 수 있도록 하였습니다. 또한 교재의 전체 내용을 학습 또는 복습할 수 있도록 YouTube (https://www.youtube.com/@Cortex-M4-mspark)를 통해 관련 자료를 제공하도록 하겠습니다.

본 교재가 학습하는 모든 독자 분들께 많은 도움이 되기를 소망합니다.

2023년 7월
저자 씀

Cortex-M4 기초 및 응용 키트 구성

교재에 포함된 모든 실습을 할 수 있는 구성 세트 입니다. 교재를 포함한 세트로 구성된 제품 이외에도 교재에서 사용된 개별 부품들도 구매 가능 합니다.
쇼핑몰 : http://www.deviceshop.net, https://smartstore.naver.com/openhw

NUCLEO-F411RE 실습보드	**5파이 LED 8개**	**330Ω 막대 저항 10개**	**4.7KΩ 막대 저항 5개**

점퍼선(암-수 10개)	**점퍼선(수-수 10개)**	**LB1630 IC 2개**	**DC 모터 2개**

택트 스위치 2개	**초음파 센서 1개**	**가변저항 100KΩ 2개**	**MPU6050**

브레드보드 (400 tie-point)	**7세그먼트 캐소드 공통형 1개**		

목 차 CONTENTS

제1장 STM32 실습보드 이해하기

제2장 개발환경 구축

제3장 GPIO 실습

제4장 외부인터럽트 실습

제5장 USART 실습

제6장 ADC 실습

제7장 Timer/Counter 실습

제8장 가속도센서와 자이로센서 실습

제9장 FreeRTOS 실습

제10장 AI 실습

1장 STM32 실습보드 이해하기

본 교재에서는 ST사 STM32F411RET6 마이크로컨트롤러를 사용한 NUCLEO-F411RE 실습보드를 사용한다. NUCLEO-F411RE 보드에는 프로그래머와 디버깅을 위한 하드웨어가 포함되어 있으므로 별도의 큰 비용 없이 GPIO 실습에서부터 AI 응용실습까지 할 수 있다.

1.1 STM32F411RET6 이해하기

① STM32F411RET6 Ordering 정보

[표 1-1] STM32F411RET6 Ordering 정보

구 분	내 용
STM32	Device family : Arm®-based 32-bit micro-controller
F	Product type : General-purpose
411	Device subfamily : 411 family
R	Pin count : 64 pins
E	Flash memory size : 512 Kbytes of Flash memory
T	Package : LQFP
6	Temperature range : Industrial temperature range, − 40 to 85 ° C

② STM32F411RET6 주요 특징

○ 데이터 일괄처리인 BAM(Batch Acquisition Mode)을 사용한 동적효율성을 제공한다.

- 1.7 V to 3.6 V 전원공급
- 40°C to 85/105/125 °C 온도범위

○ 코어

- FPU(Floating Point Unit)를 갖고 100MHz까지 동작하는 Arm® Cortex®-M4 32-bit RISC 코어구조로 설계되었다.
- 모든 DSP 명령 구현과 MPU(Memory Protection Unit) 기능 등을 갖는다.

○ 메모리

- 512 Kbytes 까지의 Flash 메모리를 내장하고 있다.
- 128 Kbytes SRAM을 내장하고 있다.

○ 클럭, 리셋 및 파워관리

- POR(Power On Reset), BOR(Brown Out Reset) 회로와 함께 구성된 PDR(Power Down Reset) 회로가 내장되어 있다.
- 4에서 26MHz 크리스탈 발진기로 동작한다.
- 내부 16MHz factory-trimmed RC를 내장하고 있다.
- RTC(Real Time Clock)용 32kHz 발진기로 동작한다.
- 내부 32kHz RC를 내장하고 있다.

○ 전력소모

- Run : 100μA/MHz(peripheral off)
- Stop(Flash in Stop mode, fast wake-up time) : 42μA Typ @ 25C; 65 μA max @25 °C
- Stop(Flash in Deep power down mode, slow wakeup time) : down to 9μA; 28μA max @25 °C
- Standby : 1.8 μA @25 °C / 1.7 V without RTC; 11 μA @85 °C @1.7 V 등

○ A/D 컨버터

- 12bit, 16채널, 2.4MSPS(Mega Samples Per Second) 특징을 갖는다.

○ DMA

- FIFOs and burst를 지원하는 16-stream DMA 제어기가 내장되어 있다.

○ 타이머

- 100MHz까지 동작하는 6개의 16비트 타이머, 2개의 32비트 타이머, 2개의 Watchdog 타이머, SysTick 타이머가 내장되어 있다.

○ 디버그모드

- SWD(Serial Wire Debug) & JTAG(Joint Test Action Group) 인터페이스를 지원한다.
- Cortex®-M4 Embedded Trace MacrocellTM를 지원한다.

○ I/O포트

- 인터럽트가 가능한 최대 81개 I/O포트를 지원한다.
- 최대 100MHz까지 동작하는 78개 fast I/O포트가 있다.

○ 통신인터페이스 등

- 최대 3개 I2C가 있다.
- 최대 3개 USART가 있다.
- 최대 5개 SPI가 있다.
- SDIO interface가 있다.
- USB 2.0 full-speed device/host/OTG controller가 있다.

○ CRC calculation unit, 96-bit unique ID 등이 있다.

③ STM32F411RET6 내부구조

[그림 1-1]은 STM32F411의 내부 블록도이다. 그림에서 보듯이 ARM Cortex-M4, MPU, NVIC, DMA, 512KB Flash, 128KB SRAM, GPIO(A~H), TIMER, USART, SPI, I2C, USB, Power 관리 및 감독모듈, CRC, Reset & clock 제어 등으로 구성되어 있다.

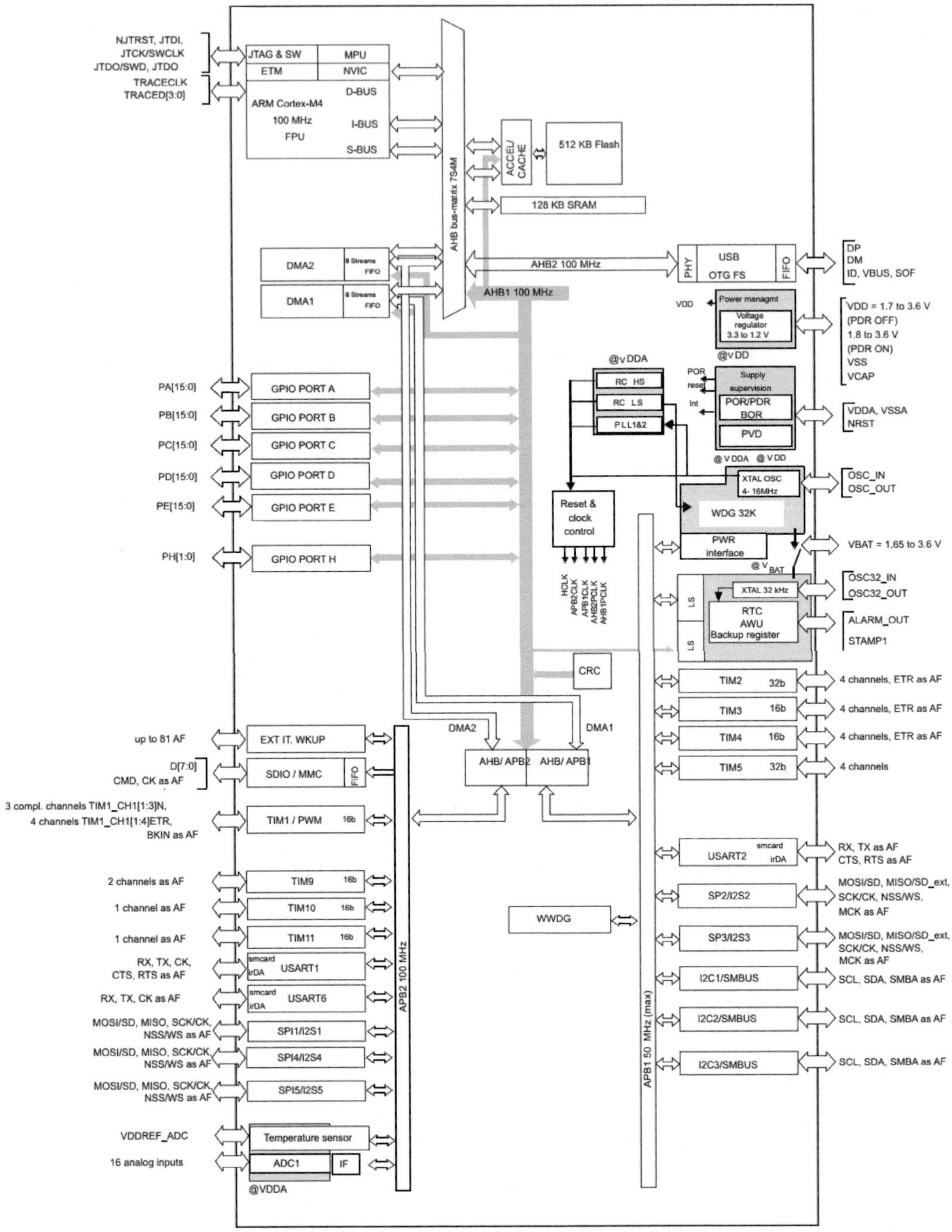

[그림 1-1] STM32F411 CPU 내부 블록도

④ STM32F411RET6 기능 설명

○ Arm® Cortex®-M4 with FPU core

FPU 프로세서가 내장된 Arm® Cortex®-M4는 최신 ARM 프로세서이다. 임베디드시스템에서 사용자 요구를 충족하는 저비용 플랫폼을 제공하기 위해 개발되었고, 저전력, 뛰어난 계산 성능과 인터럽트에 대한 고급 응답 등을 제공한다. 그리고 프로세서는 효율적인 신호 처리와 복잡한 알고리즘 실행을 가능하게 하는 DSP 명령 지원 및 모든 ARM툴 소프트웨어와 호환된다.

○ Adaptive Real-Time memory Accelerator

ART Accelerato™는 FPU 프로세서에서 STM32 산업 표준 Arm® Cortex®-M4에 최적화된 메모리 가속기로 높은 주파수에서 프로세서가 Flash 메모리를 대기하는 메모리 기술과 Cortex®-M4 프로세서와 균형을 유지한다. 즉, ART Accelerator를 통해 최대 100MHz의 CPU 주파수로 플래시 메모리에서 0 wait state로 프로그램 실행이 가능하다.

○ Batch Acquisition Mode(BAM)

BAM은 데이터를 일괄 처리하는 동안 전력효율을 향상시키는 것이다. 감소된 소비전력으로 DMA를 사용하여 모든 통신 주변장치를 통해 직접 메모리로 데이터를 수집할 뿐 아니라 시스템의 나머지 부분이 저전력모드에서 데이터 처리도 수행한다.

○ Memory Protection Unit(MPU)

MPU는 한 작업이 다른 작업에서 사용하는 메모리 또는 리소스를 실수로 손상시키지 않도록 메모리에 대한 CPU 액세스를 관리하는 것이다. 메모리 영역은 최대 8개의 보호 영역으로 구성되고 각 영역은 8개의 하위 영역으로 분할될 수 있다. 보호 영역 크기는 32바이트에서 주소 지정 가능한 전체 4GB 메모리 사이이다. MPU는 일반적으로 RTOS에 의해 관리되고 RTOS 환경에서 커널은 실행할 프로세스에 따라 MPU 영역설정을 동적으로 업데이트 한다.

○ Embedded flash memory

프로그램 및 데이터를 저장하는 데 사용할 수 있는 최대 512KB의 플래시 메모리가 있다.

○ CRC(Cyclic Redundancy Check) calculation unit

CRC(순환 중복 검사) 계산 장치는 32비트 데이터 워드와 고정 생성기 다항식에서 CRC 코드를 가져오는 데 사용된다. 응용에서 CRC 기반 기술은 데이터 전송 또는 저장 무결성을 확인하는 데 사용된다.

○ Embedded SRAM

대기 상태가 0인 CPU 클럭 속도로 액세스(읽기/쓰기)할 수 있는 128KB의 시스템 SRAM이 있다.

○ Multi-AHB bus matrix

[그림 1-2]의 32비트 멀티 AHB 버스 매트릭스는 모든 마스터(CPU, DMA)와 슬레이브(플래시 메모리, RAM, AHB 및 APB 주변 장치)를 상호 연결하여 여러 고속 주변 장치가 동시에 작동하는 경우에도 원활하고 효율적인 작동을 보장한다.

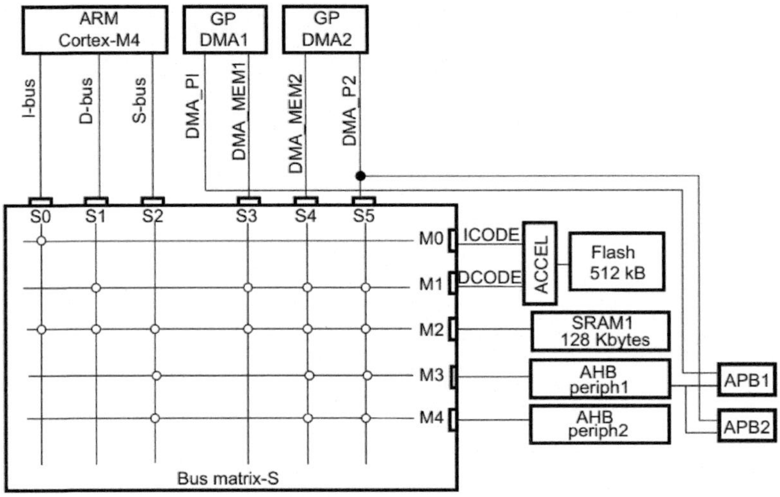

[그림 1-2] Multi-AHB matrix

○ DMA controller(DMA)

DMA 제어기는 각각 8개의 스트림을 갖는 2개의 범용 이중 포트 DMA(DMA1 및 DMA2)로 구성되어 메모리와 메모리간, 주변장치와 메모리간 그리고 메모리와 주변 장치간 데이터전송을 관리한다. APB/AHB 주변기기용 FIFO를 갖고 버스트 전송을 지원하며 최대 주변기기의 대역폭을 제공하도록 설계되었다. DMA를 사용하는 주변기기는 SPI, I2C, USART, ADC, TIMx, SD/SDIO/MMC/eMMC이다.

○ Nested Vectored Interrupt Controller(NVIC)

16개의 우선순위 레벨을 관리할 수 있는 중첩 벡터형 인터럽트 컨트롤러가 내장되어 있으며 최대 62개의 마스킹 가능한 인터럽트 채널과 Cortex®-M4의 16개 인터럽트 라인을 처리한다. 특징은 다음과 같다.

- NVIC는 낮은 지연 시간의 인터럽트 처리
- 코어에 직접 전달된 인터럽트 항목 벡터 테이블 주소
- 인터럽트를 조기에 처리
- 지연 도착, 우선순위가 높은 인터럽트 처리
- 프로세서 상태가 자동으로 저장됨
- 인터럽트 항목이 명령 오버헤드 없이 인터럽트 종료 시 복원됨

○ External Interrupt/event controller(EXTI)

외부인터럽트/이벤트 컨트롤러는 인터럽트/이벤트 요청을 처리하는 데 사용되는 21개의 에지 검출기 라인으로 구성되었고, 각 라인은 트리거 이벤트(상승 에지, 하강 에지, 상승 · 하강 에지)를 선택하도록 독립적으로 구성할 수 있고, 독립적으로 마스킹할 수 있다. 그리고 보류 중인 레지스터는 인터럽트 요청의 상태를 유지한다. EXTI는 내부 APB2 클럭 주기보다 짧은 펄스폭으로 외부 라인을 감지할 수 있고 최대 81개의 GPIO를 16개의 외부인터럽트 라인에 연결할 수 있다.

○ Clocks and startup

CPU 리셋 시 16MHz 내부 RC 오실레이터가 기본 CPU 클럭으로 선택되고, 16MHz 내부 RC 오실레이터는 25°C에서 1%의 정확도를 제공한다. 실제 응용에서는 RC 오실레이터 또는 외부 4~26MHz 클럭소스 중 하나를 시스템 클럭으로 선택할 수 있다. 클럭의 고장 여부는 모니터링할 수 있다. 만약 클럭에 고장이 감지되면 시스템이 자동으로 내부 RC 오실레이터로 다시 전환되고 소프트웨어 인터럽트가 활성된 경우 생성된다. 여러 프리스케일러를 통해 고속 APB(APB2) 버스에 최대 100MHz 및 저속 APB(APB1) 버스에 최대 50MHz 클럭을 공급한다.

○ Boot modes

CPU가 시작되면 다음과 같은 핀의 상태에 따른 부트 동작이 되는 메모리가 선택된다. [표 1-2]는 Boot 옵션으로 flash 메모리, 시스템 메모리, 임베디드 SRAM을 각각 나타낸다.

[표 1-2] Boot modes

<table>
<tr><th colspan="2">부트모드 선택핀</th><th rowspan="2">부트모드</th><th rowspan="2">설명</th></tr>
<tr><th>BOOT1</th><th>BOOT0</th></tr>
<tr><td>x</td><td>0</td><td>Main Flash memory</td><td>메인 플래쉬 메모리에
유저가 작성한 프로그램이 사용된다.</td></tr>
<tr><td>0</td><td>1</td><td>System memory</td><td>ST의 부트로더 소프트웨어가 내장된 영역으로
UART 등을 통해 작성한 바이너리 파일을
다운로드 한다.
(ST사의 flash loader.exe 사용)</td></tr>
<tr><td>1</td><td>1</td><td>Embedded SRAM</td><td>SRAM에서 부트로더가 수행된다.</td></tr>
</table>

1.2 NUCLEO-F411RE 보드 설명

○ 보드 특징

• STM32 microcontroller in LQFP64 package

• Three LEDs : USB communication(LD1), user LED(LD2), power LED(LD3)

• Two push-buttons : USER and RESET

• Two types of extension resources

- ARDUINO® Uno V3 connectivity
- ST morpho extension pin headers for full access to all STM32 I/Os

• Flexible board power supply :

- USB VBUS or external source (3.3 V, 5 V, 7-12 V)
- Power management access point

• On-board ST-LINK/V2-1 debugger and programmer with SWD connector

• Selection-mode switch using the kit as a standalone ST-LINK/V2-1

• USB re-enumeration capability. Three different interfaces supported on USB :

- Virtual COM port
- Mass storage
- Debug port

• Comprehensive free software libraries and examples available with the STM32Cube

○ 보드 사용을 위한 시스템 요구사항

- Windows® OS(7, 8 and 10), Linux® 64-bit, or macOS®
- USB Type-A to Mini-B cable

○ 개발 toolchains

- IAR Systems® - IAR Embedded Workbench®
- Keil® - MDK-ARM
- STMicroelectronics – STM32CubeIDE

○ 보드 구성 및 확장 커넥터

NUCELO-F411RE 보드에서 사용자가 작성한 프로그램을 flash메모리에 다운로드하고 디버깅할 수 있는 툴인 ST-LINK/V2-1 보드와 STM32F411프로세서를 사용할 수 있는 STM32보드로 구성되어 있다. [그림 1-3]은 실제 보드의 구성도이고, [그림 1-4]는 확장을 위한 커넥터이다.

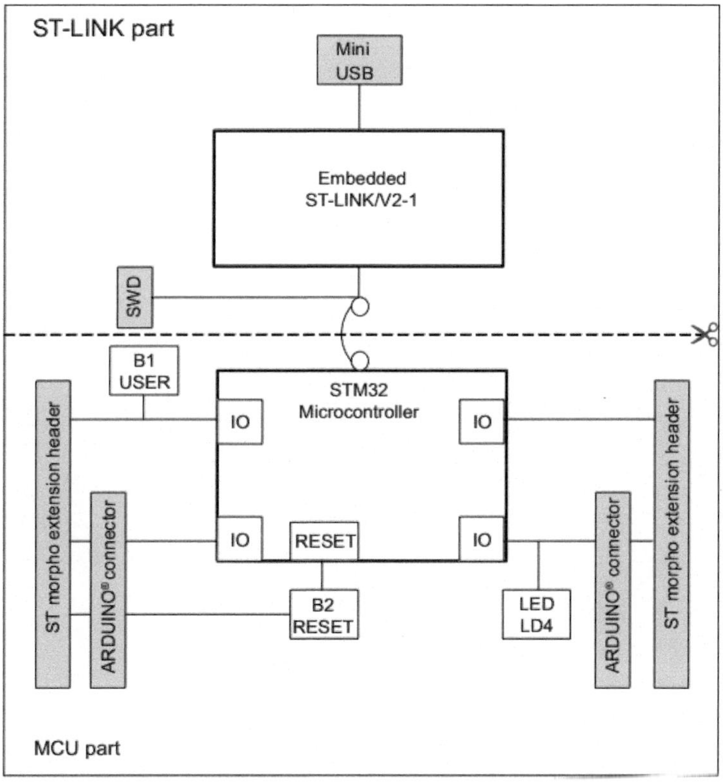

[그림 1-3] NUCELO-F411RE 보드 구성도

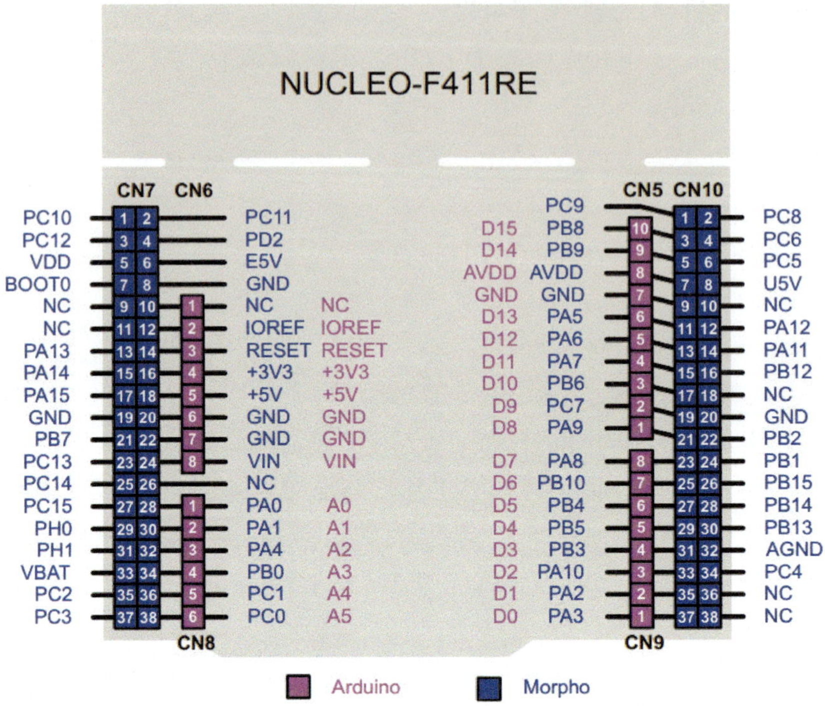

[그림 1-4] NUCELO-F411RE 보드 확장 커넥터

○ 보드 레이아웃

[그림 1-5]는 NUCLEO-F411RE 보드의 레이아웃이다. 보드는 ST-LINK/V2-1과 STM32 보드 부분으로 나누어진다. ST-LINK/V2-1 부분은 분리한 후 SWD 신호를 이용하여 다른 STM32 보드의 다운로드 및 디버깅 사용이 가능하다. STM32보드를 분리한 후 다른 개발 장비와 연결하여 사용이 가능하다.

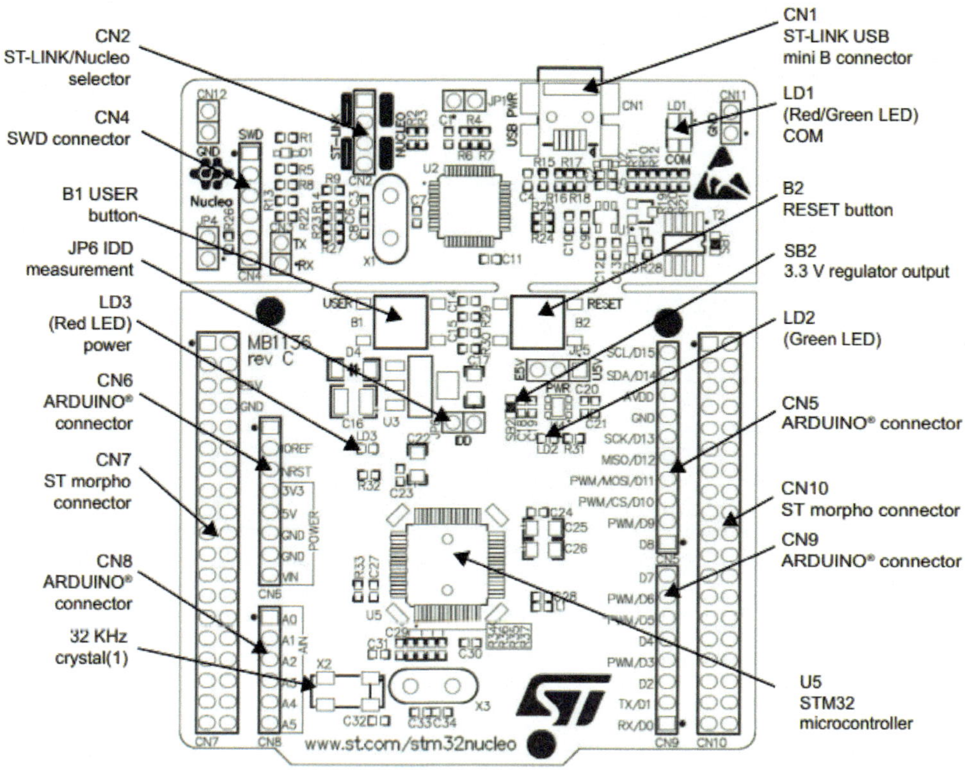

[그림 1-5] 보드 레이아웃

○ ST-LINK부분

ST-LINK/V2-1은 STM32 타겟 보드와의 인터페이스에 SWD만 지원한다. CN2에 있는 점퍼를 사용하여 두 가지의 기능으로 사용할 수 있다. 만약 CN2 점퍼 두 개가 ON(끼워짐)이면 보드에 있는 STM32보드 사용을 위함이고, 만약 CN2 점퍼 두 개가 OFF(빠짐)이면 다른 STM32 보드 사용을 위함이다. 다른 STM32 보드 사용 시 CN4 커넥터의 SWD신호를 다른 STM32보드와 연결하여 사용한다. NUCLEO-F411RE 보드 주문시 디폴트로 CN2 점퍼 두 개가 ON 되어있다.

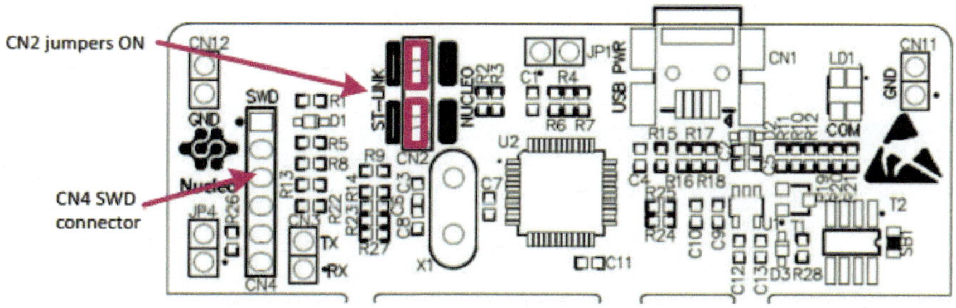

[그림 1-6] ST-LINK/V2-1보드

ST-LINK/V2-1 보드를 이용하여 다른 STM32보드를 연결할 경우 CN4 커넥터의 SWD에 해당하는 신호선을 STM32보드의 신호와 연결하여 사용할 수 있다.

[표 1-3] ST-LINK/V2-1 신호선

Pin 번호	CN4 커넥터	설명
1	VDD_TARGET	VDD from application
2	SWCLK	SWD Clock
3	GND	ground
4	SWDIO	SWD data input/output
5	NRST	RESET of target STM32
6	SWO	Reserved

○ 전력공급

NUCLEO-F411RE 보드의 전력공급은 보드의 JP5를 이용하여 PC USB를 이용하는 방법과, 별도의 전원 공급장치를 통해서 공급받는 방식이 있다. [표 1-4]에서 보듯이 JP5의 1-2번 핀에 jumper가 연결되면 PC USB를 통해 전원이 공급되고, 2-3번 핀에 jumper가 연결되면 VIN 또는 E5V 핀을 통해 외부 전원을 이용한다.

[표 1-4] 전원설정

Jumper	연결 상태	설명
JP5	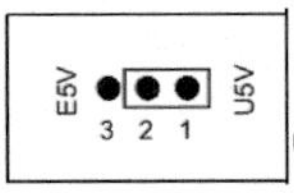 (default)	U5V 전원 선택(PC USB)
	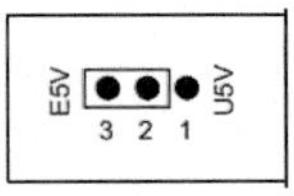	VIN or E5V 전원 선택(외부전원)

[그림 1-7]은 보드의 전력공급회로도이다. 그림에서 보듯이 JP5에 의해서 USB전원(U5V)과 외부전원(VIN, E5V)이 선택된다. 외부 전원이 VIN에 공급되면 5V레귤레이터를 통해 공급된다. 그리고 3.3V 레귤레이터를 통해서 공급된 전력은 JP6의 연결을 통해 STM32보드 CPU에 공급된다.

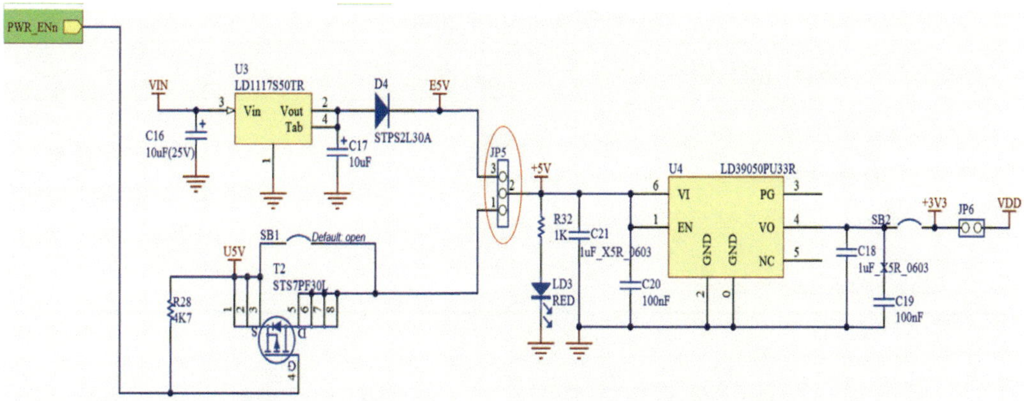

[그림 1-7] NUCLEO-F411RE 보드의 전력공급 회로도

- USB를 통한 전원공급

NUCLEO-F411RE 보드의 JP1에 따라 PC로부터 공급되는 전류는 [표 1-5]와 같다. USB를 통해 공급하는 전류가 STM32보드와 추가로 구성된 회로에 충분하면 LED3가 ON된다.

[표 1-5] USB 허용전류 설정

<table>
<tr><th>Jumper 상태</th><th>전력공급</th><th>허용전류</th></tr>
<tr><td>JP1 jumper OFF (default)</td><td rowspan="2">USB Power(CN1)</td><td>300mA max</td></tr>
<tr><td>JP1 jumper ON</td><td>100mA max</td></tr>
</table>

- 외부 전원공급

만약 구성한 실습회로가 USB에서 공급되는 전력을 초과할 경우 외부에서 전력공급이 필요하다. 외부전력은 VIN, E5V을 이용한다. 외부 전원이 5V일 때는 E5V, 외부전원이 5V를 초과할 때는 VIN을 사용한다.

○ 드라이버

PC에 NUCLEO-F411RE 보드 드라이버가 설치되지 않을 경우 'Unknown' 혹은 표 [1-6]과 같이 포트(COM &LPT)에 'STLink Virtual COM Port'가 인식되지 않는다.

[표 1-6] 드라이버 인식과정

보드가 인식되지 않을 경우	보드가 인식된 경우
	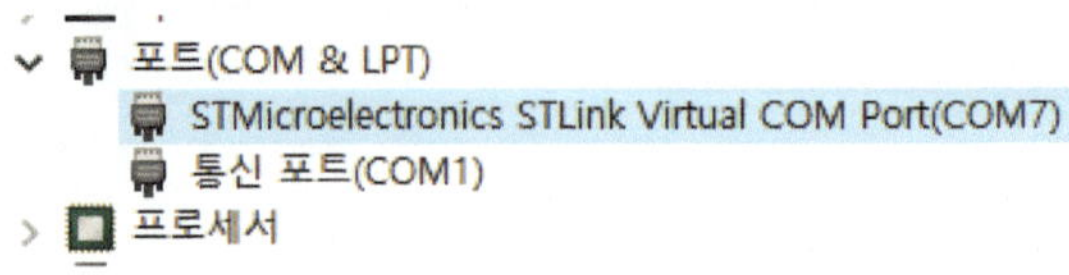

사용하는 PC에 ST-LINK/V2-1 보드 인식이 안 될 경우 ST홈페이지(www.st.com)에서 ST-LINK/V2-1를 검색한 후 STSW-LINK009를 다운로드한다. 드라이버 다운로드 후 포트(COM &LPT) → USB 직렬장치(COM7) → 드라이버 업데이트(P)를 선택한 후 홈페이지에서 다운로드한 파일을 선택하여 드라이버를 설치한다.

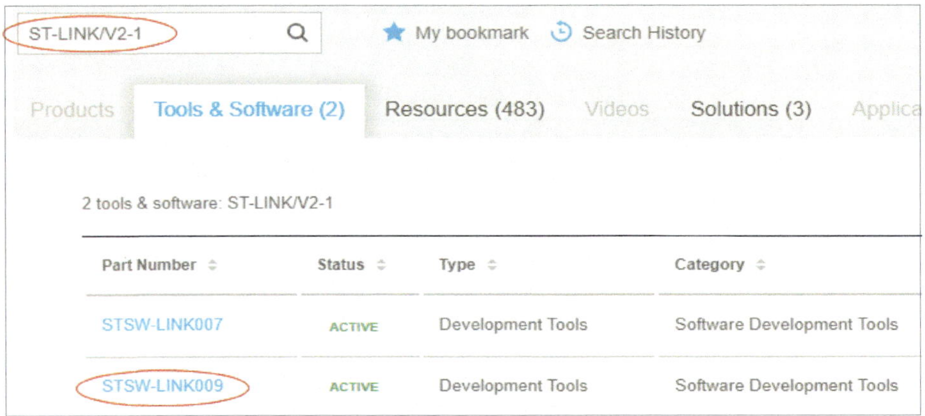

[그림 1-8] ST-LINK/V2-1 드라이버 다운로드

○ LED

LD1은 3가지 색상(green, orange, red)을 갖으며 ST-LINK 통신 상태를 나타내고, LD2는 사용자 응용, LD3는 NUCLEO-F411RE 보드의 전원 공급상태를 각각 나타낸다.

• LD1 상태

[표 1-7] LED 동작상태 표시

LED 상태	동작상태 설명
천천히 LED On/Off	전원 인가시 USB 초기화 전 상태
빠르게 LED On/Off	PC와 ST-LINK/V2-1 사이 초기 정상 통신 후 상태
빨강색 LED On	PC와 ST-LINK/V2-1 사이 초기화 완료 상태
녹색 LED On	STM32 보드와 정상적인 통신 초기화 완료 상태
빨강/녹색 On/Off	STM32 보드와 통신중인 상태
녹색 On	STM32 보드와 정상적인 완료 상태
오렌지색 On	STM32 보드와 통신 실패 상태

• LD2 상태

녹색 LED 출력은 STM32F411 GPIOA 중 PA5와 연결되어 하드웨어 추가 구성없이 디지털 출력 실습이 가능하다. 또한 Arduino 커넥터(CN5) 6번과 Morpho 커넥터(CN10) 11번과도 연결되어 있다.

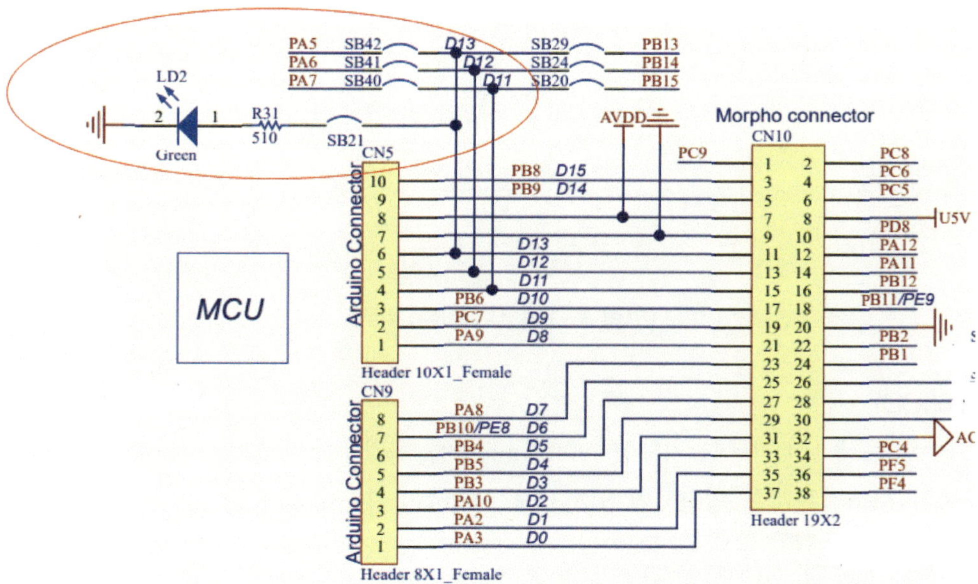

[그림 1-9] LD2 회로도 및 커넥터 연결

• LD3 상태

빨강색 LED는 STM32보드에 전원 공급 상태이다. [그림 1-7] NUCLEO-F411RE 보드의 전력공급 회로도에서 확인할 수 있다.

○ Push-button

NUCLEO-F411RE 보드에는 두 개의 푸쉬버튼이 있다. B1은 사용자를 위한 것으로 STM32F411 GPIOC 중 PC13에 해당한다. 푸쉬버튼을 누르면 PC13에 'LOW'가 입력되고, 푸쉬버튼을 누르지 않으면 'HIGH'가 입력된다. B2는 STM32F411 CPU 'NRST'에 연결되어 리셋용이다.

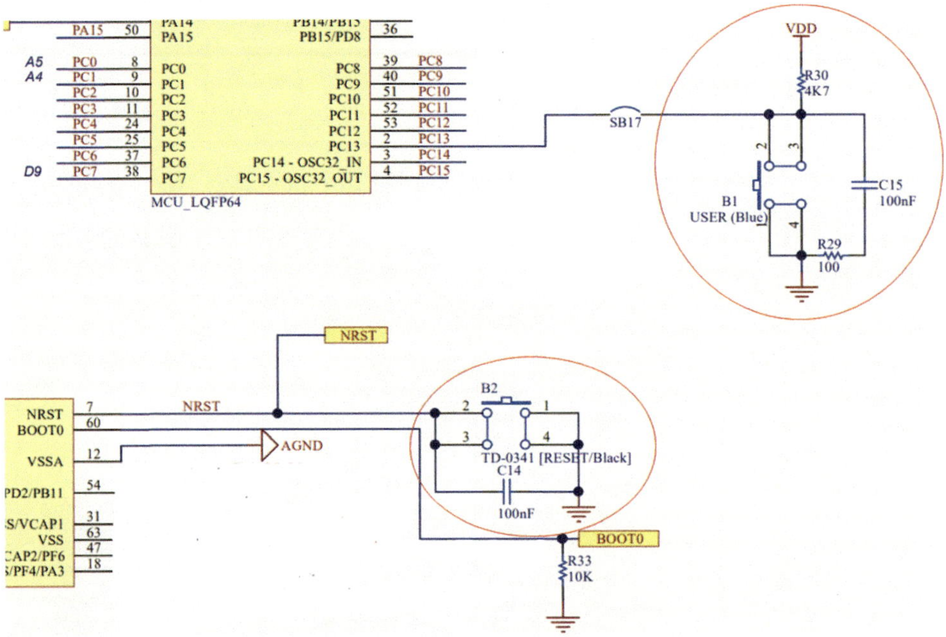

[그림 1-10] 푸쉬버튼 회로도

○ JP6(IDD)

STM32 보드에 IDD라 이름 붙여진 JP6 Jumper를 연결해야 실습보드에 전원이 공급된다. 만약 제거하고 전류계를 연결하면 STM32보드의 소비전류를 측정할 수 있다.

[표 1-8] JP6 연결

JP6(IDD) 상태	동작상태 설명
Jumper ON	STM32F411 마이크로컨트롤러에 전원공급(default)
Jumper Off	전류계를 이용한 STM32 보드 소비전력 측정

○ OSC clock 공급

STM32F411 마이크로컨트롤러의 external high-speed clock(HSE) 사용을 위한 방법은 3가지가 있다. 클럭 선택은 STM32CubeIDE를 사용하여 변경이 가능하다.

• MCO from ST-LINK(default)

[그림 1-11]에서와 같이 ST-LINK/V2-1 보드의 8MHz 크리스탈을 이용하여 MCO 출력을 발생시켜 STM32F411 마이크로컨트롤러 입력 클럭(PF0/PD0/PH0-OSC_IN)으로 연결한다. 이러한 조건을 만족시키기 위해 [그림 1-12]의 STM32F411 마이크로컨트롤러 보드의 SB50에 '0옴' 저항이 연결되어야 하고, R35와 R37은 '0옴' 저항이 연결되지 않아야(X3 미사용) 한다.

ST-LINK/V2-1 board

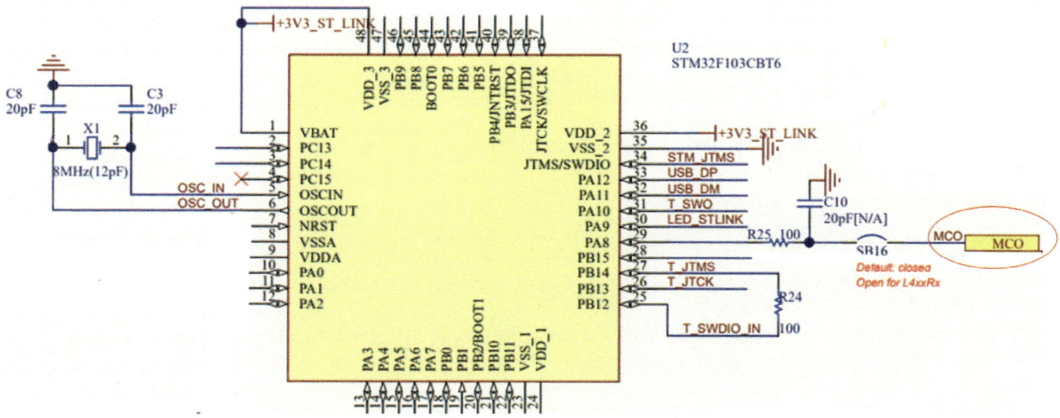

[그림 1-11] ST-LINK/V2-1 보드의 클럭 회로

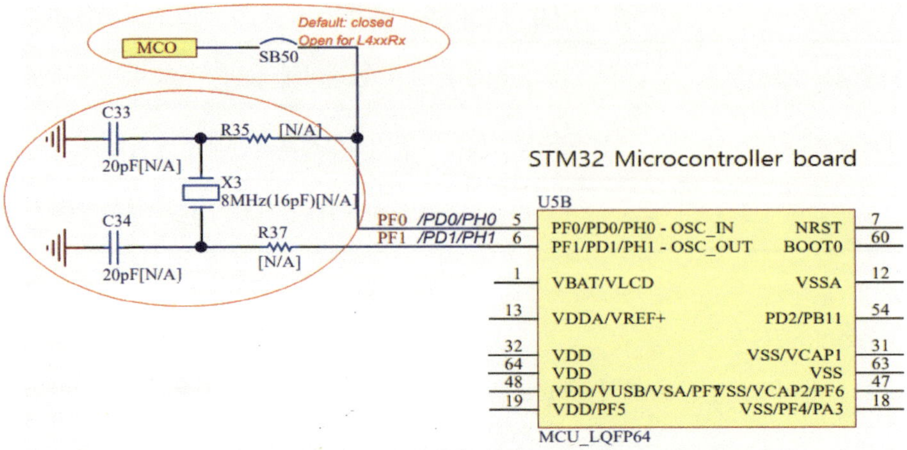

[그림 1-12] STM32F411 마이크로컨트롤러 보드의 클럭 회로

• HSE oscillator on-board from X3 crystal(not provided)

만약 ST-LINK/V2-1 보드에서의 MCO 출력을 사용하지 않고, [그림 1-12]의 8MHz 크리스탈(X3)을 통한 HSE를 사용한다면 SB54, SB55, SB16, SB50의 '0옴' 저항이 연결되지 않아야 하고, R35와 R37의 '0옴' 저항은 연결되어야 한다. 그리고 크리스탈 주변에 20pF의 콘덴서(C33, C34)를 연결해야 한다.

• Oscillator from external PF0/PD0/PH0

외부 오실레이터를 통해 클럭을 공급받을 경우 CN7 커넥터의 핀29를 통해 공급받는다. 이 경우 SB55의 '0옴' 저항은 연결되고, SB50, R35, R37의 '0옴' 저항은 연결되지 않아야 한다. 전체 회로도는 ST사 홈페이지에서 다운로드하여 확인할 수 있다.

○ OSC 32kHz clock

[그림 1-13]과 같이 STM32F411 마이크로컨트롤러 보드의 응용에서 시계와 관련된 응용을 위한 클럭이다. 32kHz 크리스탈을 PC14/OSC32_IN과 PC15/OSC32_OUT에 연결한다.

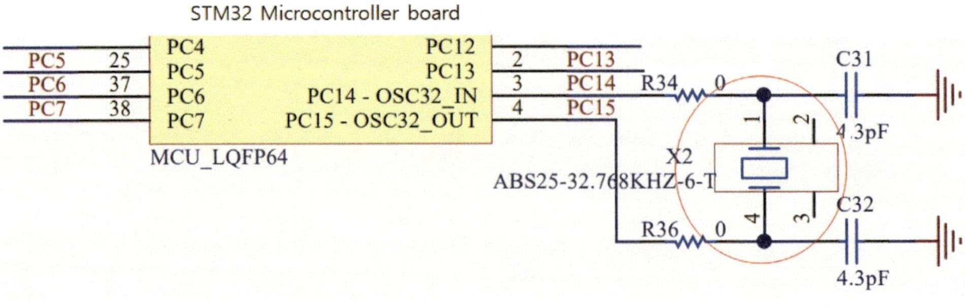

[그림 1-13] STM32 마이크로컨트롤러 보드의 32kHz 클럭

2장 개발환경 구축

ST사에서는 STM32CubeIDE 통합개발환경 소프트웨어를 무료로 공급하여 STM32 관련 마이크로컨트롤러를 쉽게 개발할 수 있도록 지원한다. GUI기반으로 STM32 MCU 선정부터 사용하고자 하는 다양한 드라이버를 선택하여 자동으로 초기화 프로그램이 생성되는 STM32CubeMX 툴을 포함하고 있다.

2.1 STM32CubeIDE 설치하기

ST사 홈페이지(www.st.com)에서 STM32CubeIDE를 검색한다.

Part Number	Status	Type	Category	Description
STM32CubeIDE	ACTIVE	Development Tools	Software Development Tools	Integrated Development Environment for STM32

[그림 2-1] STM32CubeIDE 검색

Get Software를 선택한 후 [그림 2-2]와 같이 Window용 STM32CubeIDE-Win을 선택한다.

Get Software

	Part Number	General Description	Latest version	Download	All versions
+	STM32CubeIDE-DEB	STM32CubeIDE Debian Linux Installer	1.12.0	Get latest	Select version
+	STM32CubeIDE-Lnx	STM32CubeIDE Generic Linux Installer	1.12.0	Get latest	Select version
+	STM32CubeIDE-Mac	STM32CubeIDE macOS Installer	1.12.0	Get latest	Select version
+	STM32CubeIDE-RPM	STM32CubeIDE RPM Linux Installer	1.12.0	Get latest	Select version
+	STM32CubeIDE-Win	STM32CubeIDE Windows Installer	1.12.0	Get latest	Select version

[그림 2-2] STM32CubeIDE 다운받기

파일을 다운로드 받기 위해 1.12.0 버전을 선택한 후 License Agreement에서 ACCEPT → Login/Register 과정 등을 거쳐 파일(en.st-stm32cubeide...x86_64.exe.zip)을 다운로드 한다. 다운로드 파일을 압축을 해제한 후 실행시킨다.

설치 진행을 위해 Next를 선택한다.

[그림 2-3] STM32CubeIDE 설치 진행

설치 진행을 위해 I Agree를 선택한다.

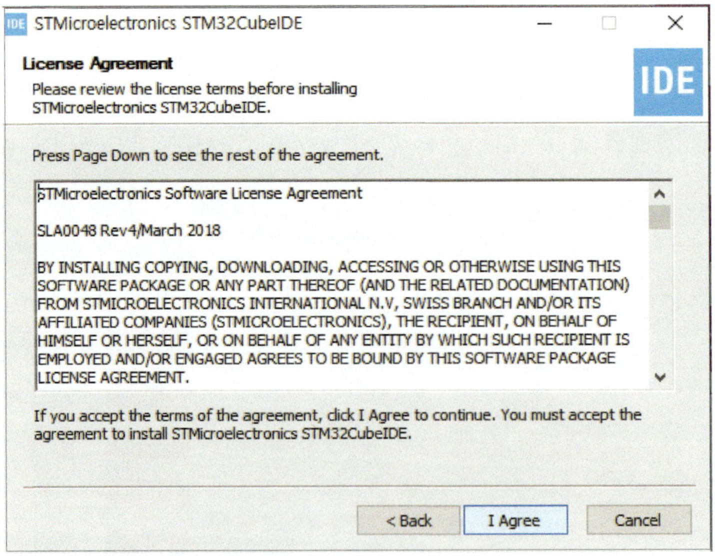

[그림 2-4] License 동의

저장위치를 결정한다.

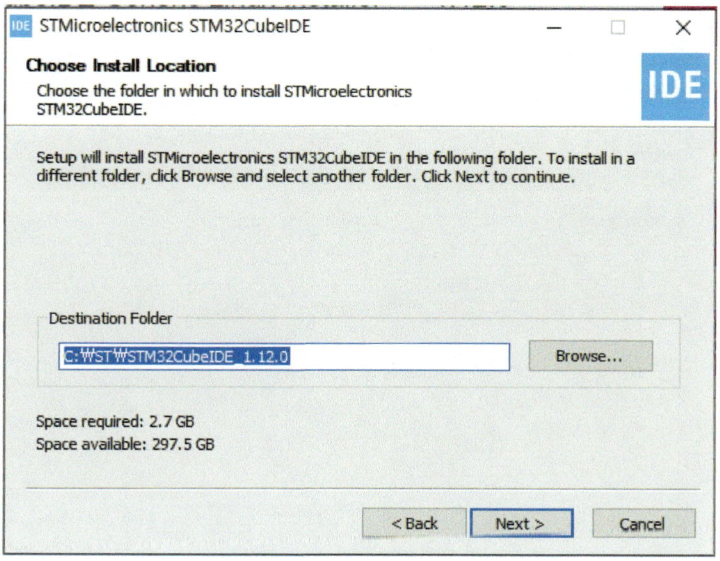

[그림 2-5] 저장위치 지정

모든 디버거 드라이버를 선택한다.

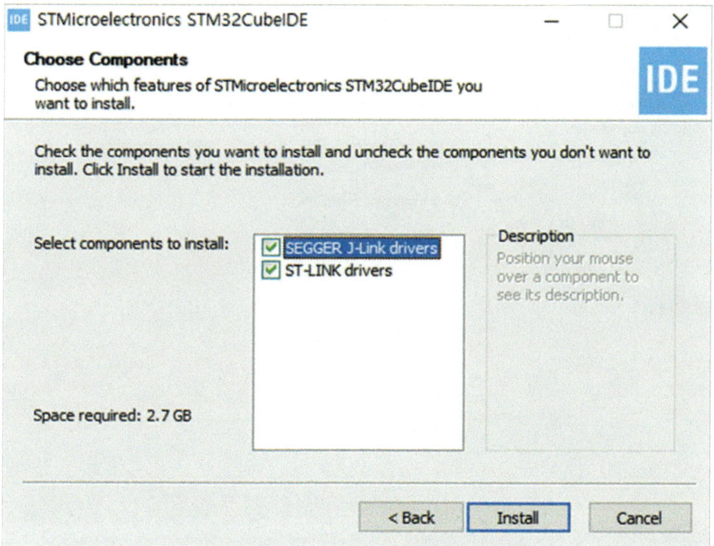

[그림 2-6] 디버거 드라이버 선택

설치 완료 후 Next를 선택한다.

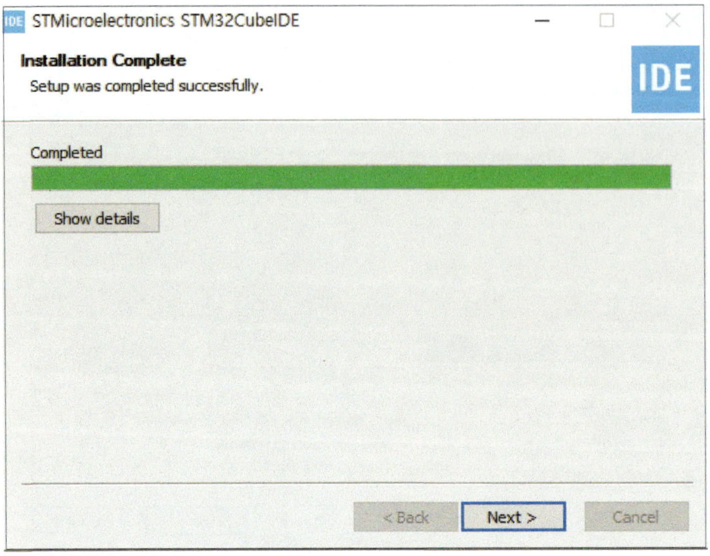

[그림 2-7] 설치 완료

설치 완료 후 Finish를 선택한다.

[그림 2-8] 최종 설치 완료

2.2 STM32CubeIDE 실행하기

윈도우 시작에서 최근 설치한 STMicroelectronics 밑에 STM32CubeIDE를 실행하고, 실행되면 저장위치를 설정한다. 저장위치를 d:\STM32CubeIDE\works로 지정한 후 Launch를 실행한다.

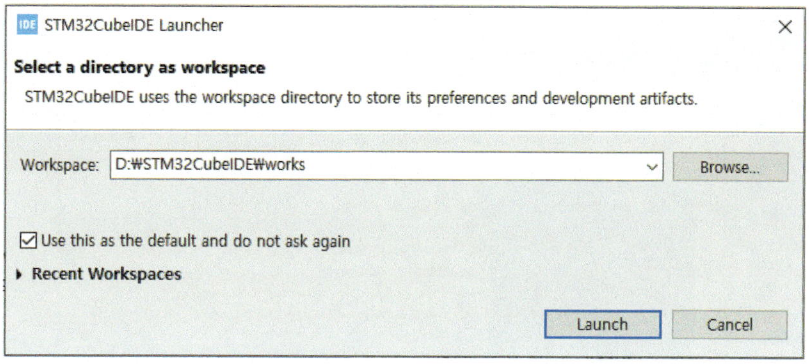

[그림 2-9] 사용자 저장위치

STM32CubeIDE 실행 결과는 [그림 2-10]과 같다.

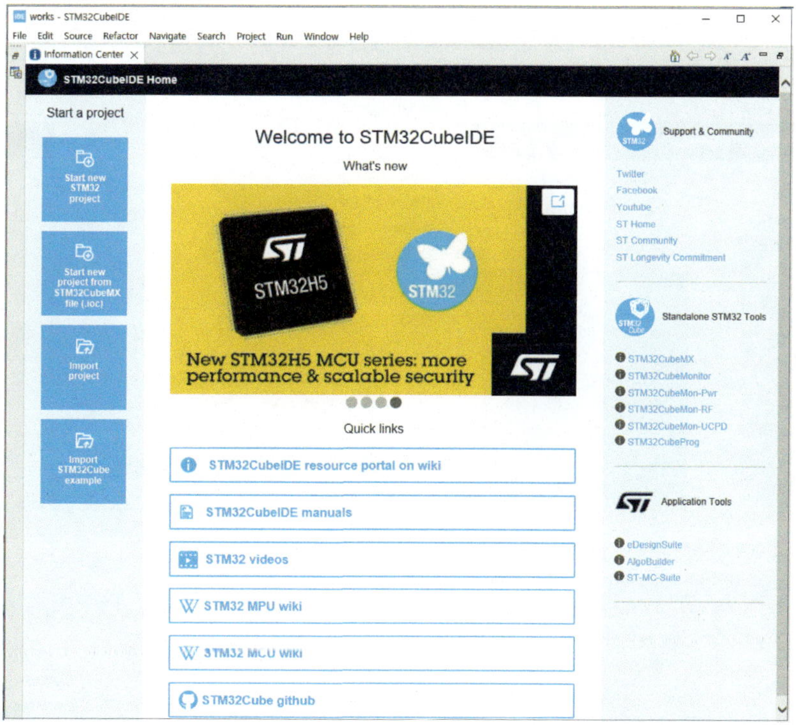

[그림 2-10] STM32CubeIDE 실행 결과

2.3 STM32CubeIDE 업데이트하기

최신 버전으로 업데이트 및 확인하기 위해서는 [그림 2-11]과 같이 Help에서 Check for Updates를 실행한다.

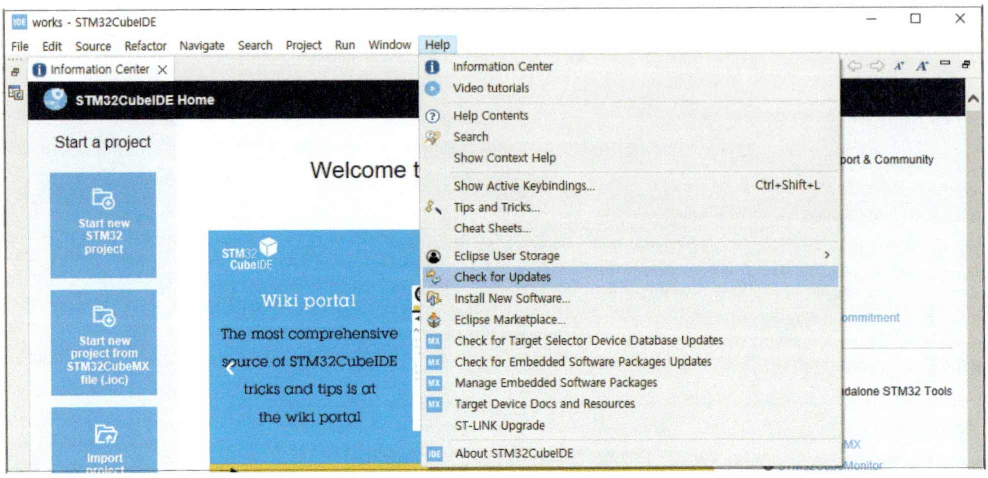

[그림 2-11] STM32CubeIDE Update

ST-Link Upgrade는 [그림 2-12]와 같이 Help에서 ST-LINK Upgrade를 선택한다.

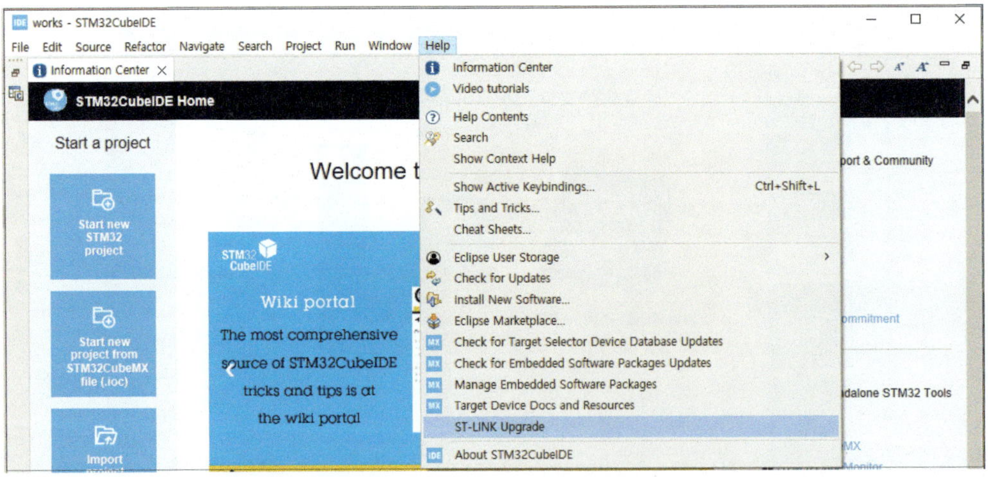

[그림 2-12] ST-Link Upgrade

NUCLEO-F411RE 보드를 PC에 연결하고 ST-LINK Upgrade를 실행하면 ①번과 같이 드라이버가 인식된다. 만약 드라이버가 인식되지 않으면 보드확인이 필요하다. 추가로 Open in update mode를 선택한 후 Upgrade를 실행시켜 드라이버 업데이트를 진행한다.

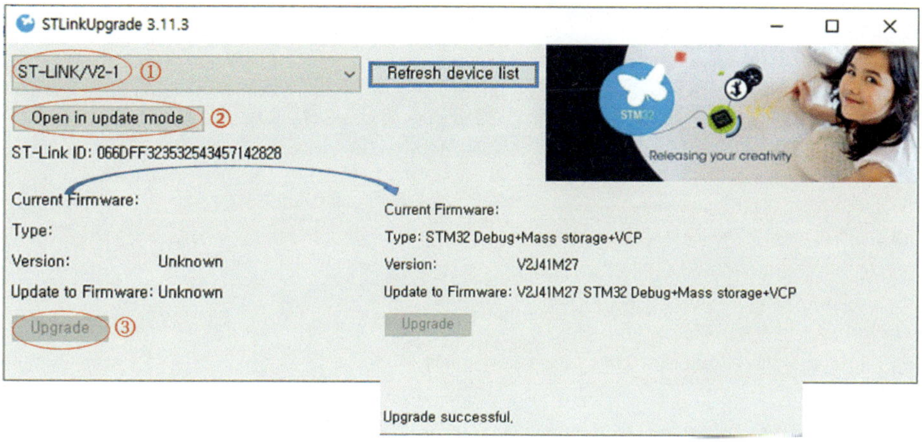

[그림 2-13] ST-Link Upgrade 실행하기

STM32 Software package 다운로드는 [그림 2-14]와 같이 Help에서 Manage Embedded Software Packages를 실행시킨다.

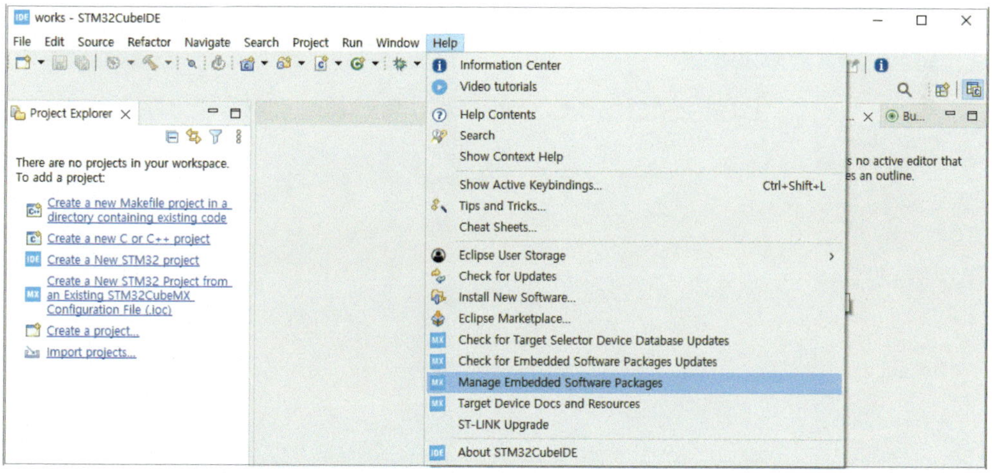

[그림 2-14] STM32 Software package 다운로드

STM32Cube MCU Package를 선택하고 실습에 사용하는 보드는 STM32F4계열이므로 사용할 버전을 확인한 후 설치한다. [그림 2-15]는 1.27.1 버전이 설치된 결과를 보여준다.

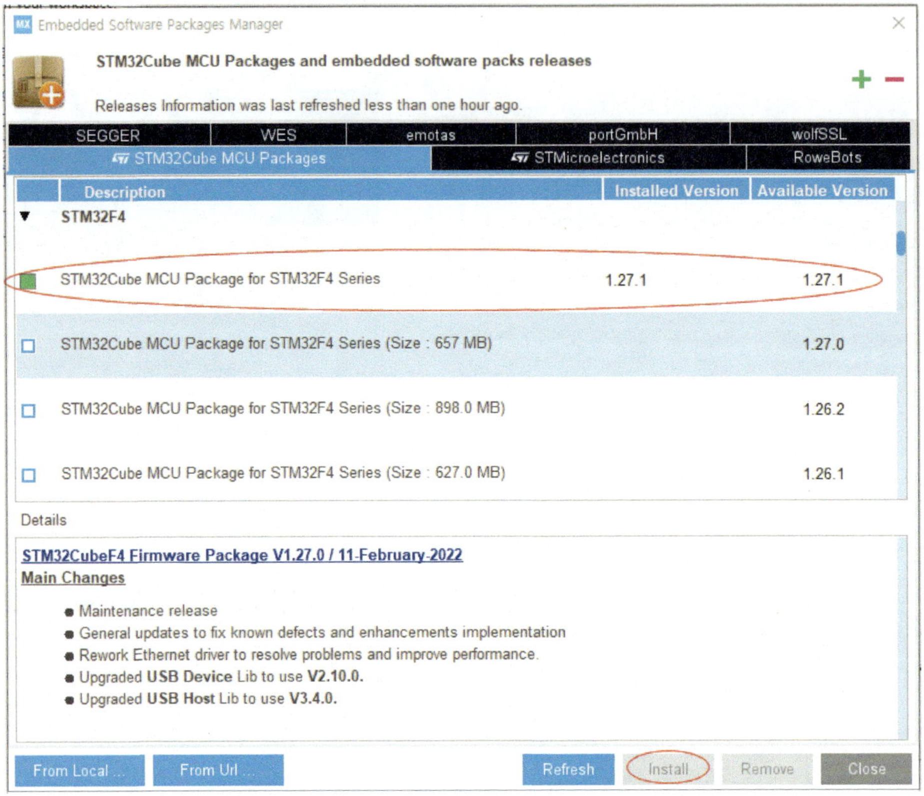

[그림 2-15] STM32Cube MCU Package 설치

3장 GPIO 실습

3.1 NUCLEO-F411RE 보드를 사용한 GPIO 출력 실습

① 하드웨어 구성

[그림 3-1]의 LD2 LED출력을 위해 필요한 구성은 NUCLEO-F411RE 보드에 포함되어 있다. STM32F411 GPIOA의 PA5가 LD2에 연결되어 'HIGH'가 출력되면 LED가 'ON'되고 'LOW'가 출력되면 LED가 'OFF'된다.

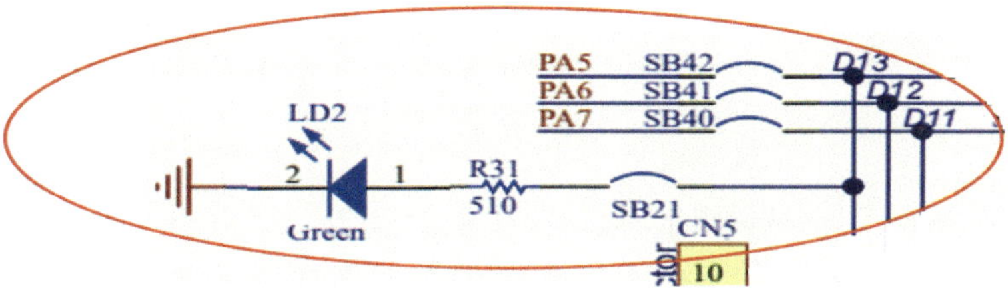

[그림 3-1] NUCLEO-F411RE 보드의 LED 회로

② STM32CubeIDE를 사용한 프로그램 작성

○ 프로젝트 만들기

STM32CubeIDE 실행 후 [File] → [New] → [STM32 Project]를 실행한다.

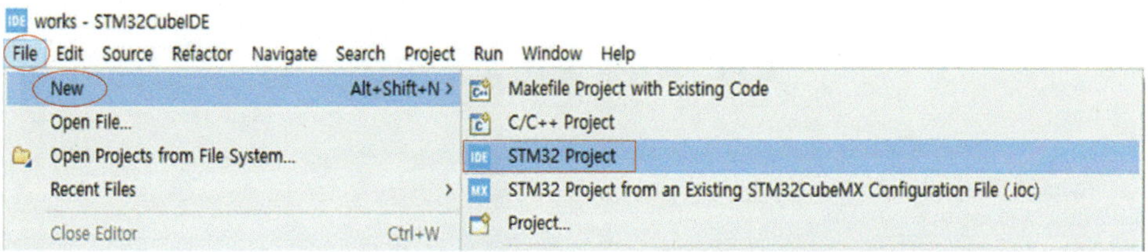

[그림 3-2] 새 프로젝트 만들기

○ 사용할 보드 선택

Target Selection 창에서 Board Selector를 선택한 후 Commercial Part Number에서 nucleo-f411re를 입력한다.

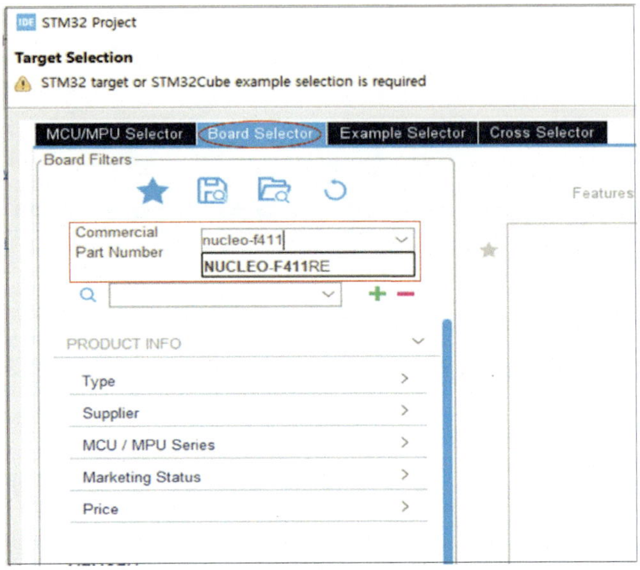

[그림 3-3] 사용할 보드 선택 ①

실습에 사용한 보드를 선택하면 [그림 3-4]와 같이 보드 리스트가 나타난다. 해당 보드를 선택한 후 [NEXT]를 선택한다.

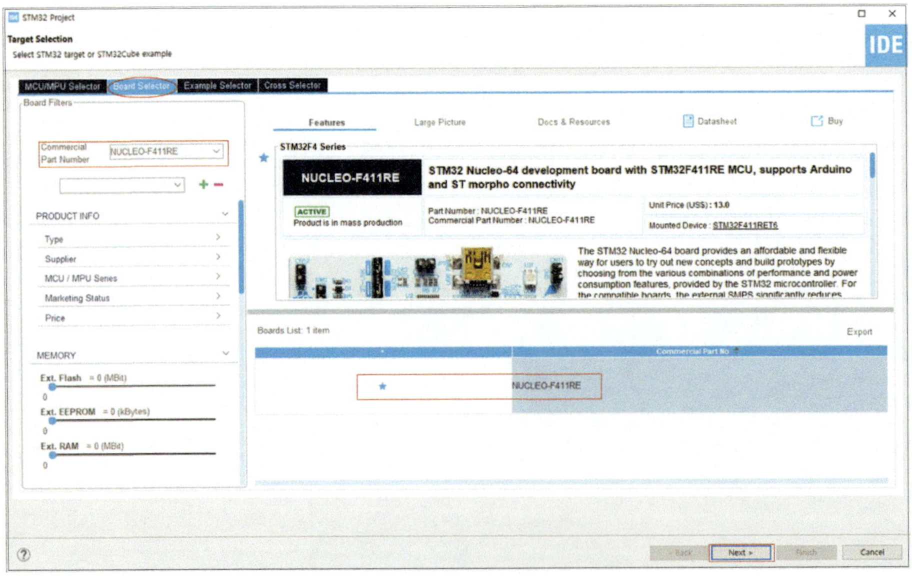

[그림 3-4] 사용할 보드 선택 ②

○ 프로젝트 이름 설정하기

Project Name을 입력한다. 본 실습에서는 [그림 3-5]와 같이 test_led로 하고 나머지 선택은 default값으로 한다.

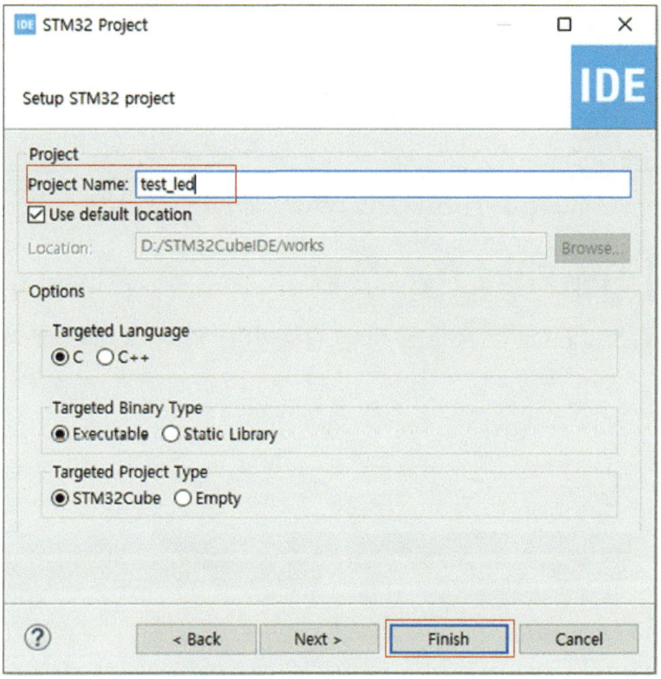

[그림 3-5] 프로젝트 이름 입력

○ Board Project Option 선택

NUCLEO-F411RE보드에 설정된 주변장치(GPIO, USART, RCC 등)의 기본설정을 불러오기 위해 Yes를 선택한다.

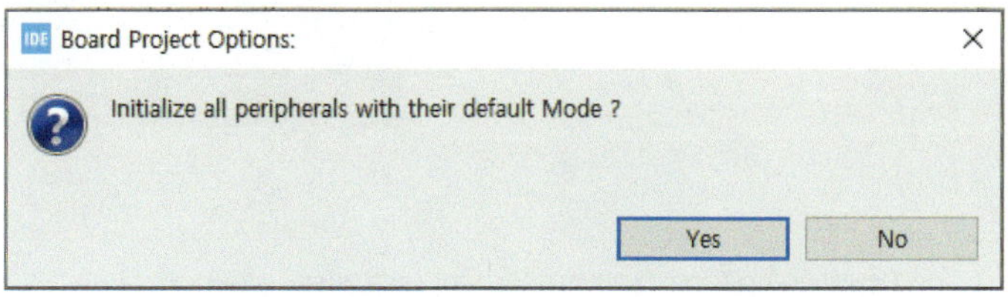

[그림 3-6] Board Project Option 선택

○ STM32CubeMx 레이아웃 뷰 실행하기

STM32CubeIDE 개발환경에 STM32CubeMx 레이아웃 뷰를 실행하기 위해 Yes를 선택한다.

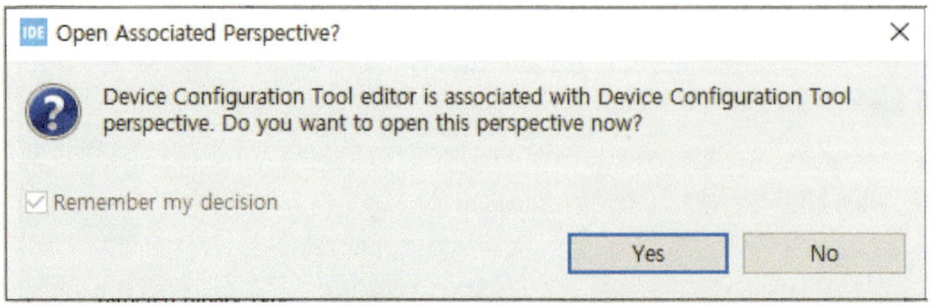

[그림 3-7] STM32CubeMx 레이아웃 뷰 실행

○ 프로젝트 생성 결과

[그림 3-8]은 STM32CubeIDE 프로젝트 생성 결과이다. STM32CubeMx 파일은 'test_led.ioc'이다.

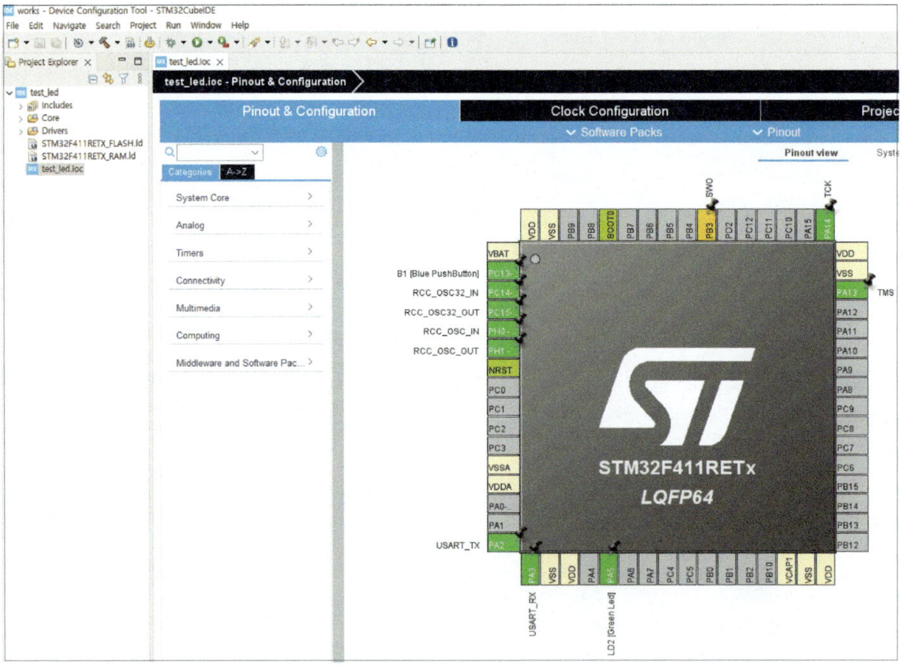

[그림 3-8] STM32CubeIDE 프로젝트 생성 결과

○ STM32F411 마이크로컨트롤러보드 Clock 사용

[그림 3-9]와 같이 STM32F411 마이크로컨트롤러보드 High Speed Clock(HSE)은 8MHz Crystal(X3)을 사용하지 않고 ST-LINK/V2-1보드에서 공급하는 8MHz Clock을 사용하고, Low Speed Clock(LSE)은 32.768KHz Crystal과 세라믹 콘덴서를 사용한다.

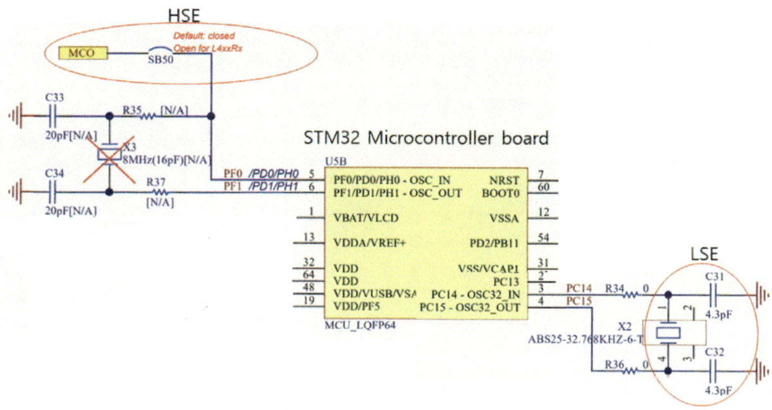

[그림 3-9] Clock 회로도

STM32F411 CPU에 사용되는 High Speed Clock(HSE)은 ST-LINK/V2-1보드에서 공급하는 Clock을 사용하므로 [그림 3-10]과 같이 <u>BYPASS Clock Source</u>를 선택하고, Low Speed Clock(LSE)은 32.768KHz Crystal과 세라믹콘덴서를 이용하므로 <u>Crystal/Ceramic Resonator</u>를 선택한다.

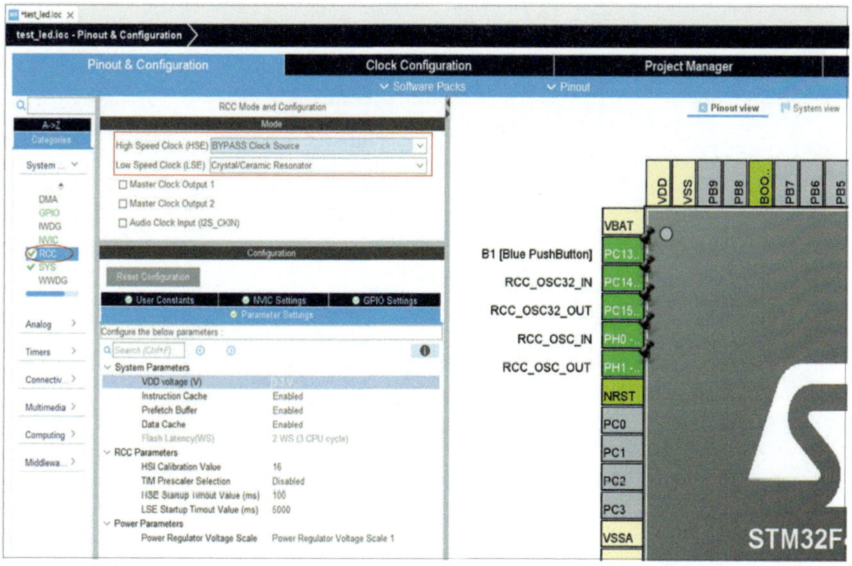

[그림 3-10] 실습보드 클럭 설정

○ GPIO 설정

GPIOA PA5번을 사용하여 LED를 제어하기 위해서는 [그림 3-11]과 같이 설정한다. System Core에서 GPIO를 선택하면 PA5가 설정된 속성들을 확인할 수 있다. 속성은 GPIO output level : Low, GPIO mode : Output Push Pull, User Label : LD2[Green Led]로 한다.

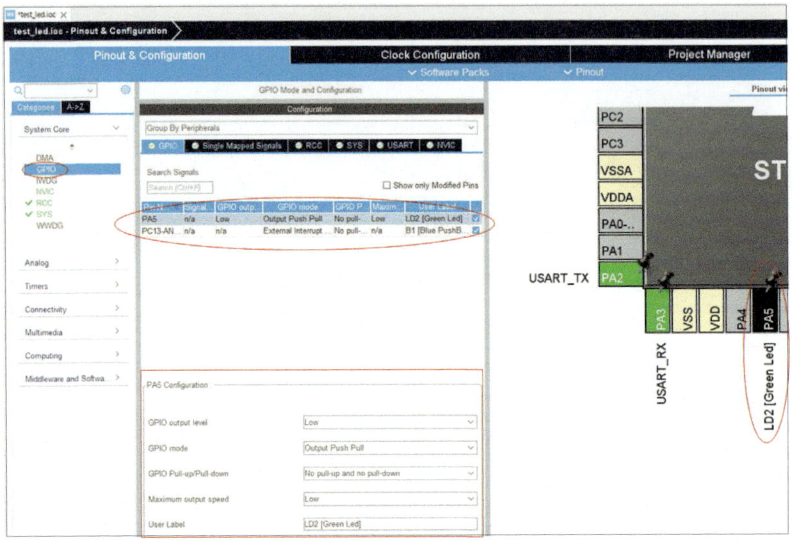

[그림 3-11] GPIO 설정

○ 클럭 설정

[그림 3-12]에서와 같이 PA5는 GPIO PORTA에 해당하므로 AHB1에 해당된다. 최대 100MHz까지 사용 가능하다.

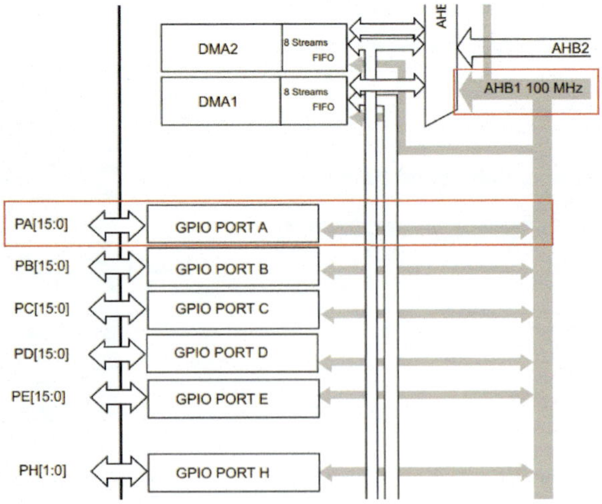

[그림 3-12] GPIO PORTA 클럭 설정

[그림 3-13]의 Clock Configuration에서 HCLK[MHz]에 동작시키고자 하는 주파수를 입력한다. 본 교재에서는 최대 100MHz 동작을 위해 100을 입력한다. 그리고 외부에서 공급하는 HSE 클럭을 이용하므로 PLL Source Mux에서 HSE를 선택한다.

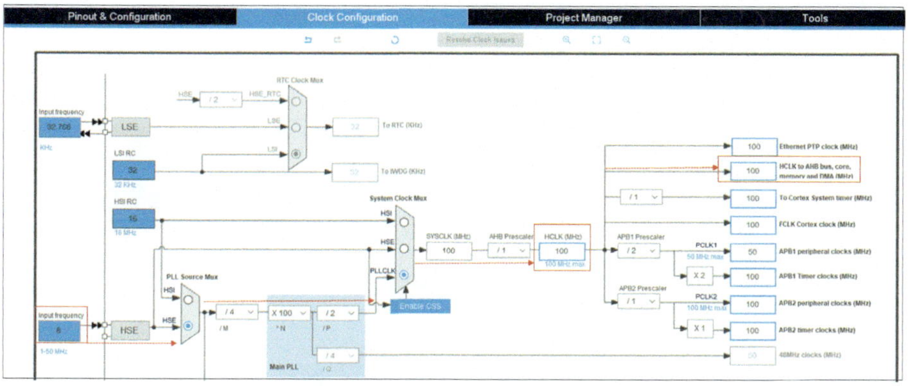

[그림 3-13] Clock Configuration

○ 프로젝트 관리자 설정

[그림 3-14]와 같이 Project Manager에서는 프로젝트 이름, 저장위치, 코드 생성을 위해 사용하는 Toolchain 등을 설정한다.

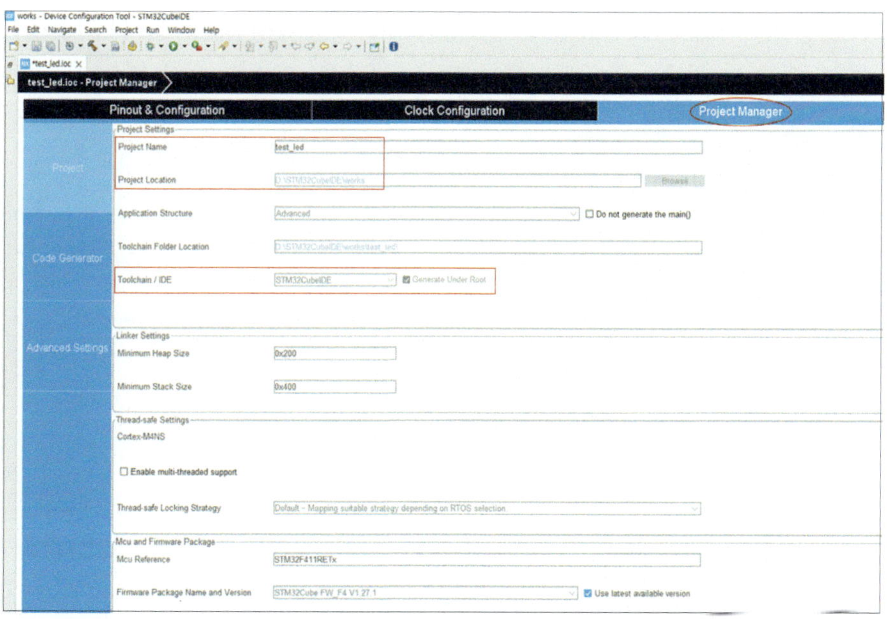

[그림 3-14] 프로젝트 관리자 설정

○ 코드 생성 실행하기

STM32CubeMX에서 지금까지 설정에 해당하는 코드를 생성시키기 위해 [그림 3-15]와 같이 Project → Generate Code를 실행한다.

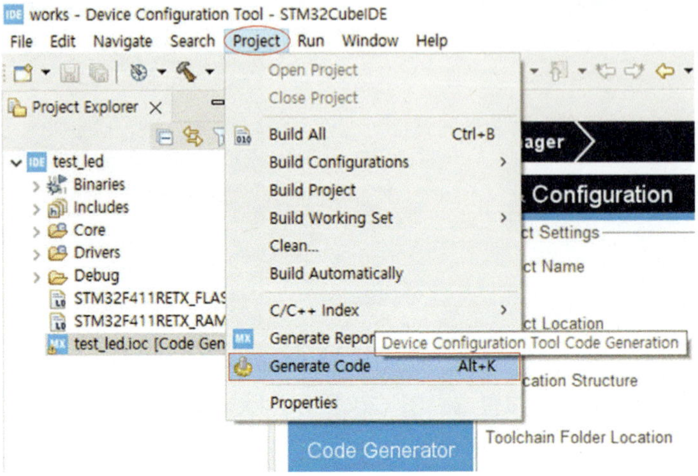

[그림 3-15] 코드 생성 실행하기

○ 생성된 코드 빌드 실행하기

[그림 3-16]과 같이 [Project] → [Build Project]를 실행하여 생성된 코드가 컴파일과 링크과정을 거쳐서 실행 및 디버깅에 필요한 파일(test_led.elf)이 생성되는지 확인한다.

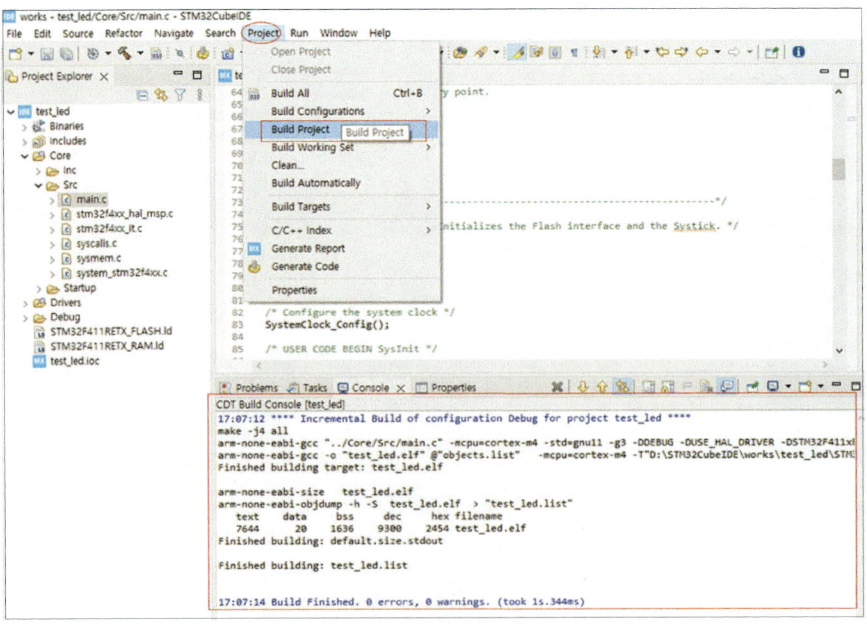

[그림 3-16] 생성된 코드 빌드 실행하기

○ Build 환경설정

[Project] → [Properties]를 선택한 후 [그림 3-17]과 같이 Setting에서 확인한다. 특히 MCU Settings, MCU Post build outputs, MCU GCC Compiler, MCU GCC Linker는 상황에 따라 변경 등이 필요하다.

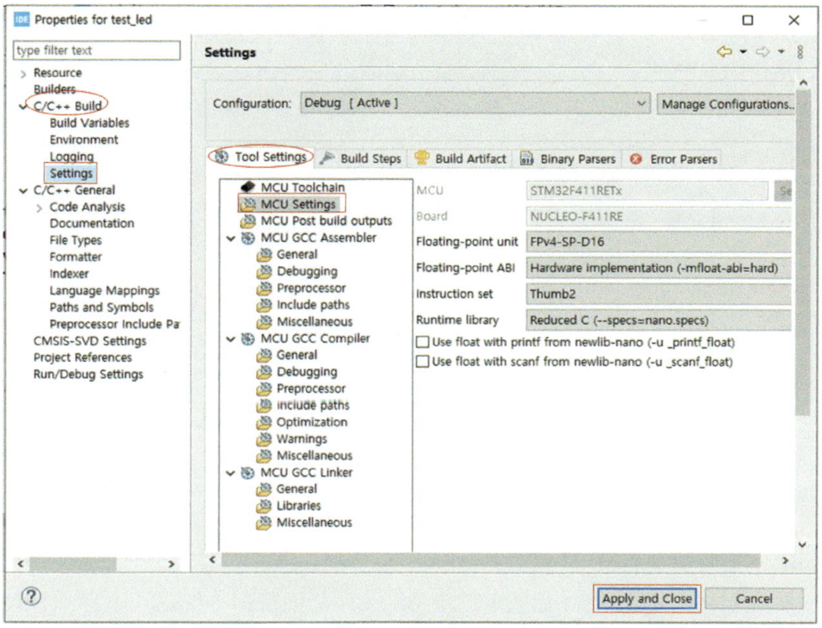

[그림 3-17] Build 환경설정

○ Build 결과파일 설정

작성된 코드에 대한 결과파일 설정은 [그림 3-18]과 같이 MCU Post build outputs에서 선택한다. 만약 개발이 최종 완료된 후 Flash메모리에 hex파일만 다운로드할 경우는 Convert to Intel Hex file(-O ihex)을 선택한다.

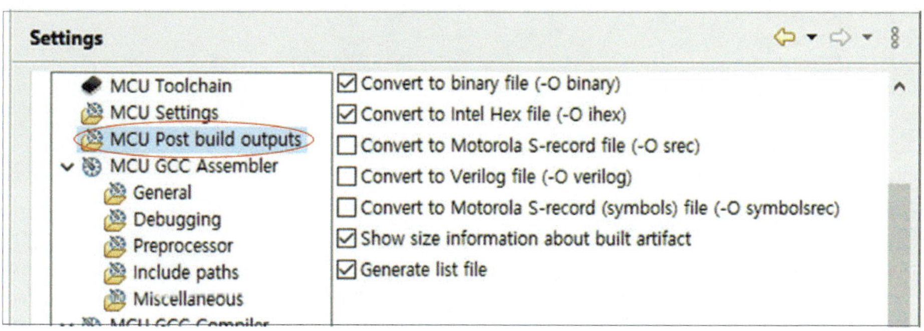

[그림 3-18] Build 결과파일 설정

○ MCU GCC Compiler 설정

[그림 3-19]는 GCC 컴파일러와 관련된 'Command', 'Option', 'Preprocessor', 'include paths' 등을 나타낸다.

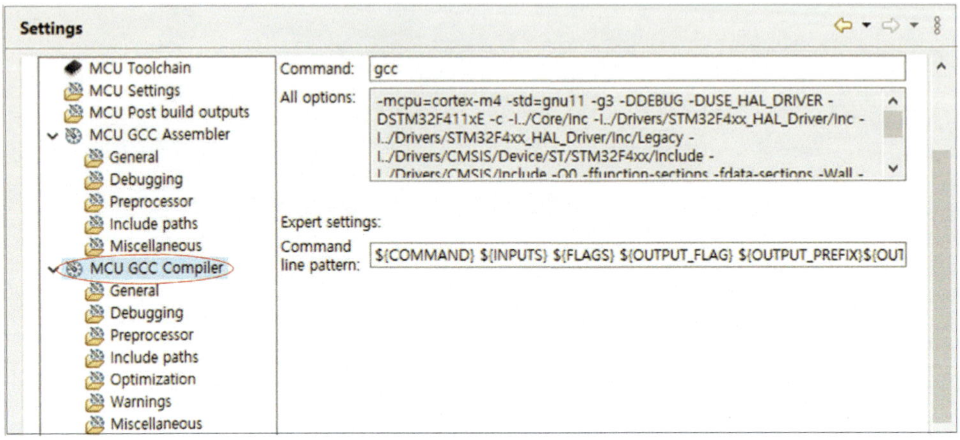

[그림 3-19] MCU GCC Compiler 설정

○ MCU GCC Linker 설정

[그림 3-20]은 GCC Linker와 관련된 Option, Libraries 등을 나타낸다. 특히 메모리 영역과 관련된 'STM32F411RETX_FLASH.ld' 파일을 참조하여 메모리 allocation을 실시한다.

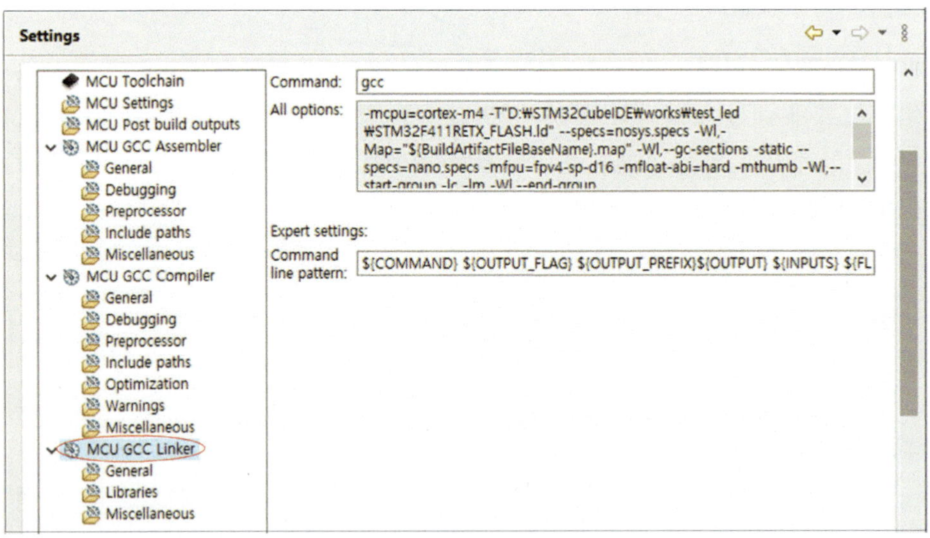

[그림 3-20] MCU GCC Linker 설정

○ STM32F411RETX_FLASH.ld 파일

```
/*
** @author       : Auto-generated by STM32CubeIDE
**  Abstract    : Linker script for NUCLEO-F411RE Board embedding STM32F411RETx
Device from stm32f4 series
**                     512Kbytes FLASH
**                     128Kbytes RAM
**                Set heap size, stack size and stack location according
**                to application requirements.
**
**                Set memory bank area and size if external memory is used
**
**  Target       : STMicroelectronics STM32
**
**  Distribution: The file is distributed as is, without any warranty
**                of any kind.
*****************************************************************************
** This software is licensed under terms that can be found in the LICENSE file
** in the root directory of this software component.
** If no LICENSE file comes with this software, it is provided AS-IS.
*****************************************************************************
*/

/* Entry Point */
ENTRY(Reset_Handler)

/* Highest address of the user mode stack */
_estack = ORIGIN(RAM) + LENGTH(RAM); /* end of "RAM" Ram type memory */

_Min_Heap_Size = 0x200; /* required amount of heap */
_Min_Stack_Size = 0x400; /* required amount of stack */

/* Memories definition */
MEMORY
{
  RAM    (xrw)    : ORIGIN = 0x20000000,   LENGTH = 128K
  FLASH    (rx)   : ORIGIN = 0x8000000,   LENGTH = 512K
}

/* Sections */
SECTIONS
{
  /* The startup code into "FLASH" Rom type memory */
  .isr_vector :
  {
    . = ALIGN(4);
    KEEP(*(.isr_vector)) /* Startup code */
    . = ALIGN(4);
  } >FLASH

  /* The program code and other data into "FLASH" Rom type memory */
  .text :
  {
    . = ALIGN(4);
    *(.text)           /* .text sections (code) */
    *(.text*)          /* .text* sections (code) */
    *(.glue_7)         /* glue arm to thumb code */
    *(.glue_7t)        /* glue thumb to arm code */
```

```
    *(.eh_frame)

    KEEP (*(.init))
    KEEP (*(.fini))

    . = ALIGN(4);
    _etext = .;          /* define a global symbols at end of code */
  } >FLASH

  /* Constant data into "FLASH" Rom type memory */
  .rodata :
  {
    . = ALIGN(4);
    *(.rodata)           /* .rodata sections (constants, strings, etc.) */
    *(.rodata*)          /* .rodata* sections (constants, strings, etc.) */
    . = ALIGN(4);
  } >FLASH

  .ARM.extab   : {
    . = ALIGN(4);
    *(.ARM.extab* .gnu.linkonce.armextab.*)
    . = ALIGN(4);
  } >FLASH

  .ARM : {
    . = ALIGN(4);
    __exidx_start = .;
    *(.ARM.exidx*)
    __exidx_end = .;
    . = ALIGN(4);
  } >FLASH

  .preinit_array     :
  {
    . = ALIGN(4);
    PROVIDE_HIDDEN (__preinit_array_start = .);
    KEEP (*(.preinit_array*))
    PROVIDE_HIDDEN (__preinit_array_end = .);
    . = ALIGN(4);
  } >FLASH

  .init_array :
  {
    . = ALIGN(4);
    PROVIDE_HIDDEN (__init_array_start = .);
    KEEP (*(SORT(.init_array.*)))
    KEEP (*(.init_array*))
    PROVIDE_HIDDEN (__init_array_end = .);
    . = ALIGN(4);
  } >FLASH

  .fini_array :
  {
    . = ALIGN(4);
    PROVIDE_HIDDEN (__fini_array_start = .);
    KEEP (*(SORT(.fini_array.*)))
    KEEP (*(.fini_array*))
    PROVIDE_HIDDEN (__fini_array_end = .);
    . = ALIGN(4);
```

```
  } >FLASH

  /* Used by the startup to initialize data */
  _sidata = LOADADDR(.data);

  /* Initialized data sections into "RAM" Ram type memory */
  .data :
  {
    . = ALIGN(4);
    _sdata = .;        /* create a global symbol at data start */
    *(.data)           /* .data sections */
    *(.data*)          /* .data* sections */
    *(.RamFunc)        /* .RamFunc sections */
    *(.RamFunc*)       /* .RamFunc* sections */

    . = ALIGN(4);
    _edata = .;        /* define a global symbol at data end */

  } >RAM AT> FLASH

  /* Uninitialized data section into "RAM" Ram type memory */
  . = ALIGN(4);
  .bss :
  {
    /* This is used by the startup in order to initialize the .bss section */
    _sbss = .;         /* define a global symbol at bss start */
    __bss_start__ = _sbss;
    *(.bss)
    *(.bss*)
    *(COMMON)

    . = ALIGN(4);
    _ebss = .;         /* define a global symbol at bss end */
    __bss_end__ = _ebss;
  } >RAM

  /* User_heap_stack section, used to check that there is enough "RAM" Ram  type
memory left */
  ._user_heap_stack :
  {
    . = ALIGN(8);
    PROVIDE ( end = . );
    PROVIDE ( _end = . );
    . = . + _Min_Heap_Size;
    . = . + _Min_Stack_Size;
    . = ALIGN(8);
  } >RAM

  /* Remove information from the compiler libraries */
  /DISCARD/ :
  {
    libc.a ( * )
    libm.a ( * )
    libgcc.a ( * )
  }

  .ARM.attributes 0 : { *(.ARM.attributes) }
}
```

○ 코드 작성하기

사용자가 코드를 작성할 때는 /* USER CODE BEGIN ~ USER CODE END */ 안에 작성한다. 작성된 코드는 LD2에 해당하는 포트의 핀에 500ms 간격으로 'HIGH'와 'LOW'를 반복 동작시키는 프로그램이다.

코드위치 : Project Name₩Core₩Src₩main.c

```
int main(void)
{

  HAL_Init();
  SystemClock_Config();
  MX_GPIO_Init();
  /* Infinite loop */
  /* USER CODE BEGIN WHILE */
  while (1)
  {
        HAL_GPIO_WritePin(LD2_GPIO_Port, LD2_Pin, GPIO_PIN_SET);
        HAL_Delay(500);
        HAL_GPIO_WritePin(LD2_GPIO_Port, LD2_Pin, GPIO_PIN_RESET);
        HAL_Delay(500);
    /* USER CODE END WHILE */
  }

}
```

Generator Code를 통해 자동 생성된 함수들의 내용은 해당 함수를 선택한 후 마우스 오른쪽 클릭 후 Open Declaration을 통해 확인할 수 있다.

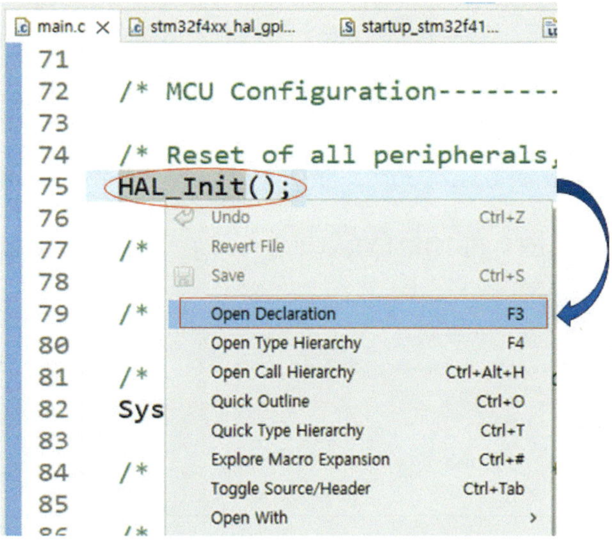

[그림 3-21] 함수내용 확인하는 방법

• HAL_Init() 함수

HAL Library를 초기화시키는 함수로 다른 HAL 함수를 호출하기 전에 실행되어야 한다. 주요 기능은 다음과 같다.

- Flash메모리 프리페치, 명령어 및 데이터 캐시를 사용할 수 있도록 Enable한다.
- 1ms마다 인터럽트를 생성하도록 SysTick을 구성한다. 시스템은 내부 HSI에서 16MHz로 실행되는 클럭을 통해 가능하다.
- NVIC 그룹 우선순위를 4로 설정한다.
- HAL_MspInit() 콜백 함수를 호출하여 글로벌 저수준 하드웨어를 초기화한다.

코드 위치 : Project Name₩Drivers₩STM32F4xx_HAL_Driver₩Src₩stm32f4xx_hal.c

```
HAL_StatusTypeDef HAL_Init(void)
{
  /* Configure Flash prefetch, Instruction cache, Data cache */
#if (INSTRUCTION_CACHE_ENABLE != 0U)
  __HAL_FLASH_INSTRUCTION_CACHE_ENABLE();
#endif /* INSTRUCTION_CACHE_ENABLE */

#if (DATA_CACHE_ENABLE != 0U)
  __HAL_FLASH_DATA_CACHE_ENABLE();
#endif /* DATA_CACHE_ENABLE */

#if (PREFETCH_ENABLE != 0U)
  __HAL_FLASH_PREFETCH_BUFFER_ENABLE();
#endif /* PREFETCH_ENABLE */
```

```
  /* Set Interrupt Group Priority */
  HAL_NVIC_SetPriorityGrouping(NVIC_PRIORITYGROUP_4);

  /* Use systick as time base source and configure 1ms tick (default clock after
Reset is HSI) */
  HAL_InitTick(TICK_INT_PRIORITY);

  /* Init the low level hardware */
  HAL_MspInit();

  /* Return function status */
  return HAL_OK;
}
```

• SystemClock_Config() 함수

STM32F411 마이크로컨트롤러보드 Clock 설정에서 결정한 내용들이 프로그램 코드에 반영되어 있다.

- Oscillator 타입, PLL-Source, PLL-State 등의 설정
- CPU, AHB and APB buses clocks의 초기화 등

코드위치 : Project Name₩Core₩Src₩main.c

```
void SystemClock_Config(void)
{
  RCC_OscInitTypeDef RCC_OscInitStruct = {0};
  RCC_ClkInitTypeDef RCC_ClkInitStruct = {0};

  /** Configure the main internal regulator output voltage
  */
  __HAL_RCC_PWR_CLK_ENABLE();

__HAL_PWR_VOLTAGESCALING_CONFIG(PWR_REGULATOR_VOLTAGE_SCALE1);

  /** Initializes the RCC Oscillators according to the specified parameters
  * in the RCC_OscInitTypeDef structure.
  */
  RCC_OscInitStruct.OscillatorType = RCC_OSCILLATORTYPE_HSE;
  RCC_OscInitStruct.HSEState = RCC_HSE_BYPASS;
  RCC_OscInitStruct.PLL.PLLState = RCC_PLL_ON;
  RCC_OscInitStruct.PLL.PLLSource = RCC_PLLSOURCE_HSE;
  RCC_OscInitStruct.PLL.PLLM = 4;
  RCC_OscInitStruct.PLL.PLLN = 100;
```

```
  RCC_OscInitStruct.PLL.PLLP = RCC_PLLP_DIV2;
  RCC_OscInitStruct.PLL.PLLQ = 4;
  if (HAL_RCC_OscConfig(&RCC_OscInitStruct) != HAL_OK)
  {
    Error_Handler();
  }

  /** Initializes the CPU, AHB and APB buses clocks
  */
  RCC_ClkInitStruct.ClockType =
RCC_CLOCKTYPE_HCLK|RCC_CLOCKTYPE_SYSCLK

|RCC_CLOCKTYPE_PCLK1|RCC_CLOCKTYPE_PCLK2;
  RCC_ClkInitStruct.SYSCLKSource = RCC_SYSCLKSOURCE_PLLCLK;
  RCC_ClkInitStruct.AHBCLKDivider = RCC_SYSCLK_DIV1;
  RCC_ClkInitStruct.APB1CLKDivider = RCC_HCLK_DIV2;
  RCC_ClkInitStruct.APB2CLKDivider = RCC_HCLK_DIV1;

  if (HAL_RCC_ClockConfig(&RCC_ClkInitStruct, FLASH_LATENCY_3) != HAL_OK)
  {
    Error_Handler();
  }
}
```

• MX_GPIO_Init() 함수

GPIO에 Clock을 공급하고, 출력을 LOW로 설정한다. 그리고 GPIO에 대해 설정한 값에 해당하는 코드의 초기 값(GPIO Pin, Mode, Pull, Speed)이 설정되었다.

코드위치 : Project Name₩Core₩Src₩main.c

```
static void MX_GPIO_Init(void)
{
  GPIO_InitTypeDef GPIO_InitStruct = {0};
 /* GPIO Ports Clock Enable */
  __HAL_RCC_GPIOC_CLK_ENABLE();
  __HAL_RCC_GPIOH_CLK_ENABLE();
  __HAL_RCC_GPIOA_CLK_ENABLE();
  __HAL_RCC_GPIOB_CLK_ENABLE();

  /*Configure GPIO pin Output Level */
  HAL_GPIO_WritePin(LD2_GPIO_Port, LD2_Pin, GPIO_PIN_RESET);
  /*Configure GPIO pin : LD2_Pin */
  GPIO_InitStruct.Pin = LD2_Pin;
  GPIO_InitStruct.Mode = GPIO_MODE_OUTPUT_PP;
```

```
  GPIO_InitStruct.Pull = GPIO_NOPULL;
  GPIO_InitStruct.Speed = GPIO_SPEED_FREQ_LOW;
  HAL_GPIO_Init(LD2_GPIO_Port, &GPIO_InitStruct);
}
```

• HAL_GPIO_WritePin() 함수

GPIOA 포트(0x4002000번지) 중 Pin 5에 해당하는 레지스터를 HIGH로 설정해서 LD2를 'ON' 시키고, LOW로 설정해서 LD2를 'OFF'시키는 함수이다. 함수인자로는 GPIO 포트, 핀 번호, SET/RESET이다. [표 3-1]은 STM32F411의 register boundary address를 나타낸다.

[표 3-1] STM32F411의 GPIO register boundary addresses

Bus	Boundary address	Peripheral
AHB1	0x4002 1C00 – 0x4002 1FFF	GPIOH
	0x4002 1000 – 0x4002 13FF	GPIOE
	0x4002 0C00 – 0x4002 0FFF	GPIOD
	0x4002 0800 – 0x4002 0BFF	GPIOC
	0x4002 0400 – 0x4002 07FF	GPIOB
	0x4002 0000 – 0x4002 03FF	GPIOA

코드위치 : Project Name₩Drivers₩STM32F4xx_HAL_Driver₩Src₩stm32f4xx_hal_gpio.c

```
HAL_GPIO_WritePin(LD2_GPIO_Port, LD2_Pin, GPIO_PIN_SET);
```

```
#define LD2_GPIO_Port GPIOA   // LD2_GPIO_Port = 0x40020000
#define GPIOA                 ((GPIO_TypeDef *) GPIOA_BASE)
#define GPIOA_BASE            (AHB1PERIPH_BASE + 0x0000UL)
#define AHB1PERIPH_BASE       (PERIPH_BASE + 0x00020000UL)
#define PERIPH_BASE           0x40000000UL
#define LD2_Pin GPIO_PIN_5 // LD2_Pin = 0x0020
#define GPIO_PIN_5                ((uint16_t)0x0020) /* Pin 5 selected    */
```

```
void HAL_GPIO_WritePin(GPIO_TypeDef* GPIOx, uint16_t GPIO_Pin,
GPIO_PinState PinState)
{
  /* Check the parameters */
```

```
    assert_param(IS_GPIO_PIN(GPIO_Pin));
    assert_param(IS_GPIO_PIN_ACTION(PinState));

    if(PinState != GPIO_PIN_RESET)
    {     GPIOx->BSRR = GPIO_Pin;
    }
    else
    {     GPIOx->BSRR = (uint32_t)GPIO_Pin << 16U;
    }
}
```

• HAL_Delay() 함수

default 실행시 SysTick timer가 time base의 소스가 된다. 함수에서 지정한 시간동안 지연되는 함수이다.

코드 위치 : Project Name₩Drivers₩STM32F4xx_HAL_Driver₩Src₩stm32f4xx_hal.c

```
__weak void HAL_Delay(uint32_t Delay)
{
    uint32_t tickstart = HAL_GetTick();
    uint32_t wait = Delay;

    /* Add a freq to guarantee minimum wait */
    if (wait < HAL_MAX_DELAY)
    {     wait += (uint32_t)(uwTickFreq);
    }

    while((HAL_GetTick() - tickstart) < wait)
    { }
}
```

○ 코드 실행하기

[그림 3-22]와 같이 [Run] → [Run]을 실행하여 작성한 코드 및 관련코드를 컴파일과 링크를 실행하고, 결과를 Flash 메모리에 다운로드(test_led.elf) 후 실행한다. 정상동작인 경우 LD2에 해당하는 LED가 500ms 주기로 반복하여 점멸되는 것을 확인할 수 있다.

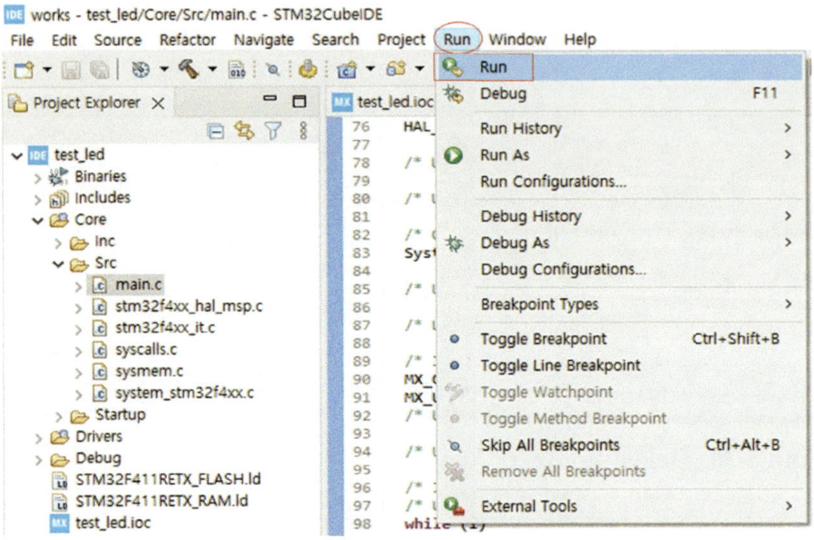

[그림 3-22] 코드 실행하기

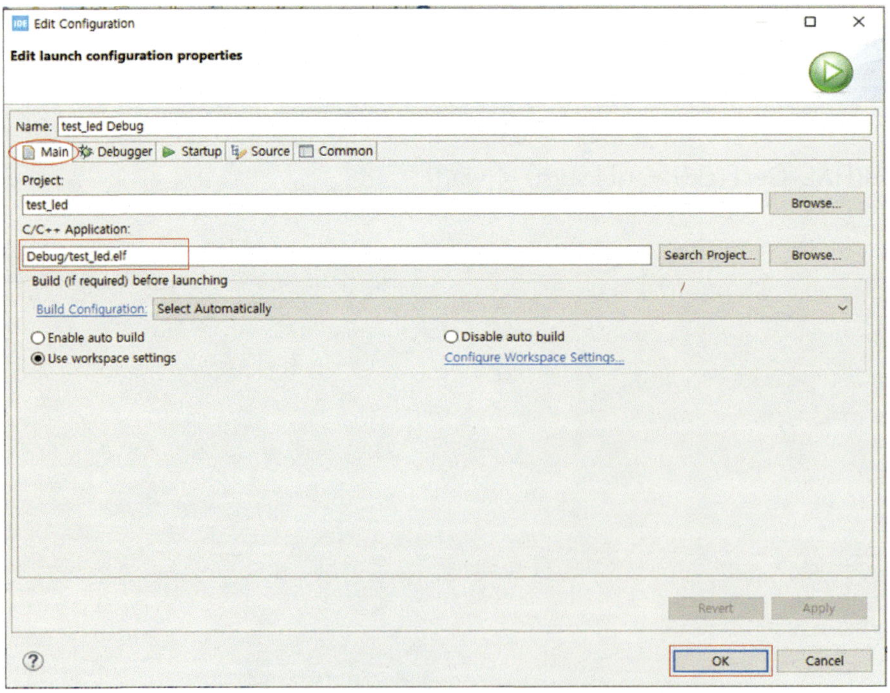

[그림 3-23] 실행정보 변경 및 확인하기

Run 실행 후 [그림 3-23]과 같이 실행관련 정보를 변경할 수 있다. 기본값으로 실행시 OK를 선택한다. 그리고 윈도우 보안경고가 뜨면 액세스 허용을 선택한다.

○ Debug 실행하기

작성된 프로그램의 오류를 찾아 해결하는 과정으로 [그림 3-24]와 같이 Run → Debug을 실행시킨다. Debug의 실행은 파일 내용을 저장하고 자동 빌드된 후 Debug모드로 전환된다.

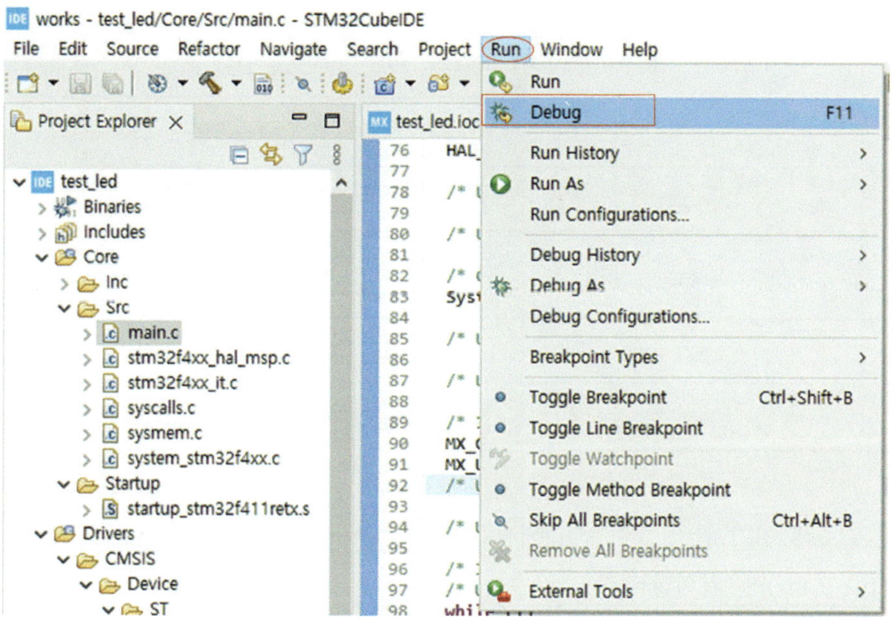

[그림 3-24] Debug 실행하기

사용자가 작성한 코드를 Debug 화면으로 전환하기 위해서 [그림 3-25]에서 Switch를 선택한다.

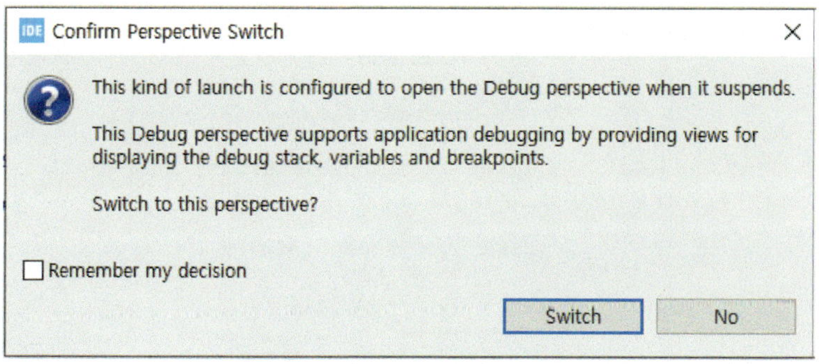

[그림 3-25] Debug 모든 전환

Debug 모드로 전환되면 [표 3-2]와 같은 아이콘을 이용하여 Debug을 진행한다. 다양한 Debug 모드 아이콘을 선택하여 각각의 기능을 실행해 보도록 한다.

[표 3-2] Debug 모드 아이콘

아이콘	명칭	기능
	Reset chip and restart debug	칩 리셋 및 디버그 모드 다시 시작
	Skip All Breakpoints(Ctrl+Alt+B)	모든 Breakpoint 생략
	Terminate and Relaunch	Debug 모드 종료 후 다시 시작
	Resume[F8]	Debug 모드 다시 시작
	Terminate(Ctrl+F2)	Debug 모드 종료
	Step Into(F5)	한 라인씩 실행(함수인 경우 함수 내부로 이동하여 한 라인씩 실행)
	Step Over(F6)	한 라인씩 실행(명령과 함수 동일)
	Step Return(F7)	해당 함수 빠져나오기

Debug 모드에 진입하면 [그림 3-26]에서와 같이 Debug Current Instruction Pointer는 main() 함수의 HAL_Init()에 위치한다.

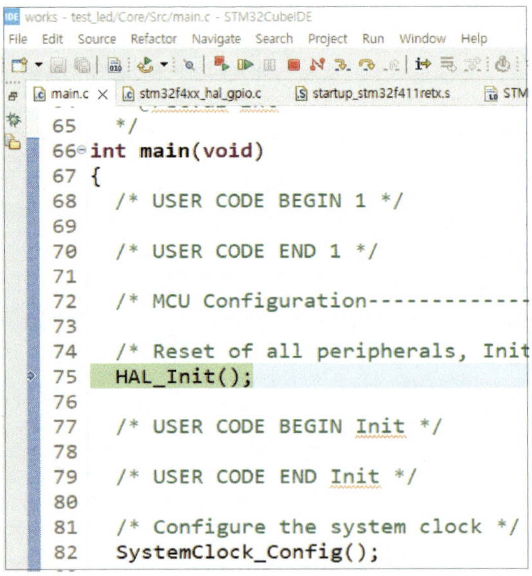

[그림 3-26] Debug Current Instruction Pointer 위치

[그림 3-27]은 Debug 중 해당 라인까지만 실행하고자 할 때는 명령어 해당 라인에 오른쪽 마우스를 클릭하여 Toggle Breakpoint을 선택한 후 실행(Resume[F8])한다. 그리고 Breakpoint를 해제하고 싶을 때는 설정과 동일한 방법으로 Toggle Breakpoint을 선택한다. 만약 101번 라인에 Breakpoint를 설정하면 프로그램은 LD2 LED가 'ON' 상태로 멈춰져 있는 것을 확인할 수 있다.

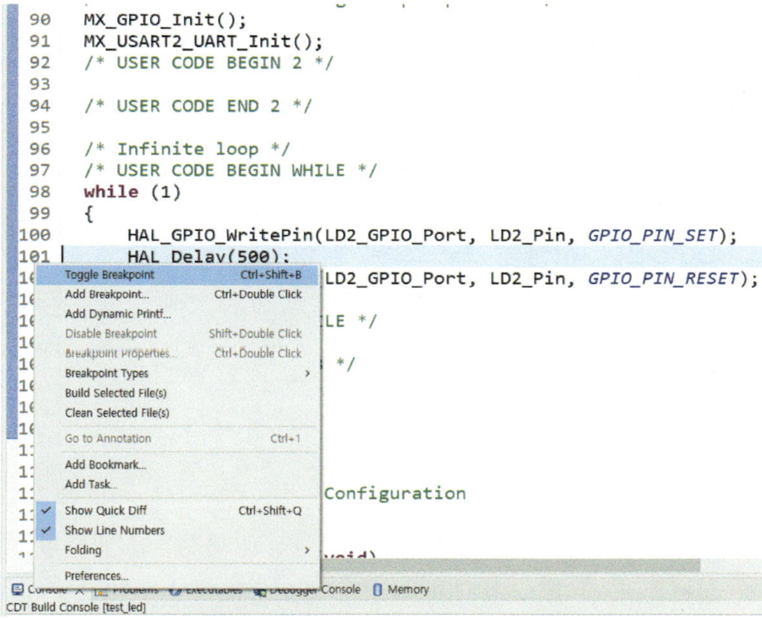

[그림 3-27] Breakpoint 사용 방법

3.2 NUCLEO-F411RE 보드를 사용한 GPIO 입력 실습

① 하드웨어 구성

[그림 3-28] Bl(Push Button)를 이용하여 GPIO 입력 실습에 필요한 구성은 NUCLEO-F411RE 보드에 포함되어 있다. STM32 GPIOC의 PC13에 입력신호가 인가된다.

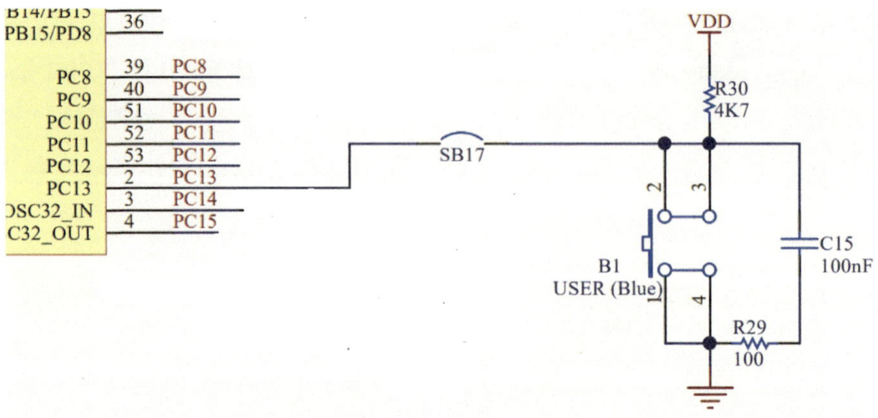

[그림 3-28] NUCLEO-F411RE보드에서의 Push Button 회로

② STM32CubeIDE를 사용한 프로그램 작성

STM32CubeIDE 환경의 Project Explorer에서 STM32CubeMX에 해당하는 test_led.ioc을 선택하여 실행시킨다. 반복되는 설정은 생략한다.

○ GPIO 설정

GPIO PORTC에서 PIN 13번을 사용하여 신호를 입력받기 위해서는 [그림 3-29]와 같이 설정한다. System Core에서 GPIO를 선택하면 PC13이 설정된 속성들을 확인할 수 있다. GPIO mode는 현재의 상태를 유지하고, 자세한 설명은 인터럽트에서 한다.

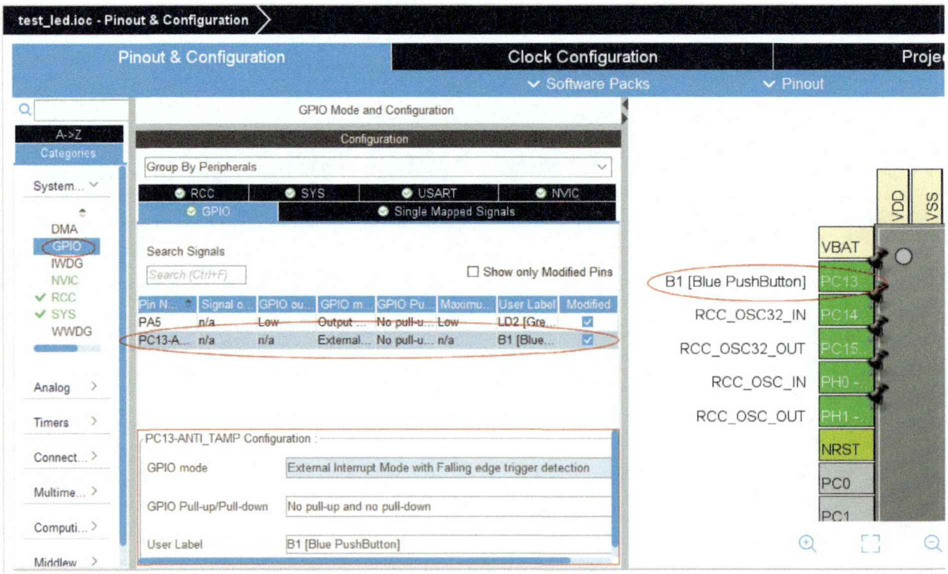

[그림 3-29] GPIO 입력 설정

○ 코드 작성하기

Project → Generate Code를 실행하여 코드를 자동 생성시킨다. 코드가 정상적으로 생성된 후 B1 스위치가 눌러지면 'LOW'가 입력되어 LD2가 'ON' 되도록 하고, 스위치가 눌러지지 않으면 'HIGH'가 입력되어 LD2가 'OFF' 되는 코드를 작성한다.

코드위치 : Project Name₩Core₩Src₩main.c

```
int main(void)
{

  HAL_Init();
  SystemClock_Config();
  MX_GPIO_Init();
  /* Infinite loop */
  /* USER CODE BEGIN WHILE */
  while (1)
  {
     if(HAL_GPIO_ReadPin(GPIOC,B1_Pin)==GPIO_PIN_RESET)
            HAL_GPIO_WritePin(LD2_GPIO_Port, LD2_Pin, GPIO_PIN_SET);
     else
            HAL_GPIO_WritePin(LD2_GPIO_Port, LD2_Pin, GPIO_PIN_RESET);
    /* USER CODE END WHILE */
  }
}
```

• HAL_GPIO_ReadPin() 함수

GPIOC 포트(0x4008000번지) 중 Pin 13에 해당하는 레지스터를 통해 디지털신호가 입력된다. 해당 레지스터 주소는 [표 3-1]을 참조하면 된다.

코드위치 : Project Name₩Drivers₩STM32F4xx_HAL_Driver₩Src₩stm32f4xx_hal_gpio.c

```
HAL_GPIO_ReadPin(GPIOC,B1_Pin)
```

```
#define GPIOC                 ((GPIO_TypeDef *) GPIOA_BASE)
#define GPIOC_BASE            (AHB1PERIPH_BASE + 0x0000UL)
#define AHB1PERIPH_BASE       (PERIPH_BASE + 0x00080000UL)
#define PERIPH_BASE           0x40000000UL
```

```
#define B1_Pin GPIO_PIN_13 // B1_Pin = 0x2000
#define GPIO_PIN_13                ((uint16_t)0x2000)/* Pin 13 selected    */
```

```
GPIO_PinState HAL_GPIO_ReadPin(GPIO_TypeDef* GPIOx, uint16_t GPIO_Pin)
```

```
{
    GPIO_PinState bitstatus;

    /* Check the parameters */
    assert_param(IS_GPIO_PIN(GPIO_Pin));

    if((GPIOx->IDR & GPIO_Pin) != (uint32_t)GPIO_PIN_RESET)
    {
      bitstatus = GPIO_PIN_SET;
    }
    else
    {
      bitstatus = GPIO_PIN_RESET;
    }
    return bitstatus;
}
```

○ 코드 실행 및 Debugging 하기

Run → Run 또는 Run → Debug을 실행하여 작성한 코드 및 관련코드를 컴파일과 링크를 실행한다. 정상동작인 경우 B1의 Push Button을 누르면 LD1 'ON'되고 때면 'OFF'로 동작한다.

3.3 GPIO 응용 실습

① LED 8개 제어 실습

LED 8개를 동시에 1초 주기로 ON/OFF 시키는 프로그램 실습을 위한 하드웨어구성 방법, STM32CubeMX를 통한 코드생성 및 소스코드 작성을 실습한다.

○ 하드웨어 구성

[그림 3-30] 회로를 참고하여 브레드 보드에 PC0 ~ PC07까지 LED를 연결하여 회로를 구성한다. NUCELO-F411RE 보드의 확장 커넥터 [그림 1-4]를 참조한다.

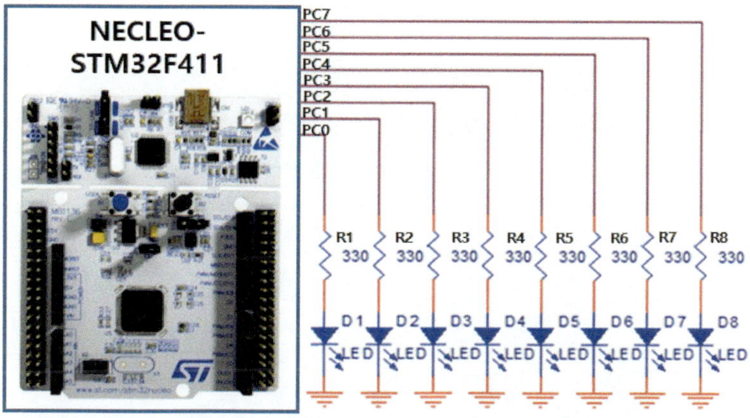

(a) 회로도

(b) 실습회로 구성

[그림 3-30] LED 제어회로도 및 실습회로 구성

○ STM32CubeMx 설정

PC0∼PC7까지의 8개를 LED 제어에 사용하기 위해 [그림 3-31]에서와 같이 GPIO output level = low, GPIO mode = Output Push Pull, GPIO Pull-up/Pull-down = No pull-up and no pull-down, Maximum output speed = Low, User Label = LED1∼LED8로 설정한다.

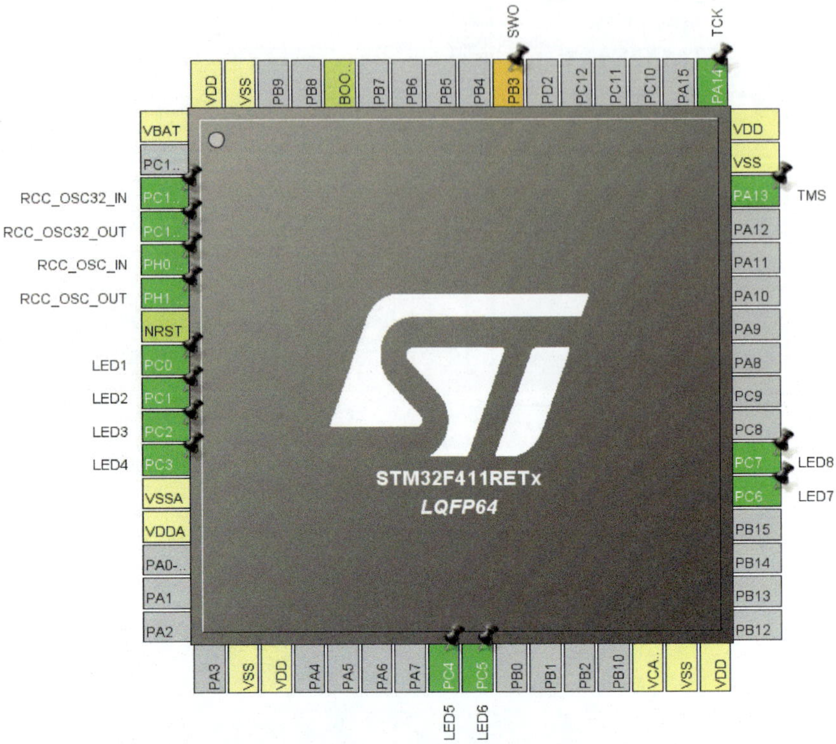

(a) Pinout view

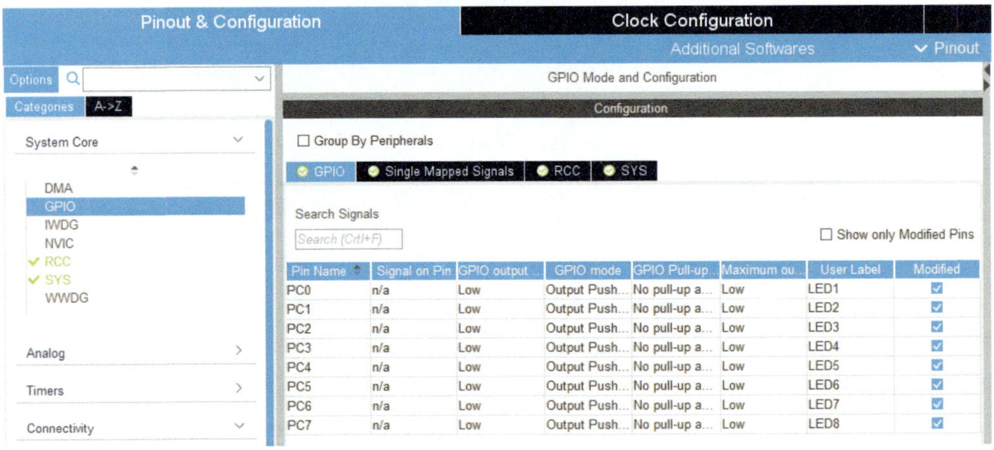

(b) GPIO Configuration

[그림 3-31] 8개의 LED 제어를 위한 GPIO 설정

○ 코드 작성하기

Project → Generate Code를 실행하여 코드를 자동 생성시킨 후, 다음과 같은 프로그램을 추가한다.

코드위치 : Project Name₩Core₩Src₩main.c

```
#include "main.h“

int main(void)
{
  HAL_Init();
  SystemClock_Config();
  MX_GPIO_Init();

  while (1)
  { // 두함수를 각각 코딩하여 출력결과를 확인한다.
```

HAL_GPIO_WritePin 함수 사용시

```
   HAL_GPIO_WritePin(GPIOC, LED1_Pin|LED2_Pin|LED3_Pin|LED4_Pin
                           |LED5_Pin|LED6_Pin|LED7_Pin|LED8_Pin, GPIO_PIN_SET);
   HAL_Delay(1000);
   HAL_GPIO_WritePin(GPIOC, LED1_Pin|LED2_Pin|LED3_Pin|LED4_Pin
                           |LED5_Pin|LED6_Pin|LED7_Pin|LED8_Pin, GPIO_PIN_RESET);
   HAL_Delay(1000);
```

HAL_GPIO_TogglePin 함수 사용시

```
   HAL_GPIO_TogglePin(GPIOC,LED1_Pin|LED2_Pin|LED3_Pin|LED4_Pin
                           |LED5_Pin| LED6_Pin|LED7_Pin|LED8_Pin);
   HAL_Delay(1000);

  }
}
```

```
static void MX_GPIO_Init(void)
{
   ----- 생략 ---------------------
  /*Configure GPIO pins : LED1_Pin LED2_Pin LED3_Pin LED4_Pin
                          LED5_Pin LED6_Pin LED7_Pin LED8_Pin */
  GPIO_InitStruct.Pin = LED1_Pin|LED2_Pin|LED3_Pin|LED4_Pin
                          |LED5_Pin|LED6_Pin|LED7_Pin|LED8_Pin;
  GPIO_InitStruct.Mode = GPIO_MODE_OUTPUT_PP;
  GPIO_InitStruct.Pull = GPIO_NOPULL;
  GPIO_InitStruct.Speed = GPIO_SPEED_FREQ_LOW;
  HAL_GPIO_Init(GPIOC, &GPIO_InitStruct);
```

```
}

//stm32f411xe.h
#define PERIPH_BASE              0x40000000UL
#define APB1PERIPH_BASE          PERIPH_BASE
#define GPIOC_BASE              (AHB1PERIPH_BASE + 0x0800UL)
#define GPIOC                 ((GPIO_TypeDef *) GPIOC_BASE)

//stm32f4xx_hal_gpio.h
#define GPIO_PIN_0                ((uint16_t)0x0001)  /* Pin 0 selected    */
#define GPIO_PIN_1                ((uint16_t)0x0002)  /* Pin 1 selected    */
#define GPIO_PIN_2                ((uint16_t)0x0004)  /* Pin 2 selected    */
#define GPIO_PIN_3                ((uint16_t)0x0008)  /* Pin 3 selected    */
#define GPIO_PIN_4                ((uint16_t)0x0010)  /* Pin 4 selected    */
#define GPIO_PIN_5                ((uint16_t)0x0020)  /* Pin 5 selected    */
#define GPIO_PIN_6                ((uint16_t)0x0040)  /* Pin 6 selected    */
#define GPIO_PIN_7                ((uint16_t)0x0080)  /* Pin 7 selected    */

// main.h
#define LED1_Pin GPIO_PIN_0
#define LED1_GPIO_Port GPIOC
#define LED2_Pin GPIO_PIN_1
#define LED2_GPIO_Port GPIOC
#define LED3_Pin GPIO_PIN_2
#define LED3_GPIO_Port GPIOC
#define LED4_Pin GPIO_PIN_3
#define LED4_GPIO_Port GPIOC
#define LED5_Pin GPIO_PIN_4
#define LED5_GPIO_Port GPIOC
#define LED6_Pin GPIO_PIN_5
#define LED6_GPIO_Port GPIOC
#define LED7_Pin GPIO_PIN_6
#define LED7_GPIO_Port GPIOC
#define LED8_Pin GPIO_PIN_7
#define LED8_GPIO_Port GPIOC
```

○ 코드 실행 및 Debugging 하기

Run → Run 또는 Run → Debug을 실행하여 작성한 코드 및 관련코드를 컴파일과 링크를 실행한다. 정상동작인 LED 8개가 동시에 1초 주기로 ON/OFF 반복 동작한다.

② 레지스터 직접제어 방식을 통한 LED 제어 실습

이번 실습에서는 STM32CubeMX를 사용하지 않고 STM32F411 매뉴얼을 통해 해당 레지스터를 제어하는 방법으로 LED 8개를 일정 주기로 ON/OFF하는 프로그램을 작성한다. 하드웨어 구성은 [그림 3-30]과 동일하다.

㉮ 코드 작성하기

코드위치 : Project Name₩Core₩Src₩main.c

```
// GPIO 관련 Register 설정
#define rRCC_AHB1ENR *(volatile unsigned *)0x40023830
#define rGPIOC_MODER *(volatile unsigned *)0x40020800
#define rGPIOC_OTYPER *(volatile unsigned *)0x40020804
#define rGPIOC_OSPEEDR *(volatile unsigned *)0x40020808
#define rGPIOC_PUPDR *(volatile unsigned *)0x4002080C
#define rGPIOC_ODR *(volatile unsigned *)0x40020814

static void delay_int_count(volatile unsigned int nTime)
{  for(; nTime>0; nTime--); }
int main(void)
{
  rRCC_AHB1ENR |= (1<<2);           // GPIO Clock enable
 // rGPIOC_MODER =0x55555555;
  rGPIOC_MODER |=(1<<14|1<<12|1<<10|1<<8|1<<6|1<<4|1<<2|1); //GPIO Mode 설정
  rGPIOC_OTYPER = 0x00000000;
  rGPIOC_OSPEEDR = 0x00000000;
  rGPIOC_PUPDR = 0x00000000;

  while(1)
  { rGPIOC_ODR=0xffff;          // LED ON
    delay_int_count(300000);
    rGPIOC_ODR=0x0000;          // LED OFF
    delay_int_count(300000);
  }
}
```

㉯ STM32F411 register boundary addresses

[표 3-3] STM32F411 register addresses

Boundary address	Periphera	Bus
0x5000 0000 – 0x5003 FFFF	USB OTG FS	AHB2
0x4002 3C00 – 0x4002 3FFF	Flash interface register	AHB1`
0x4002 3800 – 0x4002 3BFF	RCC	
0x4002 3000 – 0x4002 33FF	CRC	
0x4002 1C00 – 0x4002 1FFF	GPIOH	
0x4002 1000 – 0x4002 13FF	GPIOE	
0x4002 0C00 – 0x4002 0FFF	GPIOD	
0x4002 0800 – 0x4002 0BFF	GPIOC	
0x4002 0400 – 0x4002 07FF	GPIOB	
0x4002 0000 – 0x4002 03FF	GPIOA	

㉰ RCC AHB1 peripheral clock enable register(RCC_AHB1ENR) 설정

- Address offset : 0x30
- RCC_AHB1ENR Register Address : 0x40023830
- Reset value : 0x0000 0000

31	30	29	28	27	26	25	24	23	22	21	20	19	18	17	16
Reserved									DMA2EN	DMA1EN	Reserved				
									rw	rw					

15	14	13	12	11	10	9	8	7	6	5	4	3	2	1	0
Reserved			CRCEN	Reserved				GPIOH EN	Reserved		GPIOEEN	GPIOD EN	GPIOC EN	GPIOB EN	GPIOA EN
			rw					rw			rw	rw	rw	rw	rw

코드내용 : rRCC_AHB1ENR |= (1<<2);
GPIOC 사용을 위한 Clock 발생이 Enable 된다.

○ Bit 7 GPIOHEN : IO port H clock enable(Set and reset by software)
- 0 : IO port H clock disabled
- 1 : IO port H clock enabled

○ Bit 4 GPIOEEN : IO port E clock enable(Set and cleared by software)
- 0 : IO port E clock disabled
- 1 : IO port E clock enabled

○ Bit 3 GPIODEN : IO port D clock enable(Set and cleared by software)
- 0 : IO port D clock disabled
- 1 : IO port D clock enabled

○ **Bit 2 GPIOCEN : IO port C clock enable(Set and cleared by software)**
  - 0 : IO port C clock disabled
  - 1 : IO port C clock enabled

○ Bit 1 GPIOBEN : IO port B clock enable(Set and cleared by software)
  - 0 : IO port B clock disabled
  - 1 : IO port B clock enabled

○ Bit 0 GPIOAEN : IO port A clock enable(Set and cleared by software)
  - 0 : IO port A clock disabled
  - 1 : IO port A clock enabled

㉣ GPIO port mode register (GPIOx_MODER) (x = A..E and H) 설정

- Address offset : 0x00
- GPIOC_MODER Register Address : 0x40020800
- Reset values :

- 0xA800 0000 for port A
- 0x0000 0280 for port B
- 0x0000 0000 for other ports

31	30	29	28	27	26	25	24	23	22	21	20	19	18	17	16
MODER15[1:0]		MODER14[1:0]		MODER13[1:0]		MODER12[1:0]		MODER11[1:0]		MODER10[1:0]		MODER9[1:0]		MODER8[1:0]	
rw	rw	rw	rw	rw	rw	rw	rw	rw	rw	rw	rw	rw	rw	rw	rw
15	14	13	12	11	10	9	8	7	6	5	4	3	2	1	0
MODER7[1:0]		MODER6[1:0]		MODER5[1:0]		MODER4[1:0]		MODER3[1:0]		MODER2[1:0]		MODER1[1:0]		MODER0[1:0]	
rw	rw	rw	rw	rw	rw	rw	rw	rw	rw	rw	rw	rw	rw	rw	rw

// rGPIOC_MODER =0x55555555;
코드내용 : rGPIOC_MODER |=(1<<14|1<<12|1<<10|1<<8|1<<6|1<<4|1<<2|1);
MODER0~MODER0까지 '01'로 설정하여 'General purpose output mode'로 설정한다.

○ MODERy[1:0] : Port x configuration bits (y = 0..15)
These bits are written by software to configure the I/O direction mode.
- 00 : Input (reset state)
- **01 : General purpose output mode**
- 10 : Alternate function mode
- 11 : Analog mode

㉤ GPIO port output type register (GPIOx_OTYPER) (x = A..E and H) 설정

- Address offset : 0x04
- GPIOC_OTYPER Register Address : 0x40020804

- Reset value : 0x0000 0000

31	30	29	28	27	26	25	24	23	22	21	20	19	18	17	16
Reserved															
15	14	13	12	11	10	9	8	7	6	5	4	3	2	1	0
OT15	OT14	OT13	OT12	OT11	OT10	OT9	OT8	OT7	OT6	OT5	OT4	OT3	OT2	OT1	OT0
rw	rw	rw	rw	rw	rw	rw	rw	rw	rw	rw	rw	rw	rw	rw	rw

코드내용 : rGPIOC_OTYPER = 0x00000000;
OT0~OT7까지 '0'으로 설정하여 'Output push-pull' 상태로 설정된다.

○ Bits 15:0 OTy : Port x configuration bits (y = 0..15)

These bits are written by software to configure the output type of the I/O port.

- **0 : Output push-pull (reset state)**
- 1 : Output open-drain

○ I/O Pin Output configuration

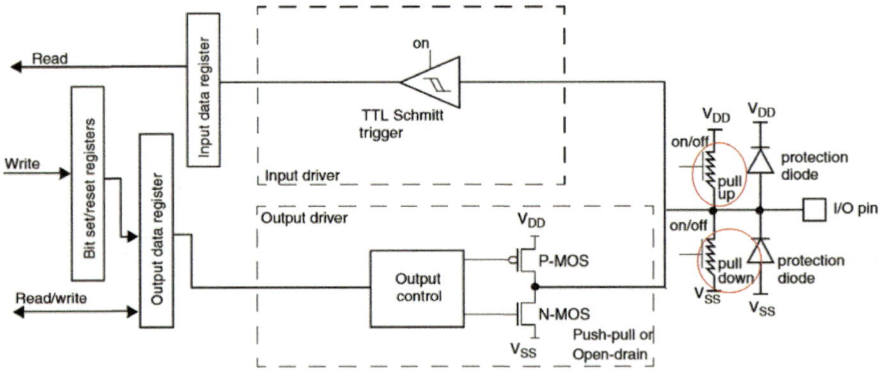

[그림 3-32] I/O Pin Output configuration

㉯ GPIO port output speed register (GPIOx_OSPEEDR) (x = A..E and H) 설정

- Address offset : 0x08
- GPIOC_OSPEEDR : 0x40020808
- Reset values :
  - 0x0C00 0000 for port A
  - 0x0000 00C0 for port B
  - 0x0000 0000 for other ports

31	30	29	28	27	26	25	24	23	22	21	20	19	18	17	16
OSPEEDR15 [1:0]		OSPEEDR14 [1:0]		OSPEEDR13 [1:0]		OSPEEDR12 [1:0]		OSPEEDR11 [1:0]		OSPEEDR10 [1:0]		OSPEEDR9 [1:0]		OSPEEDR8 [1:0]	
rw	rw	rw	rw	rw	rw	rw	rw	rw	rw	rw	rw	rw	rw	rw	rw
15	14	13	12	11	10	9	8	7	6	5	4	3	2	1	0
OSPEEDR7[1:0]		OSPEEDR6[1:0]		OSPEEDR5[1:0]		OSPEEDR4[1:0]		OSPEEDR3[1:0]		OSPEEDR2[1:0]		OSPEEDR1 [1:0]		OSPEEDR0 1:0]	
rw	rw	rw	rw	rw	rw	rw	rw	rw	rw	rw	rw	rw	rw	rw	rw

코드내용 : rGPIOC_OSPEEDR = 0x00000000;
OSPEEDR0~OSPEEDR7까지 '00'으로 'Low speed'로 설정된다.

○ OSPEEDRy[1:0] : Port x configuration bits (y = 0..15)
These bits are written by software to configure the I/O output speed.
- 00 : Low speed
- 01 : Medium speed
- 10 : Fast speed
- 11 : High speed

㉳ GPIO port pull-up/pull-down register (GPIOx_PUPDR) (x = A..E and H) 설정

- Address offset : 0x0C
- GPIOC_PUPDR : 0x4002080C
- Reset values :
  - 0x6400 0000 for port A
  - 0x0000 0100 for port B
  - 0x0000 0000 for other ports

31	30	29	28	27	26	25	24	23	22	21	20	19	18	17	16
PUPDR15[1:0]		PUPDR14[1:0]		PUPDR13[1:0]		PUPDR12[1:0]		PUPDR11[1:0]		PUPDR10[1:0]		PUPDR9[1:0]		PUPDR8[1:0]	
rw	rw	rw	rw	rw	rw	rw	rw	rw	rw	rw	rw	rw	rw	rw	rw
15	**14**	**13**	**12**	**11**	**10**	**9**	**8**	**7**	**6**	**5**	**4**	**3**	**2**	**1**	**0**
PUPDR7[1:0]		PUPDR6[1:0]		PUPDR5[1:0]		PUPDR4[1:0]		PUPDR3[1:0]		PUPDR2[1:0]		PUPDR1[1:0]		PUPDR0[1:0]	
rw	rw	rw	rw	rw	rw	rw	rw	rw	rw	rw	rw	rw	rw	rw	rw

코드내용 : rGPIOC_PUPDR= 0x00000000;
PUPDR0~PUPDR7까지 '00'으로 'No pull-up, pull-down'으로 설정된다.

○ PUPDRy[1:0] : Port x configuration bits (y = 0..15)
These bits are written by software to configure the I/O pull-up or pull-down
- 00 : No pull-up, pull-down
- 01 : Pull-up
- 10 : Pull-down
- 11 : Reserved

㉴ GPIO port output data register (GPIOx_ODR) (x = A..E and H) 설정

- Address offset : 0x14
- GPIOC_ODR Register Address : 0x40020814
- Reset value : 0x0000 0000

31	30	29	28	27	26	25	24	23	22	21	20	19	18	17	16
Reserved															
15	14	13	12	11	10	9	8	7	6	5	4	3	2	1	0
ODR15	ODR14	ODR13	ODR12	ODR11	ODR10	ODR9	ODR8	ODR7	ODR6	ODR5	ODR4	ODR3	ODR2	ODR1	ODR0
rw	rw	rw	rw	rw	rw	rw	rw	rw	rw	rw	rw	rw	rw	rw	rw

코드내용 : rGPIOC_ODR=0xffff;
코드내용 : rGPIOC_ODR=0x0000;
ODR0~ODR7 레지스터 값이 '1'이면 GPIOC 해당 PIN에 'HIGH'가 출력되고, '0'이면 'LOW'가 출력된다.

○ Bits 15:0 ODRy: Port output data (y = 0..15)
These bits can be read and written by software.
- ODR bits can be individually set and reset by writing to the GPIOx_BSRR register (x = A..E and H).

○ 코드 실행 및 Debugging 하기

Run → Run 또는 Run → Debug을 실행하여 작성한 코드 및 관련코드를 컴파일과 링크를 실행한다. 정상동작인 LED 8개가 동시에 일정 주기로 ON/OFF 반복 동작한다.

③ 디지털 입력 실습

[그림 3-33]과 같이 SW1에 'HIGH' 입력시 LED1~LED4, SW2에 'HIGH' 입력시 LED5~LED8에서 일정주기 동안 'ON' 되는 프로그램을 위한 하드웨어구성 방법, STM32CubeMX를 통한 코드생성 및 소스코드 작성을 실습한다.

○ 하드웨어 구성

회로도를 참고하여 브레드 보드에 PC0 ~ PC07까지 LED는 연결하여 회로를 구성하고, PB0와 PB1은 디지털입력을 위해 Push button을 이용하여 구성한다. NUCELO-F411RE 보드의 확장 커넥터는 [그림 1-4]를 참조한다.

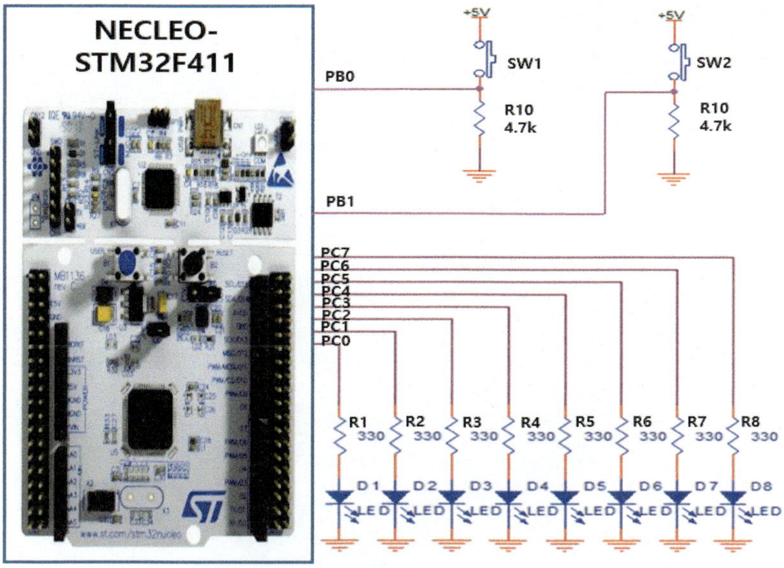

(a) 회로도

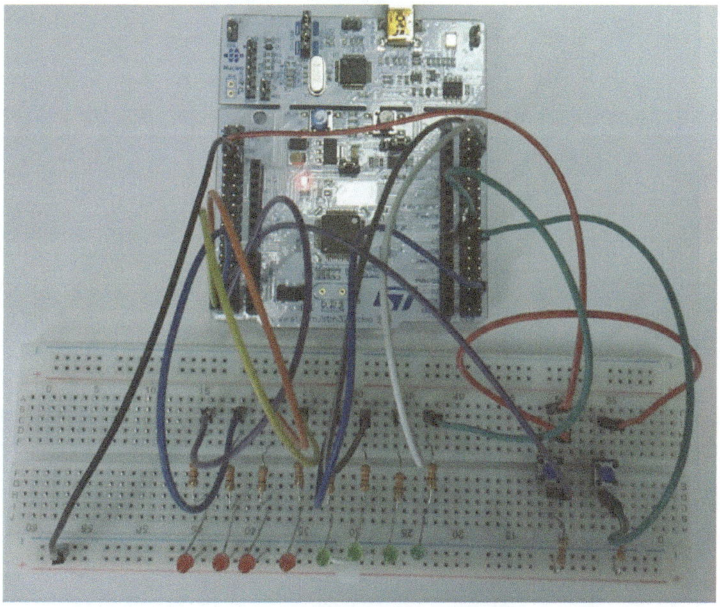

(b) 실습회로 구성

[그림 3-33] LED 제어회로도 및 실습회로 구성

○ STM32CubeMx 설정

PB0와 PB1에서 디지털신호를 입력받기 위해서 [그림 3-34]에서와 같이 GPIO mode – Input mode, GPIO Pull-up/Pull-down = No pull-up and no pull-down, User Label = SW1∼SW2로 설정한다.

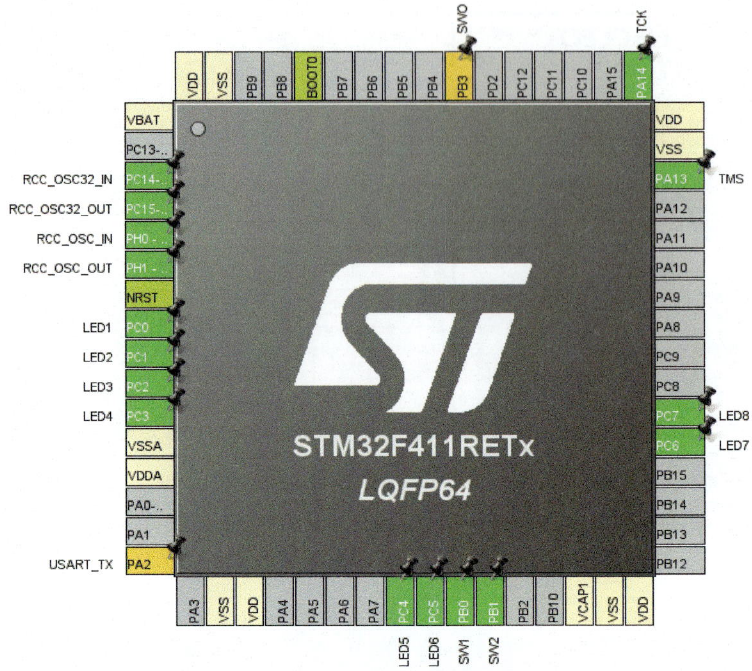

(a) Pinout view

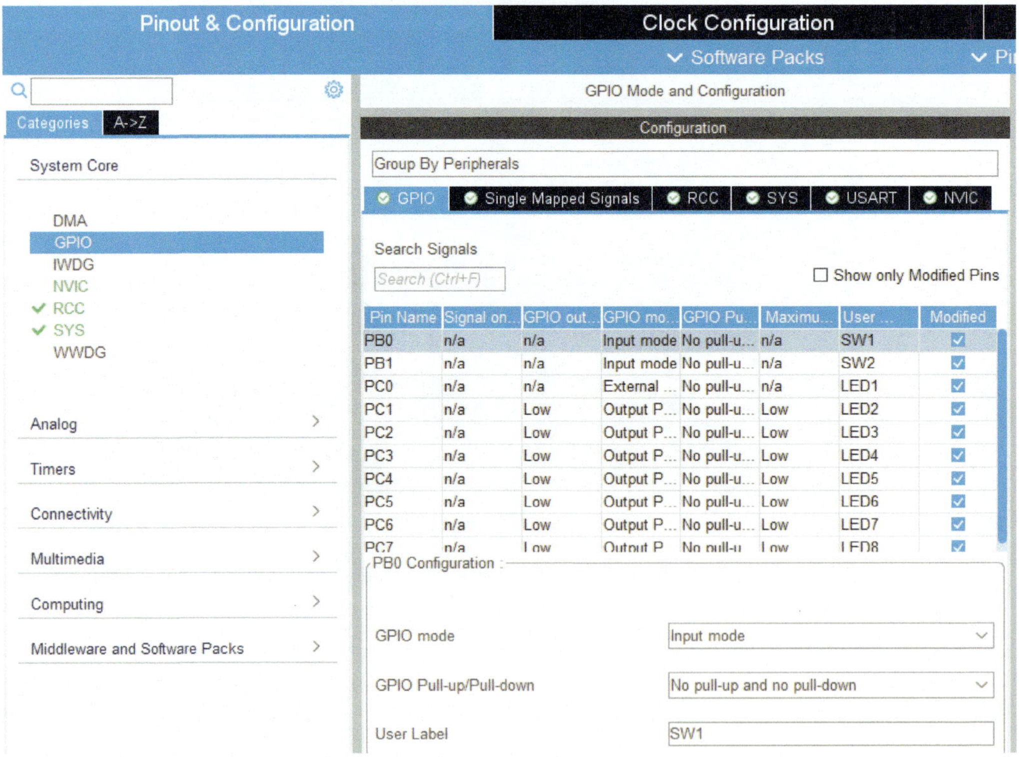

(b) GPIO Configuration

[그림 3-34] 8개의 디지털입력 제어를 위한 GPIO 설정

○ 코드 작성하기

Project → Generate Code를 실행하여 코드를 자동 생성시킨 후, 다음과 같은 프로그램을 추가한다.

코드위치 : Project Name₩Core₩Src₩main.c

```
#include "main.h"

int main(void)
{ HAL_Init();
  SystemClock_Config();
  MX_GPIO_Init();

  while (1)
  {  // 코딩하여 출력결과를 확인한다.
```

HAL_GPIO_ReadPin 함수 사용

```
  if(HAL_GPIO_ReadPin(GPIOB,SW1_Pin)==GPIO_PIN_SET)
  { HAL_GPIO_WritePin(GPIOC, LED1_Pin|LED2_Pin|LED3_Pin|LED4_Pin, GPIO_PIN_SET);
    HAL_Delay(1000);
  }
  else {
  HAL_GPIO_WritePin(GPIOC,LED1_Pin|LED2_Pin|LED3_Pin|LED4_Pin,
  GPIO_PIN_RESET);
   }

  if(HAL_GPIO_ReadPin(GPIOB,SW2_Pin)==GPIO_PIN_SET)
  { HAL_GPIO_WritePin(GPIOC, LED5_Pin|LED6_Pin|LED7_Pin|LED8_Pin, GPIO_PIN_SET);
    HAL_Delay(1000);
  }
  else {
  HAL_GPIO_WritePin(GPIOC,LED5_Pin|LED6_Pin|LED7_Pin|LED8_Pin                ,
  GPIO_PIN_RESET);
  }
  }
}
```

```
static void MX_GPIO_Init(void)
{  ----- 생략 --------------------
   /*Configure GPIO pin : SW1_Pin */
  GPIO_InitStruct.Pin = SW1_Pin;
  GPIO_InitStruct.Mode = GPIO_MODE_INPUT;
  GPIO_InitStruct.Pull = GPIO_NOPULL;
  HAL_GPIO_Init(SW1_GPIO_Port, &GPIO_InitStruct);
  /*Configure GPIO pin : SW2_Pin */
```

```
    GPIO_InitStruct.Pin = SW2_Pin;
    GPIO_InitStruct.Mode = GPIO_MODE_OUTPUT_PP;
    GPIO_InitStruct.Pull = GPIO_NOPULL;
    GPIO_InitStruct.Speed = GPIO_SPEED_FREQ_LOW;
    HAL_GPIO_Init(SW2_GPIO_Port, &GPIO_InitStruct);
}
```

• HAL_GPIO_ReadPin() 함수

코드위치 : Project Name₩Drivers₩STM32F4xx_HAL_Driver₩Src₩stm32f4xx_hal_gpio.c

HAL_GPIO_ReadPin(GPIOB,SW1_Pin)

```
//stm32f411xe.h
#define PERIPH_BASE          0x40000000UL
#define APB1PERIPH_BASE      PERIPH_BASE
#define GPIOB_BASE           (AHB1PERIPH_BASE + 0x0400UL)
#define GPIOB                ((GPIO_TypeDef *) GPIOB_BASE)
// main.h
#define SW1_Pin GPIO_PIN_0
#define SW1_GPIO_Port GPIOB
#define SW2_Pin GPIO_PIN_1
#define SW2_GPIO_Port GPIOB

//stm32f4xx_hal_gpio.h
#define GPIO_PIN_0           ((uint16_t)0x0001)  /* Pin 0 selected    */
#define GPIO_PIN_1           ((uint16_t)0x0002)  /* Pin 1 selected    */
```

```
GPIO_PinState HAL_GPIO_ReadPin(GPIO_TypeDef* GPIOx, uint16_t GPIO_Pin)
{
  GPIO_PinState bitstatus;

  /* Check the parameters */
  assert_param(IS_GPIO_PIN(GPIO_Pin));

  if((GPIOx->IDR & GPIO_Pin) != (uint32_t)GPIO_PIN_RESET)
  {
    bitstatus = GPIO_PIN_SET;
  }
  else
  {
    bitstatus = GPIO_PIN_RESET;
  }
  return bitstatus;
}
```

○ 코드 실행 및 Debugging 하기

Run → Run 또는 Run → Debug을 실행하여 작성한 코드 및 관련코드를 컴파일과 링크를 실행한다. 정상동작인 경우 SW1에 HIGH 입력시 LED1~LED4가 1초 동안 'ON' 되고, SW2에 HIGH 입력시 LED5~LED8가 1초 동안 'ON' 된다.

④ 레지스터 직접제어 방식을 통한 디지털 입력 실습

이번 실습에서는 STM32CubeMX를 사용하지 않고 STM32F411RE 매뉴얼을 통해 해당 레지스터를 제어하는 방법으로 Push button으로 구성된 디지털입력신호를 입력받아 제어하는 프로그램을 실습한다. 하드웨어 구성은 [그림 3-33]과 동일하다.

㉮ 코드 작성하기

코드위치 : Project Name₩Core₩Src₩main.c

```
#define rRCC_AHB1ENR *(volatile unsigned *)0x40023830
#define rGPIOC_MODER *(volatile unsigned *)0x40020800
#define rGPIOC_OTYPER *(volatile unsigned *)0x40020804
#define rGPIOC_OSPEEDR *(volatile unsigned *)0x40020808
#define rGPIOC_PUPDR *(volatile unsigned *)0x4002080C
#define rGPIOC_ODR *(volatile unsigned *)0x40020814

#define rGPIOB_MODER *(volatile unsigned *)0x40020400
#define rGPIOB_OTYPER *(volatile unsigned *)0x40020404
#define rGPIOB_PUPDR *(volatile unsigned *)0x4002040C
#define rGPIOB_IDR *(volatile unsigned *)0x40020410

static void delay_int_count(volatile unsigned int nTime)
{  for(; nTime>0; nTime--); }

int main(void)
{  int indata=0;
   rRCC_AHB1ENR |= (1<<2)|(1<<1);
   rGPIOC_MODER |=(1<<14|1<<12|1<<10|1<<8|1<<6|1<<4|1<<2|1);
   rGPIOC_OTYPER = 0x00000000;
   rGPIOC_OSPEEDR = 0x00000000;
   rGPIOC_PUPDR = 0x00000000;
   rGPIOB_MODER =0x00

   while(1)
   {
     indata = (rGPIOB_IDR & 0x03);

     if(indata==0x01)  // SW1에 'HIGH'입력시 LED1~LED4 'ON'
```

```
        { rGPIOC_ODR=0x0f;
          delay_int_count(900000);
          }
      else rGPIOC_ODR=0x00;

      if(indata==0x02) // SW2에 'HIGH'입력시 LED5~LED8 'ON'
        { rGPIOC_ODR=0xf0;
          delay_int_count(900000);
        }
        else rGPIOC_ODR=0x00;
  }
}
```

㉯ RCC AHB1 peripheral clock enable register (RCC_AHB1ENR) 설정

- Address offset : 0x30
- RCC_AHB1ENR Register Address : 0x40023830
- Reset value : 0x0000 0000

31	30	29	28	27	26	25	24	23	22	21	20	19	18	17	16
Reserved									DMA2EN	DMA1EN	Reserved				
									rw	rw					

15	14	13	12	11	10	9	8	7	6	5	4	3	2	1	0
Reserved			CRCEN	Reserved				GPIOH EN	Reserved		GPIOEEN	GPIOD EN	GPIOC EN	GPIOB EN	GPIOA EN
			rw					rw			rw	rw	rw	rw	rw

코드내용 : rRCC_AHB1ENR |= (1<<2)|(1<<1);
GPIOB, GPIOC 사용을 위한 Clock 발생이 Enable 시킨다.

○ Bit 2 GPIOCEN : IO port C clock enable(Set and cleared by software)
- 0 : IO port C clock disabled
- **1 : IO port C clock enabled**

○ Bit 1 GPIOBEN: IO port B clock enable(Set and cleared by software)
- 0 : IO port B clock disabled
- **1 : IO port B clock enabled**

㉰ GPIO port mode register (GPIOx_MODER) (x = A..E and H) 설정

- Address offset : 0x00
- **GPIOB_MODER Register Address : 0x40020400**
- Reset values :
  - 0xA800 0000 for port A
  - **0x0000 0280 for port B**
  - 0x0000 0000 for other ports

31	30	29	28	27	26	25	24	23	22	21	20	19	18	17	16
MODER15[1:0]		MODER14[1:0]		MODER13[1:0]		MODER12[1:0]		MODER11[1:0]		MODER10[1:0]		MODER9[1:0]		MODER8[1:0]	
rw	rw	rw	rw	rw	rw	rw	rw	rw	rw	rw	rw	rw	rw	rw	rw
15	14	13	12	11	10	9	8	7	6	5	4	3	2	1	0
MODER7[1:0]		MODER6[1:0]		MODER5[1:0]		MODER4[1:0]		MODER3[1:0]		MODER2[1:0]		MODER1[1:0]		MODER0[1:0]	
rw	rw	rw	rw	rw	rw	rw	rw	rw	rw	rw	rw	rw	rw	rw	rw

코드내용 : rGPIOB_MODER =0x00

MODER0~MODER1 까지 '00'로 설정하여 'Input mode'로 설정한다.

○ MODERy[1:0] : Port x configuration bits (y = 0..15)

These bits are written by software to configure the I/O direction mode.

- **00 : Input (reset state)**
- 01 : General purpose output mode
- 10 : Alternate function mode
- 11 : Analog mode

㉱ GPIO port input data register (GPIOx_IDR) (x = A..E and H) 설정

- Address offset : 0x10
- **GPIOB_IDR Register Address : 0x40020410**
- Reset value : 0x0000 XXXX (where X means undefined)

31	30	29	28	27	26	25	24	23	22	21	20	19	18	17	16
Reserved															
15	14	13	12	11	10	9	8	7	6	5	4	3	2	1	0
IDR15	IDR14	IDR13	IDR12	IDR11	IDR10	IDR9	IDR8	IDR7	IDR6	IDR5	IDR4	IDR3	IDR2	IDR1	IDR0
r	r	r	r	r	r	r	r	r	r	r	r	r	r	r	r

코드내용 : indata = (rGPIOB_IDR & 0x03);

IDR0~IDR1에 디지털값이 입력된다.

○ Bits 15:0 IDRy: Port input data (y = 0..15)

These bits are read-only and can be accessed in word mode only. They contain the input value of the corresponding I/O port.

○ 코드 실행 및 Debugging 하기

Run → Run 또는 Run → Debug을 실행하여 작성한 코드 및 관련 코드를 컴파일과 링크를 실행한다. 정상동작인 경우 SW1에 HIGH 입력시 LED1~LED4가 일정시간 동안 'ON' 되고, SW2에 HIGH 입력시 LED5~LED8가 일정시간 동안 'ON' 된다.

⑤ 7-Segment 제어 실습

[그림 3-35]와 같이 SW1에 HIGH 입력시 7-Segment에 0 → 9까지 표시되고, SW2에 HIGH 입력시 7-Segment에 9 → 0까지 표시되도록 한다. 프로그램 실습을 위한 하드웨어구성 방법, STM32CubeMX를 통한 코드생성 및 소스코드 작성을 실습한다.

○ 하드웨어 구성

[그림 3-35] 회로도를 참고하여 브레드 보드에 LED, Push button, 7-Segment(Common Cathode Type 사용) 등을 이용하여 구성한다. NUCELO-F411RE 보드의 확장 커넥터는 [그림 1-4]를 참조한다.

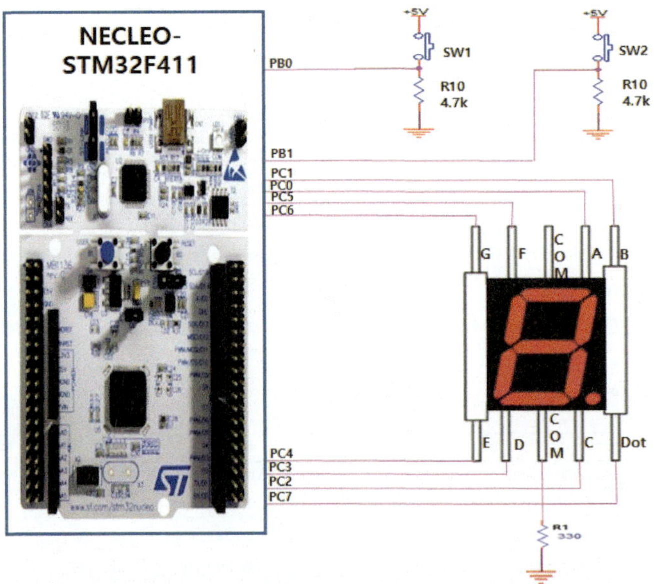

(a) 회로도

(b) 실습회로 구성

[그림 3-35] 7-Segment 제어회로도 및 실습회로 구성

○ STM32CubeMx 설정

[그림 3-36]과 같이 PB0와 PB1는 디지털입력으로 설정하고, PC0~PC7은 디지털출력으로 설정한다.

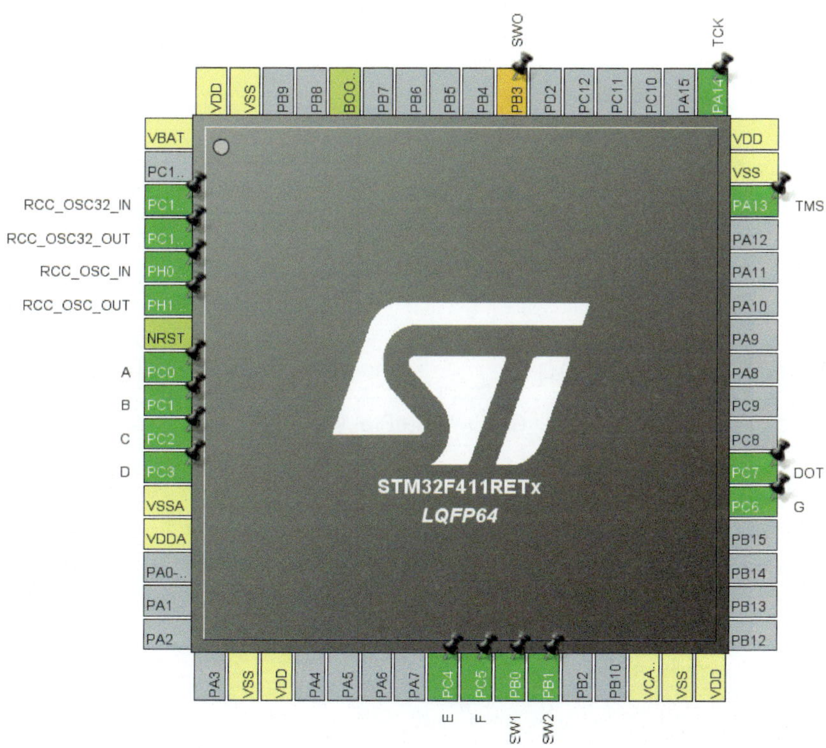

(a) Pinout view

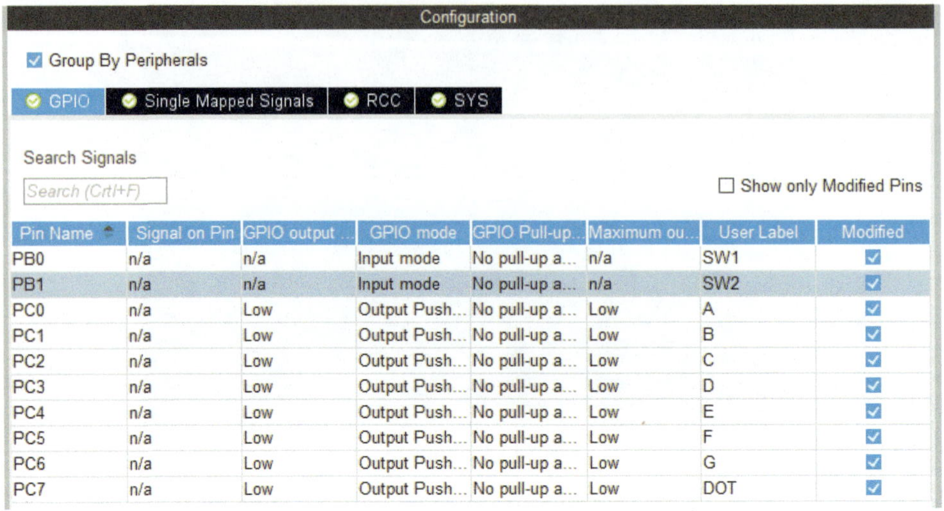

Pin Name	Signal on Pin	GPIO output ...	GPIO mode	GPIO Pull-up...	Maximum ou...	User Label	Modified
PB0	n/a	n/a	Input mode	No pull-up a...	n/a	SW1	☑
PB1	n/a	n/a	Input mode	No pull-up a...	n/a	SW2	☑
PC0	n/a	Low	Output Push...	No pull-up a...	Low	A	☑
PC1	n/a	Low	Output Push...	No pull-up a...	Low	B	☑
PC2	n/a	Low	Output Push...	No pull-up a...	Low	C	☑
PC3	n/a	Low	Output Push...	No pull-up a...	Low	D	☑
PC4	n/a	Low	Output Push...	No pull-up a...	Low	E	☑
PC5	n/a	Low	Output Push...	No pull-up a...	Low	F	☑
PC6	n/a	Low	Output Push...	No pull-up a...	Low	G	☑
PC7	n/a	Low	Output Push...	No pull-up a...	Low	DOT	☑

(b) GPIO Configuration

[그림 3-36] 7-Segment 제어를 위한 GPIO 설정

○ 코드 작성하기

Project → Generate Code를 실행하여 코드를 자동 생성시킨 후, 다음과 같은 프로그램을 추가한다.

• 7-Segment 출력 실습

코드위치 : Project Name₩Core₩Src₩main.c

```
#include "main.h“
int main(void)
{ --- 생략 ----

  while (1)
  { // 코딩하여 출력결과를 확인한다.
```

HAL_GPIO_WritePin 함수 사용

```
    //0 Display
    HAL_GPIO_WritePin(GPIOC, A_Pin|B_Pin|C_Pin|D_Pin|E_Pin|F_Pin|G_Pin|DOT_Pin, GPIO_PIN_RESET);
    HAL_GPIO_WritePin(GPIOC, A_Pin|B_Pin|C_Pin|D_Pin|E_Pin|F_Pin, GPIO_PIN_SET);
    HAL_Delay(1000);
    // 1 Display
    HAL_GPIO_WritePin(GPIOC, A_Pin|B_Pin|C_Pin|D_Pin|E_Pin|F_Pin|G_Pin, GPIO_PIN_RESET);
    HAL_GPIO_WritePin(GPIOC,B_Pin|C_Pin, GPIO_PIN_SET);
    HAL_Delay(1000);
   // 2 Display
    HAL_GPIO_WritePin(GPIOC, A_Pin|B_Pin|C_Pin|D_Pin|E_Pin|F_Pin|G_Pin, GPIO_PIN_RESET);
    HAL_GPIO_WritePin(GPIOC, A_Pin|B_Pin|D_Pin|E_Pin|G_Pin, GPIO_PIN_SET);
    HAL_Delay(1000);
    // 3 Display
    HAL_GPIO_WritePin(GPIOC, A_Pin|B_Pin|C_Pin|D_Pin|E_Pin|F_Pin|G_Pin, GPIO_PIN_RESET);
     HAL_GPIO_WritePin(GPIOC, A_Pin|B_Pin|C_Pin|D_Pin|G_Pin, GPIO_PIN_SET);
    HAL_Delay(1000);
```

```
    // 4 Display
    HAL_GPIO_WritePin(GPIOC, A_Pin|B_Pin|C_Pin|D_Pin|E_Pin|F_Pin|G_Pin, GPIO_PIN_RESET);
    HAL_GPIO_WritePin(GPIOC,B_Pin|C_Pin|F_Pin|G_Pin, GPIO_PIN_SET);
    HAL_Delay(1000);
    // 5 Display
    HAL_GPIO_WritePin(GPIOC, A_Pin|B_Pin|C_Pin|D_Pin|E_Pin|F_Pin|G_Pin, GPIO_PIN_RESET);
    HAL_GPIO_WritePin(GPIOC, A_Pin|C_Pin|D_Pin|F_Pin|G_Pin, GPIO_PIN_SET);
    HAL_Delay(1000);
      // 6 Display
    HAL_GPIO_WritePin(GPIOC, A_Pin|B_Pin|C_Pin|D_Pin|E_Pin|F_Pin|G_Pin, GPIO_PIN_RESET);
    HAL_GPIO_WritePin(GPIOC, A_Pin|C_Pin|D_Pin|E_Pin|F_Pin|G_Pin, GPIO_PIN_SET);
    HAL_Delay(1000);
    // 7 Display
    HAL_GPIO_WritePin(GPIOC, A_Pin|B_Pin|C_Pin|D_Pin|E_Pin|F_Pin|G_Pin, GPIO_PIN_RESET);
    HAL_GPIO_WritePin(GPIOC,A_Pin|B_Pin|C_Pin, GPIO_PIN_SET);
    HAL_Delay(1000);
    // 8 Display
    HAL_GPIO_WritePin(GPIOC, A_Pin|B_Pin|C_Pin|D_Pin|E_Pin|F_Pin|G_Pin, GPIO_PIN_RESET);
   HAL_GPIO_WritePin(GPIOC, A_Pin|B_Pin|C_Pin|D_Pin|E_Pin|F_Pin|G_Pin, GPIO_PIN_SET);
    HAL_Delay(1000);
    // 9 Display
    HAL_GPIO_WritePin(GPIOC, A_Pin|B_Pin|C_Pin|D_Pin|E_Pin|F_Pin|G_Pin, GPIO_PIN_RESET);
    HAL_GPIO_WritePin(GPIOC, A_Pin|B_Pin|C_Pin|F_Pin|G_Pin, GPIO_PIN_SET);
    HAL_Delay(1000);
  }
}
```

• SW 입력에 따른 7-Segment 출력 실습

코드위치 : Project Name₩Core₩Src₩main.c

```
#include "main.h“

void ZeroToNine(void)
{ // 0 Display
  HAL_GPIO_WritePin(GPIOC,            A_Pin|B_Pin|C_Pin|D_Pin|E_Pin|F_Pin|G_Pin|DOT_Pin,
GPIO_PIN_RESET);
  HAL_GPIO_WritePin(GPIOC, A_Pin|B_Pin|C_Pin|D_Pin|E_Pin|F_Pin, GPIO_PIN_SET);
  HAL_Delay(1000);

  // 1 Display
  HAL_GPIO_WritePin(GPIOC,                A_Pin|B_Pin|C_Pin|D_Pin|E_Pin|F_Pin|G_Pin,
GPIO_PIN_RESET);
  HAL_GPIO_WritePin(GPIOC,B_Pin|C_Pin, GPIO_PIN_SET);
  HAL_Delay(1000);

  // 2 Display
  HAL_GPIO_WritePin(GPIOC,                A_Pin|B_Pin|C_Pin|D_Pin|E_Pin|F_Pin|G_Pin,
GPIO_PIN_RESET);
  HAL_GPIO_WritePin(GPIOC, A_Pin|B_Pin|D_Pin|E_Pin|G_Pin, GPIO_PIN_SET);
  HAL_Delay(1000);

  // 3 Display
```

```
 HAL_GPIO_WritePin(GPIOC, A_Pin|B_Pin|C_Pin|D_Pin|E_Pin|F_Pin|G_Pin,
GPIO_PIN_RESET);
 HAL_GPIO_WritePin(GPIOC, A_Pin|B_Pin|C_Pin|D_Pin|G_Pin, GPIO_PIN_SET);
 HAL_Delay(1000);

 // 4 Display
 HAL_GPIO_WritePin(GPIOC, A_Pin|B_Pin|C_Pin|D_Pin|E_Pin|F_Pin|G_Pin,
GPIO_PIN_RESET);
 HAL_GPIO_WritePin(GPIOC,B_Pin|C_Pin|F_Pin|G_Pin, GPIO_PIN_SET);
 HAL_Delay(1000);

 // 5 Display
  HAL_GPIO_WritePin(GPIOC, A_Pin|B_Pin|C_Pin|D_Pin|E_Pin|F_Pin|G_Pin,
GPIO_PIN_RESET);
  HAL_GPIO_WritePin(GPIOC, A_Pin|C_Pin|D_Pin|F_Pin|G_Pin, GPIO_PIN_SET);
  HAL_Delay(1000);

  // 6 Display
 HAL_GPIO_WritePin(GPIOC, A_Pin|B_Pin|C_Pin|D_Pin|E_Pin|F_Pin|G_Pin,
GPIO_PIN_RESET);
 HAL_GPIO_WritePin(GPIOC, A_Pin|C_Pin|D_Pin|E_Pin|F_Pin|G_Pin, GPIO_PIN_SET);
 HAL_Delay(1000);
 // 7 Display
 HAL_GPIO_WritePin(GPIOC, A_Pin|B_Pin|C_Pin|D_Pin|E_Pin|F_Pin|G_Pin,
GPIO_PIN_RESET);
 HAL_GPIO_WritePin(GPIOC,A_Pin|B_Pin|C_Pin, GPIO_PIN_SET);
 HAL_Delay(1000);

  // 8 Display
 HAL_GPIO_WritePin(GPIOC, A_Pin|B_Pin|C_Pin|D_Pin|E_Pin|F_Pin|G_Pin,
GPIO_PIN_RESET);
 HAL_GPIO_WritePin(GPIOC, A_Pin|B_Pin|C_Pin|D_Pin|E_Pin|F_Pin|G_Pin,
GPIO_PIN_SET);
 HAL_Delay(1000);

 // 9 Display
 HAL_GPIO_WritePin(GPIOC, A_Pin|B_Pin|C_Pin|D_Pin|E_Pin|F_Pin|G_Pin,
GPIO_PIN_RESET);
 HAL_GPIO_WritePin(GPIOC, A_Pin|B_Pin|C_Pin|F_Pin|G_Pin, GPIO_PIN_SET);
 HAL_Delay(1000);
}

void NineToZero(void)
{
 // 9 Display
 HAL_GPIO_WritePin(GPIOC, A_Pin|B_Pin|C_Pin|D_Pin|E_Pin|F_Pin|G_Pin,
GPIO_PIN_RESET);
 HAL_GPIO_WritePin(GPIOC, A_Pin|B_Pin|C_Pin|F_Pin|G_Pin, GPIO_PIN_SET);
 HAL_Delay(1000);
```

```
// 8 Display
HAL_GPIO_WritePin(GPIOC, A_Pin|B_Pin|C_Pin|D_Pin|E_Pin|F_Pin|G_Pin,
GPIO_PIN_RESET);
HAL_GPIO_WritePin(GPIOC, A_Pin|B_Pin|C_Pin|D_Pin|E_Pin|F_Pin|G_Pin,
GPIO_PIN_SET);
HAL_Delay(1000);

// 7 Display
HAL_GPIO_WritePin(GPIOC, A_Pin|B_Pin|C_Pin|D_Pin|E_Pin|F_Pin|G_Pin,
GPIO_PIN_RESET);
HAL_GPIO_WritePin(GPIOC,A_Pin|B_Pin|C_Pin, GPIO_PIN_SET);
HAL_Delay(1000);

// 6 Display
HAL_GPIO_WritePin(GPIOC, A_Pin|B_Pin|C_Pin|D_Pin|E_Pin|F_Pin|G_Pin,
GPIO_PIN_RESET);
HAL_GPIO_WritePin(GPIOC, A_Pin|C_Pin|D_Pin|E_Pin|F_Pin|G_Pin, GPIO_PIN_SET);
HAL_Delay(1000);

// 5 Display
HAL_GPIO_WritePin(GPIOC, A_Pin|B_Pin|C_Pin|D_Pin|E_Pin|F_Pin|G_Pin,
GPIO_PIN_RESET);
HAL_GPIO_WritePin(GPIOC, A_Pin|C_Pin|D_Pin|F_Pin|G_Pin, GPIO_PIN_SET);
HAL_Delay(1000);
// 4 Display
HAL_GPIO_WritePin(GPIOC, A_Pin|B_Pin|C_Pin|D_Pin|E_Pin|F_Pin|G_Pin,
GPIO_PIN_RESET);
HAL_GPIO_WritePin(GPIOC,B_Pin|C_Pin|F_Pin|G_Pin, GPIO_PIN_SET);
HAL_Delay(1000);

// 3 Display
HAL_GPIO_WritePin(GPIOC, A_Pin|B_Pin|C_Pin|D_Pin|E_Pin|F_Pin|G_Pin,
GPIO_PIN_RESET);
HAL_GPIO_WritePin(GPIOC, A_Pin|B_Pin|C_Pin|D_Pin|G_Pin, GPIO_PIN_SET);
HAL_Delay(1000);

// 2 Display
HAL_GPIO_WritePin(GPIOC, A_Pin|B_Pin|C_Pin|D_Pin|E_Pin|F_Pin|G_Pin,
GPIO_PIN_RESET);
HAL_GPIO_WritePin(GPIOC, A_Pin|B_Pin|D_Pin|E_Pin|G_Pin, GPIO_PIN_SET);
HAL_Delay(1000);
// 1 Display
HAL_GPIO_WritePin(GPIOC, A_Pin|B_Pin|C_Pin|D_Pin|E_Pin|F_Pin|G_Pin,
GPIO_PIN_RESET);
HAL_GPIO_WritePin(GPIOC,B_Pin|C_Pin, GPIO_PIN_SET);
HAL_Delay(1000);

// 0 Display
HAL_GPIO_WritePin(GPIOC, A_Pin|B_Pin|C_Pin|D_Pin|E_Pin|F_Pin|G_Pin|DOT_Pin,
GPIO_PIN_RESET);
```

```
  HAL_GPIO_WritePin(GPIOC, A_Pin|B_Pin|C_Pin|D_Pin|E_Pin|F_Pin, GPIO_PIN_SET);
  HAL_Delay(1000);
}

int main(void)
{  --- 생략 ---
   while (1)
   {
```

HAL_GPIO_WritePin/ReadPin 함수 사용

```
    if(HAL_GPIO_ReadPin(GPIOB, SW1_Pin)==GPIO_PIN_SET)
      ZeroToNine();
    else if(HAL_GPIO_ReadPin(GPIOB, SW2_Pin)==GPIO_PIN_SET)
          NineToZero();
    else       HAL_GPIO_WritePin(GPIOC,       A_Pin|B_Pin|C_Pin|D_Pin|E_Pin|F_Pin|G_Pin|DOT_Pin,
   GPIO_PIN_RESET);
```

```
   }
}
```

○ 코드 실행 및 Debugging 하기

Run → Run 또는 Run → Debug을 실행하여 작성한 코드 및 관련코드를 컴파일과 링크를 실행한다. 정상동작인 경우 SW1에 HIGH 입력시 7-Segment가 0 → 9로 표시되고, SW2에 HIGH 입력시 7-Segment가 9 → 0으로 표시된다.

⑥ DC모터 제어 실습

[그림 3-37]과 같이 SW1에 HIGH 입력시 자동차가 전진하고, SW2에 HIGH 입력시 후진한다. 프로그램 실습을 위한 하드웨어 구성 방법, STM32CubeMX를 통한 코드생성 및 소스코드 작성을 실습한다.

○ 하드웨어 구성

[그림 3-37] 회로도를 참고하여 브레드 보드에 DC모터, Push button, 전력증폭기(LB1630) 등을 이용하여 구성한다. NUCELO-F411RE 보드의 확장 커넥터는 [그림 1-4]를 참조한다.

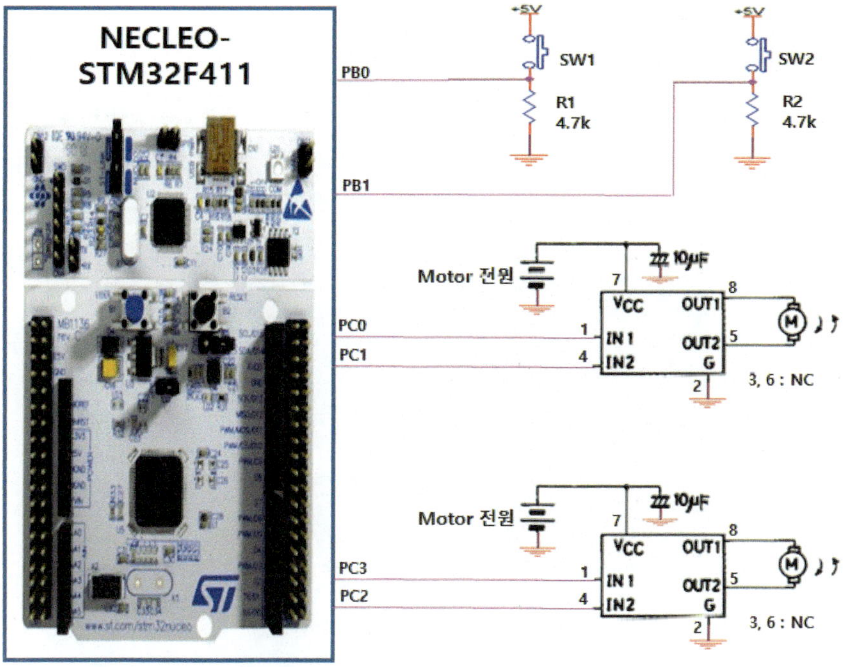

[그림 3-37] DC모터 제어회로도

[표 3-4] 전력증폭기(LB1630) 동작조건

IN1	IN2	OUT1	OUT2	Motor
H	L	H	L	Forward
L	H	L	H	Reverse
H	H	off	off	Standby
L	L	off	off	Standby

○ STM32CubeMx 설정

[그림 3-38]과 같이 PB0와 PB1는 디지털입력으로 설정하고, PC0~PC3은 디지털출력으로 설정한다.

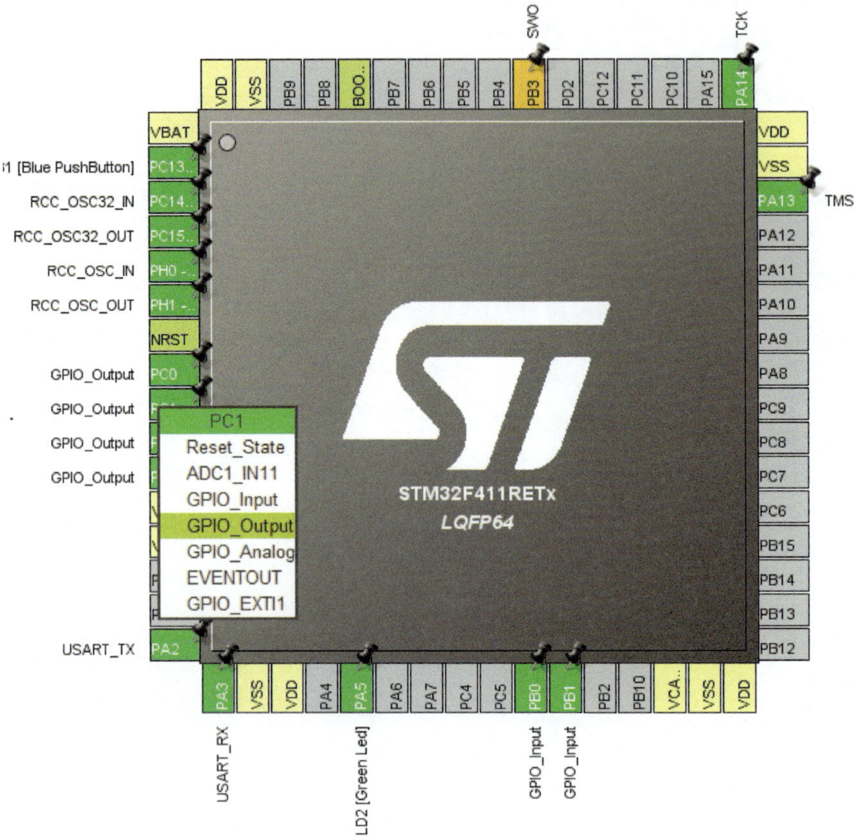

(a) Pinout view

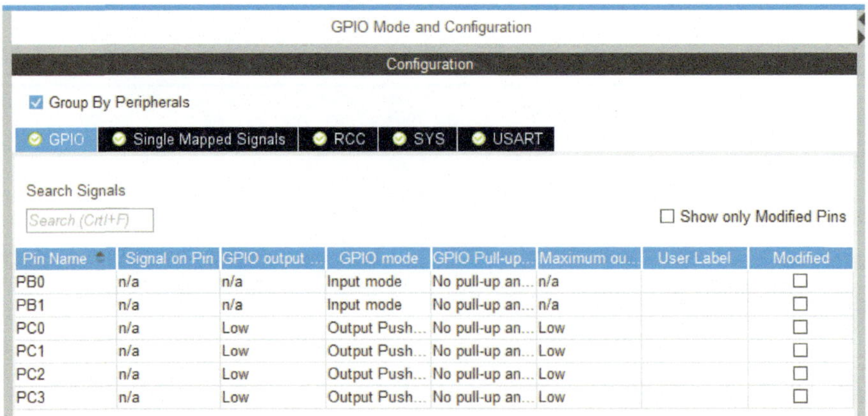
GPIO Mode and Configuration

Configuration

☑ Group By Peripherals

GPIO | Single Mapped Signals | RCC | SYS | USART

Search Signals

Search (Crtl+F) ☐ Show only Modified Pins

Pin Name	Signal on Pin	GPIO output ...	GPIO mode	GPIO Pull-up...	Maximum ou...	User Label	Modified
PB0	n/a	n/a	Input mode	No pull-up an...	n/a		☐
PB1	n/a	n/a	Input mode	No pull-up an...	n/a		☐
PC0	n/a	Low	Output Push...	No pull-up an...	Low		☐
PC1	n/a	Low	Output Push...	No pull-up an...	Low		☐
PC2	n/a	Low	Output Push...	No pull-up an...	Low		☐
PC3	n/a	Low	Output Push...	No pull-up an...	Low		☐

(b) GPIO Configuration

[그림 3-38] DC모터 제어를 위한 GPIO 설정

○ 코드 작성하기

Project → Generate Code를 실행하여 코드를 자동 생성시킨 후, 다음과 같은 프로그램을 추가한다.

코드위치 : Project Name₩Core₩Src₩main.c

```
#include "main.h"

void Motor_Forward(void)
  { HAL_GPIO_WritePin(GPIOC, GPIO_PIN_0|GPIO_PIN_2, GPIO_PIN_SET);
    HAL_GPIO_WritePin(GPIOC, GPIO_PIN_1|GPIO_PIN_3, GPIO_PIN_RESET);
  }

  void Motor_Reverse(void)
  { HAL_GPIO_WritePin(GPIOC, GPIO_PIN_0|GPIO_PIN_2, GPIO_PIN_RESET);
    HAL_GPIO_WritePin(GPIOC, GPIO_PIN_1|GPIO_PIN_3, GPIO_PIN_SET);
  }

int main(void)
{
  ---- 생략---

  while (1)
  {
```

HAL_GPIO_WritePin/ReadPin 함수 사용

```
if(HAL_GPIO_ReadPin(GPIOB, GPIO_PIN_0)==GPIO_PIN_SET) // SW1 입력 확인
        Motor_Forward(); // 자동차 전진
else if(HAL_GPIO_ReadPin(GPIOB, GPIO_PIN_1)==GPIO_PIN_SET) // SW2 입력 확인
        Motor_Reverse(); // 자동차 후진
```

```
  }
}
```

○ 코드 실행 및 Debugging 하기

Run → Run 또는 Run → Debug을 실행하여 작성한 코드 및 관련코드를 컴파일과 링크를 실행한다. 정상동작인 경우 SW1에 HIGH 입력시 자동차가 전진하고, SW2에 HIGH 입력시 자동차가 후진동작을 확인할 수 있다.

4장 외부인터럽트 실습

4.1 STM32F411 NVIC(Nested Vectored Interrupt Controller) 이해

① 특징

- 52개 Mask 가능한 인터럽트 채널을 갖는다(FPU가 있는 Cortex®-M4의 인터럽트 라인 16개 제외).
- 16개의 프로그램 가능한 우선순위를 갖는다.
- 짧은 지연시간을 갖는 예외 및 인터럽트 처리가 가능하다.

② 외부인터럽트/이벤트 컨트롤러(EXTI : External Interrupt/Event Controller)

외부인터럽트/이벤트 컨트롤러는 이벤트/인터럽트 요청을 생성하기 위한 최대 23개의 에지 검출기로 구성된다. 각 입력 라인에 해당 트리거 이벤트(상승 또는 하강 또는 둘 다)를 선택하도록 독립적으로 구성할 수 있다. 각 인터럽트 입력은 독립적으로 Mask할 수 있다. 그리고 Pending 레지스터는 인터럽트 요청의 상태를 유지한다.

○ 특징

- 각 인터럽트/이벤트 라인을 독립적으로 트리거 및 마스크가 가능하다.
- 각 인터럽트 라인에 전용 상태비트를 갖는다.
- 최대 23개의 소프트웨어 이벤트/인터럽트 요청을 생성한다.
- 외부 신호는 APB2 클럭 주기보다 짧아야 한다.

[표 4-1] EXTI Vector table

이름	주소	설명
Reset	0x0000 0004	
EXTI16	0x0000 0044	EXTI Line 16 interrupt/PVD 출력과 연결
EXTI21	0x0000 0048	EXTI Line 21 interrupt /RTC Tamper and TimeStamp 이벤트와 연결
EXTI22	0x0000 004C	EXTI Line 22 interrupt /RTC Wakeup 이벤트와 연결
EXTI0	0x0000 0058	EXTI Line 0 interrupt
EXTI1	**0x0000 005C**	**EXTI Line 1 interrupt**
EXTI2	0x0000 0060	EXTI Line 2 interrupt
EXTI3	0x0000 0064	EXTI Line 3 interrupt
EXTI4	0x0000 0068	EXTI Line 4 interrupt
EXTI9_5	0x0000 009C	EXTI Line[9:5] interrupts
EXTI15_10	0x0000 00E0	EXTI Line[15:10] interrupts
EXTI17	0x0000 00E4	EXTI Line 7 interrupt /RTC Alarm 이벤트와 연결
EXTI18	0x0000 00E8	EXTI Line 8 interrupt/USB OTG FS Wakeup 이벤트와 연결

③ 외부인터럽트 GPIO 매핑

[그림 4-1]은 외부인터럽트와 GPIO와의 매핑 상태를 나타낸다.

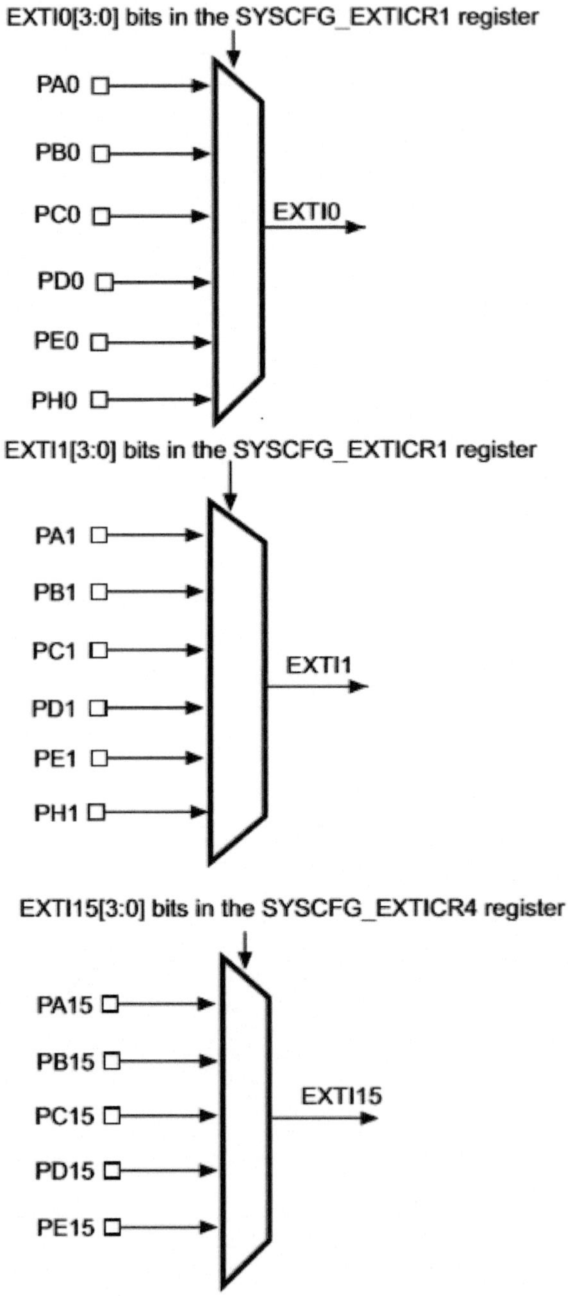

[그림 4-1] 외부인터럽트의 GPIO와 매핑

○ 외부인터럽트(PB1:EXTI1) 처리과정

- PB1(EXTI1) 핀에 인터럽트 요청신호가 들어오면 Coretex-M4 Core NVIC에서 인터럽트가 인지되고, EXTI1 인터럽트벡터 주소(0x0000005C)로 점프하여 인터럽트서비스 루틴인 EXT1_IRQHandler(void) 함수가 실행된다.
  또한 EXT1_IRQHandler(void) 함수는 HAL_GPIO_EXTI_IRQHandler(EXTI1_Pin) 함수를 호출하고, HAL_GPIO_EXTI_IRQHandler(EXTI1_Pin) 함수는 HAL_GPIO_EXTI_Callback() 함수를 호출한다. [그림 4-2]는 EXTI1(PB1) 처리과정 일부를 보여준다.
- Coretex-M4 Core NVIC는 인터럽트 우선순위를 AIRCR(Application interrupt and reset control register) 레지스터를 이용하여 설정한다.
- EXTI1인터럽트서비스 루틴인 EXTI1_IRQHandler(void) 함수에는 다음 인터럽트 처리를 위해 Pending 레지스터(EXTI_PR)를 리셋시켜야 한다. 해당 인터럽트가 요청되어 활성화되면 Pending 레지스터는 셋트되어 동일한 인터럽트 처리가 금지된다.

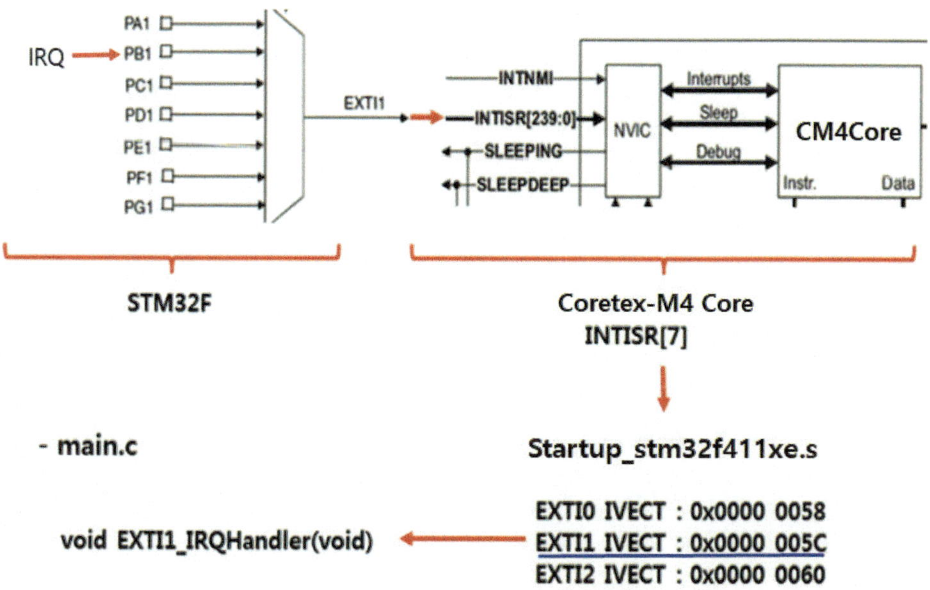

[그림 4-2] 외부인터럽트의 처리과정

○ 외부인터럽트와 관련된 레지스터 설정과정

- STEP 1 : 외부인터럽트 신호가 상승에지인지, 하강에지인지 선택한다. 신호의 에지 선택은 EXTI_FTSR과 ECT1_RTSR을 사용한다.
- STEP 2 : 최대 20개의 외부인터럽트 라인 중 어떤 인터럽트를 활성화할 것인가를 결정한다. 이때 EXTI_IMR를 사용한다.
- STEP 3 : 인터럽트가 발생되었을 때 NVIC_ISERx 레지스터를 활용하여 해당 인터럽트를 인에이블시키고, 우선순위도 설정한다. 이때 인터럽트가 발생되면 해당 인터럽트 Flag가 세트된다.

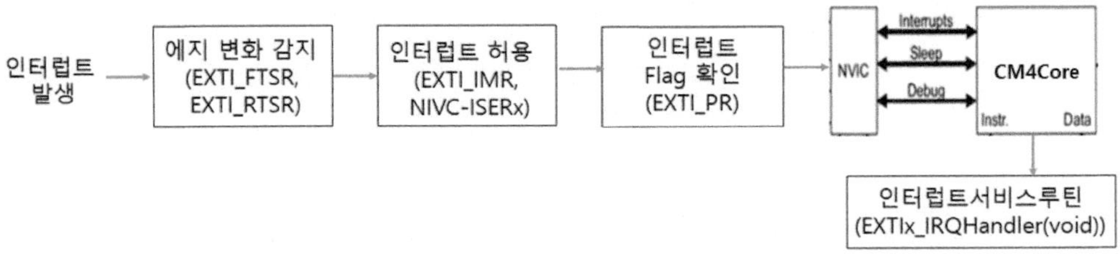

[그림 4-3] 외부인터럽트 레지스터 설정과정

- NVIC 우선순위 설정 관련 함수 : HAL_NVIC_SetPriority(EXTI1_IRQn, 0, 2);
- NVIC_ISER 설정 관련 함수 : HAL_NVIC_EnableIRQ(EXTI1_IRQn);
- NVIC_PR 셋 및 리셋 관련 함수 : HAL_GPIO_EXTI_IRQHandler(GPIO_PIN_1);

4.2 외부인터럽트 실습

SW1을 눌러 HIGH 입력시 EXTI0에 인터럽트가 요청되어 LED1-LED4가 ON되고, SW2를 눌러 HIGH 입력시 EXTI1에 인터럽트가 요청되어 LED5-LED8가 ON되는 실습을 진행한다.

① 하드웨어 구성

[그림 4-4] 회로도를 참고하여 브레드 보드에 PC0 ~ PC07까지 LED는 연결하여 회로를 구성하고, PB0와 PB1은 인터럽트 입력을 위해 푸쉬버튼 Switch를 이용하여 구성한다.

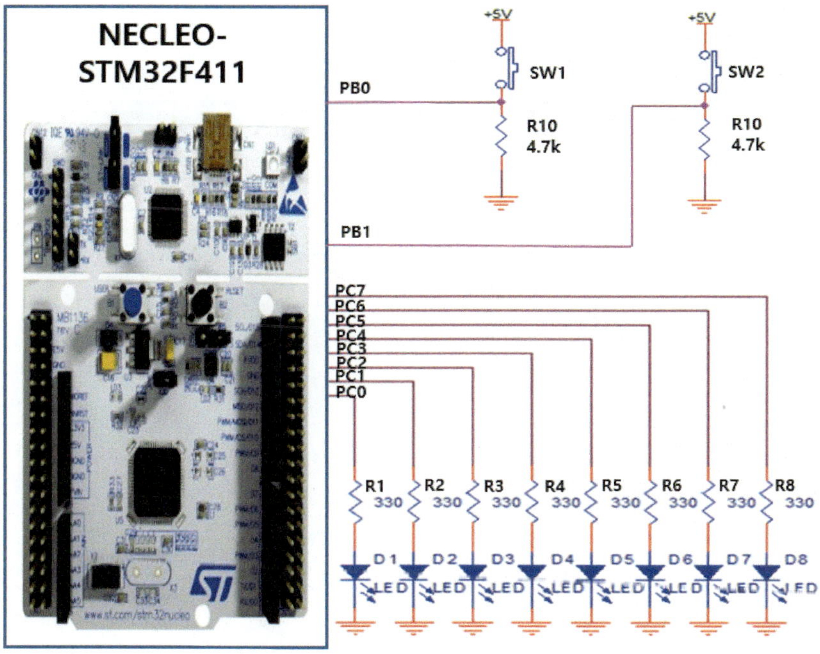

[그림 4-4] 외부인터럽트 실습을 위한 회로도

② STM32CubeIDE를 사용한 프로그램 작성

○ 프로젝트 만들기

STM32CubeIDE 실행 후 File → New → STM32 Project를 실행한다.

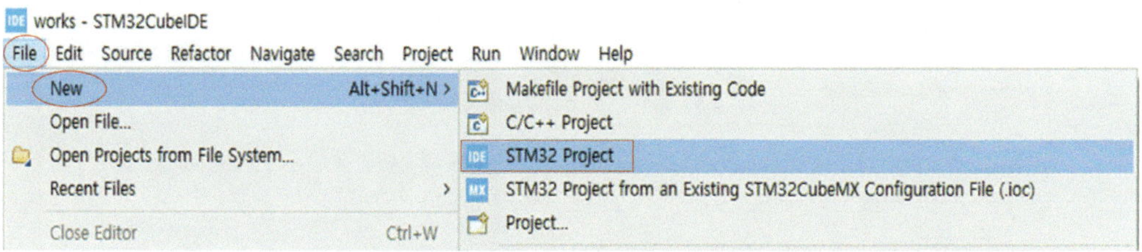

[그림 4-5] 새 프로젝트 만들기

○ 사용할 보드 선택

Target Selection 창에서 Board Selector를 선택한 후 Commercial Part Number에서 nucleo-f411re를 입력하여 선택한다.

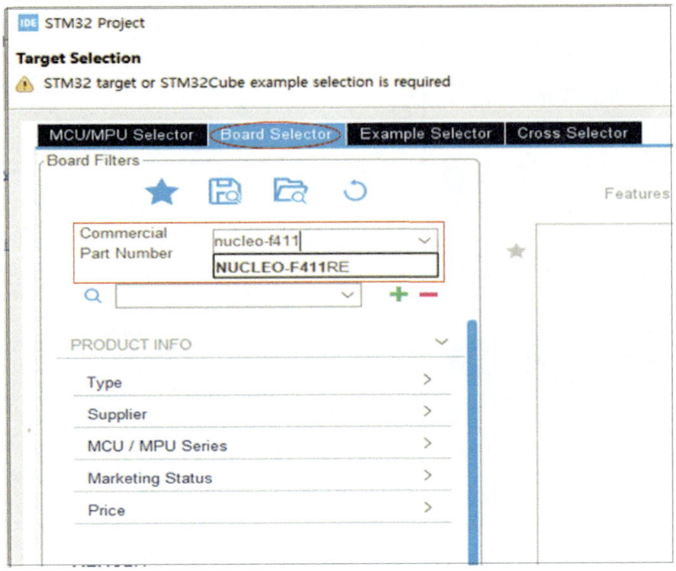

[그림 4-6] 사용할 보드 선택 ①

실습에 사용한 보드를 선택하면 [그림 4-7]과 같이 보드 리스트가 나타난다. 해당 보드를 선택한 후 NEXT를 선택한다.

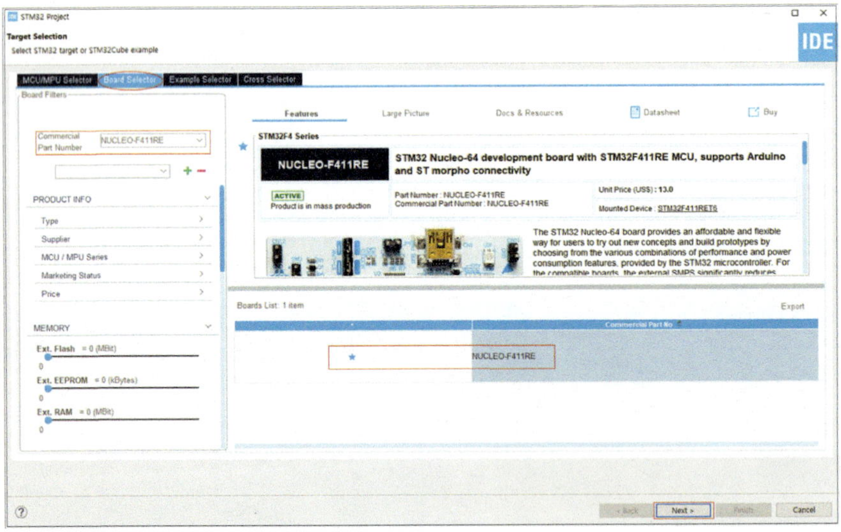

[그림 4-7] 사용할 보드 선택 ②

○ 프로젝트 이름 설정하기

Project Name을 입력한다. 본 실습에서는 [그림 4-8]과 같이 test_extint로 하고 나머지 선택은 default값으로 한다.

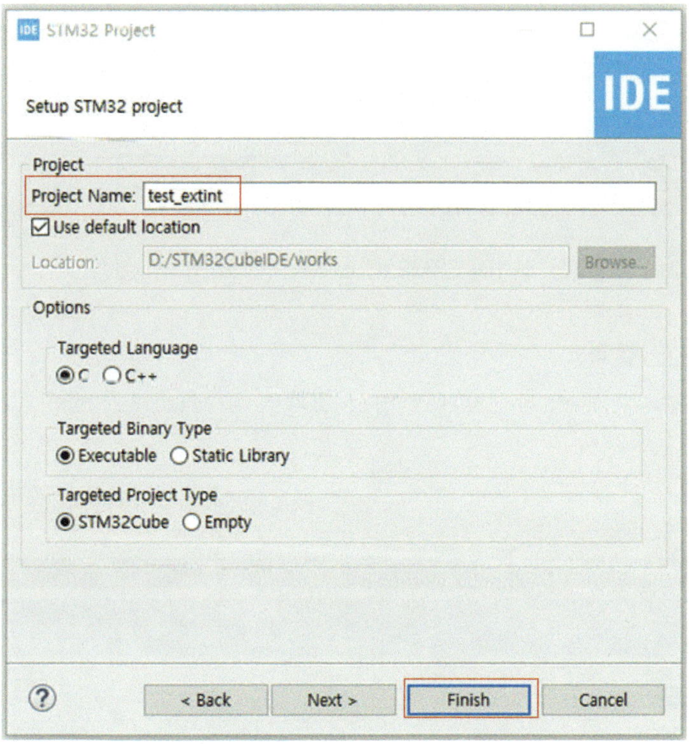

[그림 4-8] 프로젝트 이름 입력

○ Board Project Option 선택

NUCLEO-F411RE보드에 설정된 주변장치(GPIO, USART, RCC 등)의 기본설정을 불러오기 위해 Yes를 선택한다.

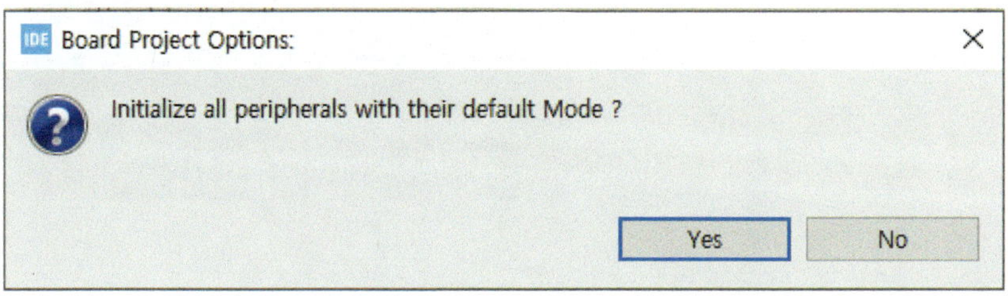

[그림 4-9] Board Project Option 선택

○ STM32CubeMx 레이아웃 뷰 실행하기

STM32CubeIDE 개발환경에 STM32CubeMx 레이아웃 뷰를 실행하기 위해 Yes를 선택한다.

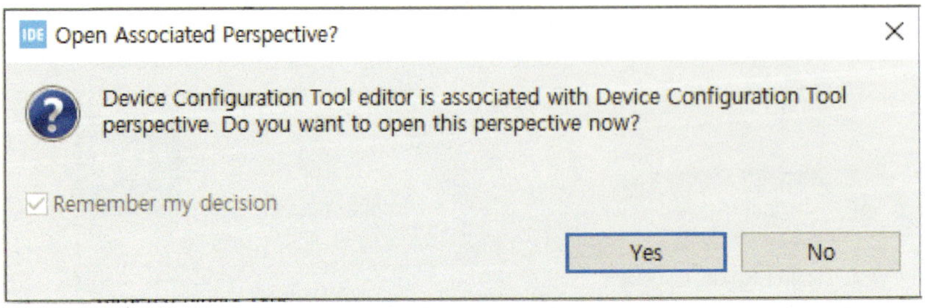

[그림 4-10] STM32CubeMx 레이아웃 뷰 실행

○ 프로젝트 생성 결과

[그림 4-11]은 STM32CubeIDE 프로젝트 생성 결과로, STM32CubeMx 파일은 'test_extint.ioc'이다.

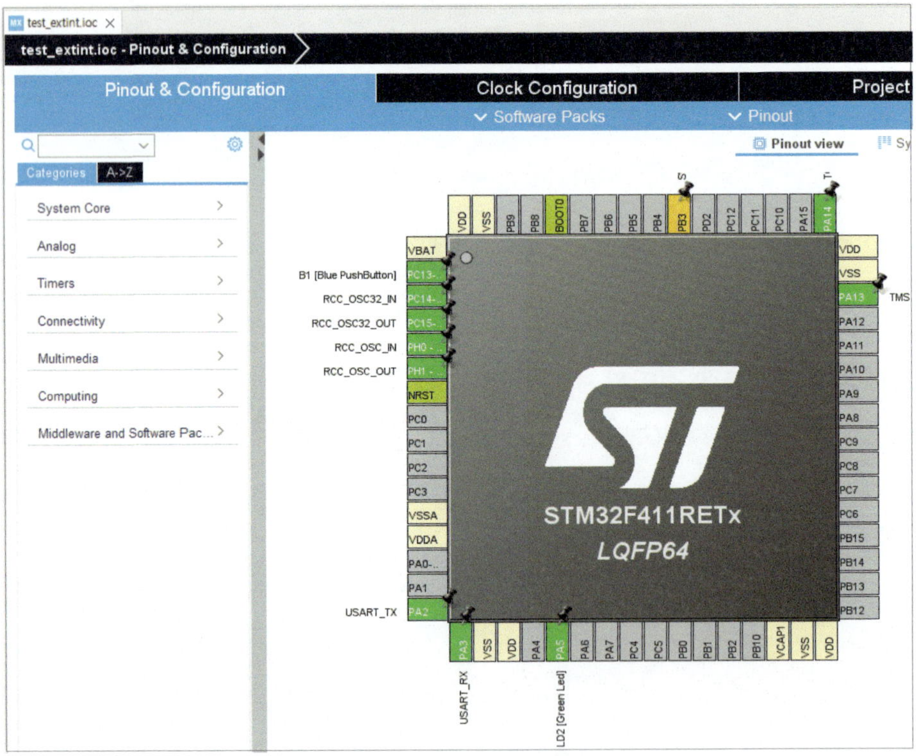

[그림 4-11] STM32CubeIDE 프로젝트 생성 결과

○ GPIO 설정

[그림 4-12]와 같이 인터럽트 입력을 위해 GPIO PORTB에서 PB0는 <u>GPIO_EXT0</u>로, PB1은 <u>GPIO_EXT1</u>로 설정한다. 그리고 LED 출력은 GPIO PORTC에서 PC0~PC7를 <u>GPIO_Output</u>으로 설정한다. 속성은 'GPIO output level : Low', 'GPIO mode : Output Push Pull', 'User Label : LED1~LED8' 등으로 설정한다.

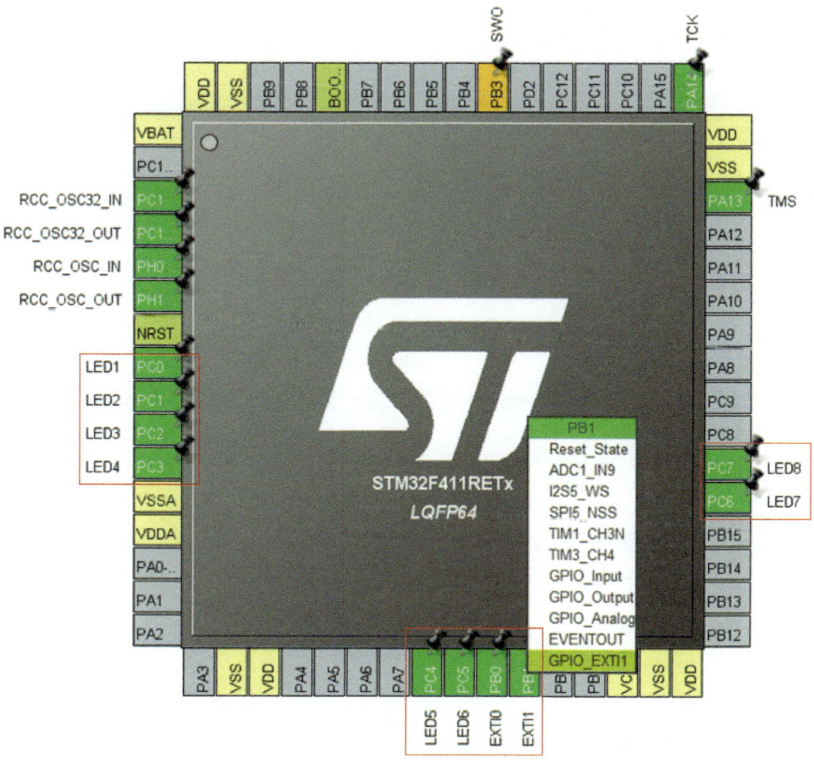

(a) Pinout view

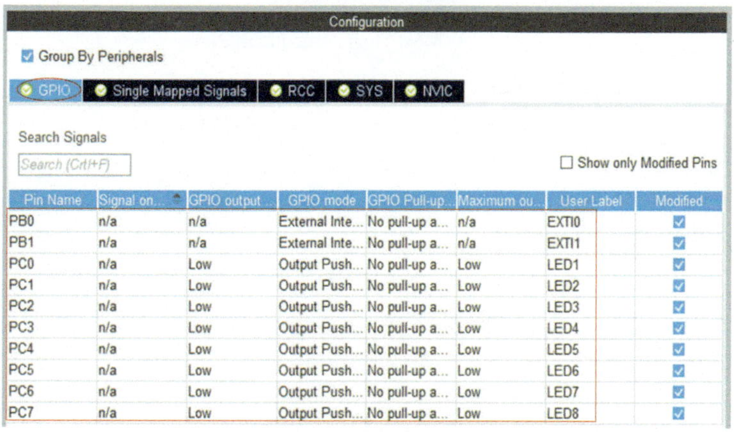

Pin Name	Signal on...	GPIO output ...	GPIO mode	GPIO Pull-up...	Maximum ou...	User Label	Modified
PB0	n/a	n/a	External Inte...	No pull-up a...	n/a	EXTI0	☑
PB1	n/a	n/a	External Inte...	No pull-up a...	n/a	EXTI1	☑
PC0	n/a	Low	Output Push...	No pull-up a...	Low	LED1	☑
PC1	n/a	Low	Output Push...	No pull-up a...	Low	LED2	☑
PC2	n/a	Low	Output Push...	No pull-up a...	Low	LED3	☑
PC3	n/a	Low	Output Push...	No pull-up a...	Low	LED4	☑
PC4	n/a	Low	Output Push...	No pull-up a...	Low	LED5	☑
PC5	n/a	Low	Output Push...	No pull-up a...	Low	LED6	☑
PC6	n/a	Low	Output Push...	No pull-up a...	Low	LED7	☑
PC7	n/a	Low	Output Push...	No pull-up a...	Low	LED8	☑

(b) GPIO Configuration

[그림 4-12] 외부인터럽트 실험을 위한 GPIO 설정

○ NVIC 허용 및 우선순위 설정

[그림 4-13] (a)와 같이 EXTI0와 EXTI1의 Enable에 체크하고, [그림 4-13] (b)와 같이 인터럽트 우선순위는 EXTI0는 0, EXTI1는 1로 설정한다. 여기서 Priority Group이 0bit for pre-emption priority 4 bits for subpriority로 선택되어 Preemption Priority는 0으로 고정되고 Sub Priority는 0에서 15번 사이로 설정할 수 있다.

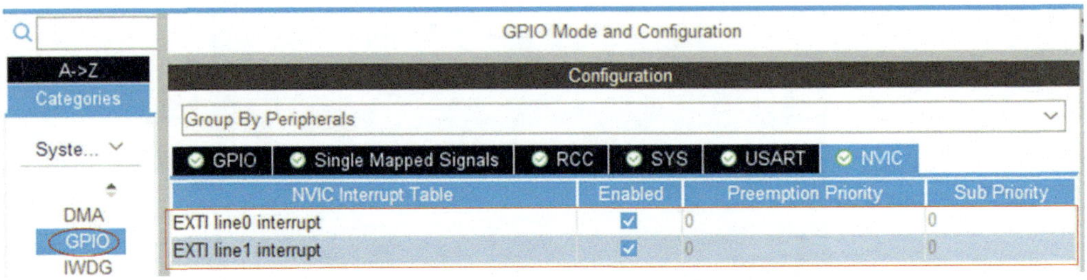

(a) GPIO에서 NVIC에서 Interrupt Enalbe

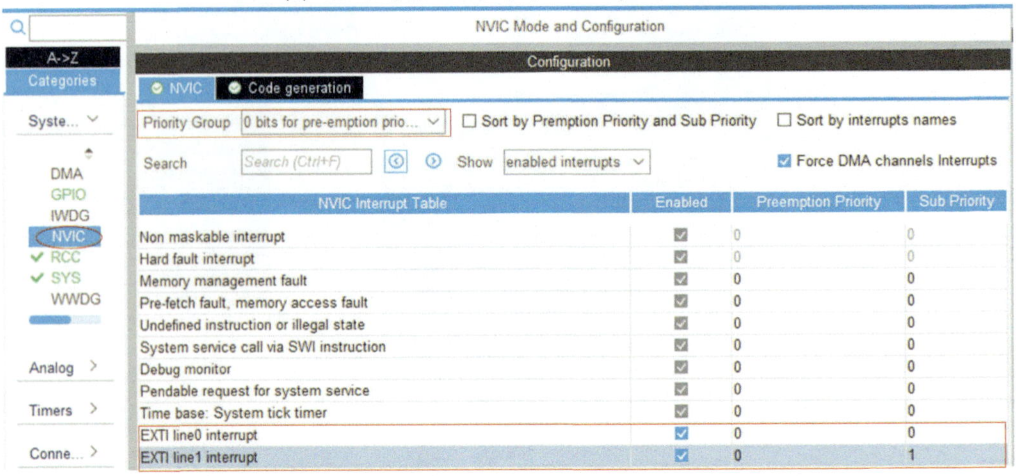

(b) NVIC에서 우선순위 설정

[그림 4-13] NVIC 허용 및 우선순위 설정

31	30	29	28	27	26	25	24	23	22	21	20	19	18	17	16
VECTKEYSTAT[15:0](read)/ VECTKEY[15:0](write)															
rw	rw	rw	rw	rw	rw	rw	rw	rw	rw	rw	rw	rw	rw	rw	rw

15	14	13	12	11	10	9	8	7	6	5	4	3	2	1	0
ENDIANESS	Reserved				PRIGROUP			Reserved					SYS RESET REQ	VECT CLR ACTIVE	VECT RESET
r					rw	rw	rw						w	w	w

[그림 4-14] PRIGROUP 필드

○ AIRCR(Application Interrupt and Reset Control Register) 레지스터

PRIGROUP(Bits 10:8)은 3비트 Interrupt priority grouping field로 그룹우선순위 분할을 결정한다.

○ 그룹우선순위 분할 이진포인트

[그림 4-14]에서 PRIGROUP[2:0] 필드는 인터럽트 우선순위 레지스터의 PRI_n 필드를 별도의 그룹우선 순위 및 하위우선 순위 필드로 분할하는 이진포인트의 위치를 나타낸다. [표 4-2]는 PRIGROUP 값이 이 분할을 제어하는 방법을 나타낸다. 예를 들어 Group priority 비트가 0이고 Subpriority 비트가 4이면, Group priority 수는 0이고 Subpriority 수는 4비트이므로 16개로 우선순위를 설정할 수 있다.

[표 4-2] 그룹우선순위 분할 이진포인트

Priority grouping

PRIGROUP [2:0]	Interrupt priority level value, PRI_N[7:4]			Number of	
	Binary point[1]	Group priority bits	Subpriority bits	Group priorities	Sub priorities
0b0xx	0bxxxx	[7:4]	None	16	None
0b100	0bxxx.y	[7:5]	[4]	8	2
0b101	0bxx.yy	[7:6]	[5:4]	4	4
0b110	0bx.yyy	[7]	[6:4]	2	8
0b111	0b.yyyy	None	[7:4]	None	16

1. PRI_n[7:4] field showing the binary point. x denotes a group priority field bit, and y denotes a subpriority field bit.

○ 코드생성 실행하기

STM32CubeMX에서 지금까지 설정에 해당하는 코드를 생성시키기 위해 [그림 4-15]와 같이 Project → Generate Code를 실행한다.

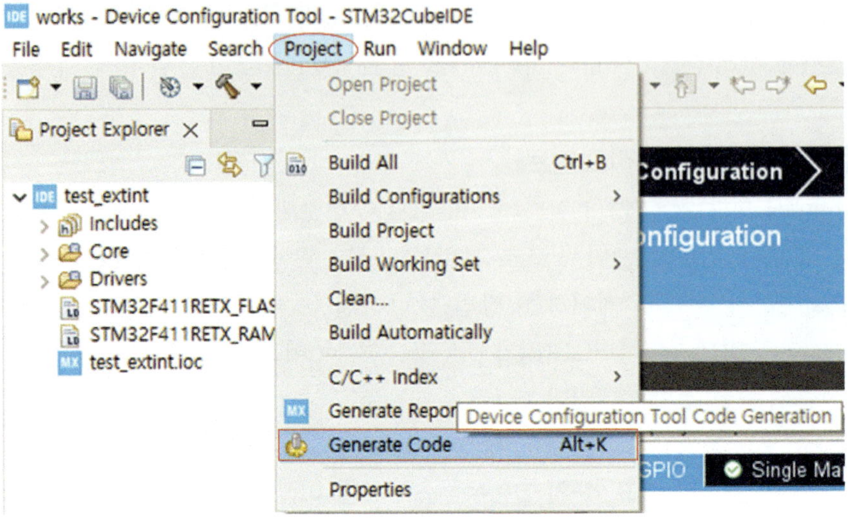

[그림 4-15] 코드생성 실행하기

○ 생성된 코드 빌드 실행하기

[그림 4-16]과 같이 Project → Build Project를 실행하여 디버깅에 필요한 파일(test_extint.elf)이 생성되는지 확인한다.

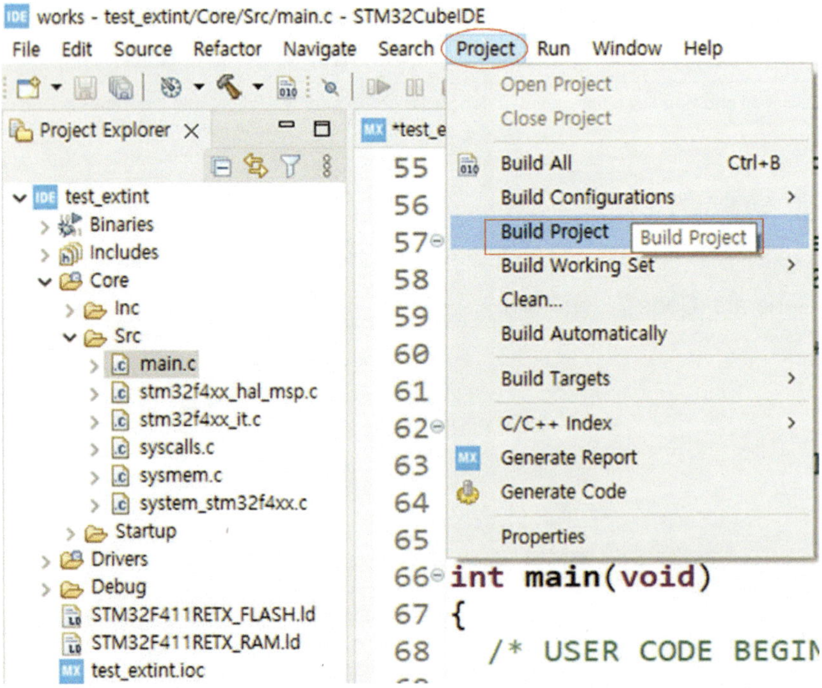

[그림 4-16] 생성된 코드 빌드 실행하기

○ 기타 설정

Build 환경설정, Build 결과파일 설정, MCU GCC Compiler 설정 등은 3장 실습과 동일하게 진행한다.

○ 코드 작성하기

사용자가 코드를 작성할 때는 /* USER CODE BEGIN ~ USER CODE END */안에 작성한다. 외부인터럽트 요청시 HAL_GPIO_EXTI_Callback() 함수가 실행된다.

코드위치 : Project Name₩Core₩Src₩main.c

```
#include "main.h"

void SystemClock_Config(void);
static void MX_GPIO_Init(void);

/* USER CODE BEGIN 0 */
static void delay_int_count(volatile unsigned int nTime)
{  for(; nTime>0; nTime--); }
```

External Interrupt Callback 함수

```
void HAL_GPIO_EXTI_Callback(uint16_t GPIO_Pin)
{
 if(GPIO_Pin ==  EXTI0_Pin)
 {      HAL_GPIO_WritePin(GPIOC,        LED1_Pin|LED2_Pin|LED3_Pin|LED4_Pin,
GPIO_PIN_SET);
    delay_int_count(9000000);
    HAL_GPIO_WritePin(GPIOC,                LED1_Pin|LED2_Pin|LED3_Pin|LED4_Pin,
GPIO_PIN_RESET);
 }
 if(GPIO_Pin ==  EXTI1_Pin)
 {      HAL_GPIO_WritePin(GPIOC,        LED5_Pin|LED6_Pin|LED7_Pin|LED8_Pin,
GPIO_PIN_SET);
    delay_int_count(9000000);
    HAL_GPIO_WritePin(GPIOC,                LED5_Pin|LED6_Pin|LED7_Pin|LED8_Pin,
GPIO_PIN_RESET);
 }
}
```

```
/* USER CODE END 0 */

int main(void)
{  ---- 생략 ------
   HAL_Init();
   SystemClock_Config();
   MX_GPIO_Init();

   while (1)
   {
      }
 }
```

○ MX_GPIO_Init() 함수 설명

LED1~LED8은 PORTC의 8비트를 디지털 출력으로 설정을 위한 코드이고, EXT0와 EXT1은 PORTB의 PB0와 PB1 비트를 외부인터럽트로 사용, Rising Edge, 우선순위 설정 등과 관련된 코드이다.

코드위치 : Project Name₩Core₩Src₩main.c

```
static void MX_GPIO_Init(void)
{  -- 생략 --
   GPIO_InitStruct.Pin = LED1_Pin|LED2_Pin|LED3_Pin|LED4_Pin
                          |LED5_Pin|LED6_Pin|LED7_Pin|LED8_Pin;
   GPIO_InitStruct.Mode = GPIO_MODE_OUTPUT_PP;
   GPIO_InitStruct.Pull = GPIO_NOPULL;
   GPIO_InitStruct.Speed = GPIO_SPEED_FREQ_LOW;
   HAL_GPIO_Init(GPIOC, &GPIO_InitStruct);

   /*Configure GPIO pins : EXTI0_Pin EXTI1_Pin */
   GPIO_InitStruct.Pin = EXTI0_Pin|EXTI1_Pin;
   GPIO_InitStruct.Mode = GPIO_MODE_IT_RISING;   //상승에지 선택
   GPIO_InitStruct.Pull = GPIO_NOPULL;
   HAL_GPIO_Init(GPIOB, &GPIO_InitStruct);

  /* EXTI interrupt init*/
   HAL_NVIC_SetPriority(EXTI0_IRQn, 0, 0);
   HAL_NVIC_EnableIRQ(EXTI0_IRQn);

   HAL_NVIC_SetPriority(EXTI1_IRQn, 0, 1);
   HAL_NVIC_EnableIRQ(EXTI1_IRQn);
```

○ HAL_GPIO_EXTI_Callback() 함수 호출 과정

SW1(PB0:EXTI0), SW2(PB1:EXTI1)에 인터럽트가 요청될 때 EXTI0_IRQHandler() → HAL_GPIO_EXTI_IRQHandler() → HAL_GPIO_EXTI_Callback() 순서로 처리된다. 함수 앞에 __weak가 붙으면 동일한 이름을 사용하는 함수가 있을 때 __weak가 붙지 않는 함수를 컴파일해서 사용한다는 의미이다. 만약 사용자 파일에서 HAL_GPIO_EXTI_Callback() 함수가 코딩되지 않았을 때는 컴파일경고 방지용으로 사용된다.

코드위치 : Project Name₩Core₩Src₩stm32f4xx_it.c

```
void EXTI0_IRQHandler(void)
{
  HAL_GPIO_EXTI_IRQHandler(EXTI0_Pin);
}

void EXTI1_IRQHandler(void)
{
  HAL_GPIO_EXTI_IRQHandler(EXTI1_Pin);
}
```

코드위치 : Project Name₩Drivers₩STM32F4xx_HAL_Driver₩Src₩stm32f4xx_hal_gpio.c

```
void HAL_GPIO_EXTI_IRQHandler(uint16_t GPIO_Pin)
{
  /* EXTI line interrupt detected */
  if(__HAL_GPIO_EXTI_GET_IT(GPIO_Pin) != RESET)
  {
    __HAL_GPIO_EXTI_CLEAR_IT(GPIO_Pin);
    HAL_GPIO_EXTI_Callback(GPIO_Pin);
  }
}

__weak void HAL_GPIO_EXTI_Callback(uint16_t GPIO_Pin)
{
  /* Prevent unused argument(s) compilation warning */
  UNUSED(GPIO_Pin);
  /* NOTE: This function Should not be modified, when the callback is needed,
           the HAL_GPIO_EXTI_Callback could be implemented in the user file
   */
}
```

○ 코드 실행 및 Debugging 하기

Run → Run을 실행하여 작성한 코드 및 관련코드를 컴파일과 링크를 실행하고, 결과를 Flash 메모리에 다운로드(test_extint.elf) 후 실행한다. 정상동작인 경우 SW1을 눌러 High 입력시 EXTI0에 인터럽트가 요청되어 LED1-LED4가 ON되고, SW2를 눌러 High 입력시 EXTI1에 인터럽트가 요청되어 LED5-LED8 ON 된다.

5장 USART 실습

5.1 NUCLEO-F411RE 보드를 이용한 USART 실습

① 하드웨어 구성

[그림 5-1]에서와 같이 USART 통신은 NUCLEO-F411RE보드의 USB ST-LINK/V2-1을 사용한다. 그리고 STM32 마이크로컨트롤러 보드는 USART2를 사용한다. TX는 PA2핀이고, RX는 PA3핀이 사용되었다.

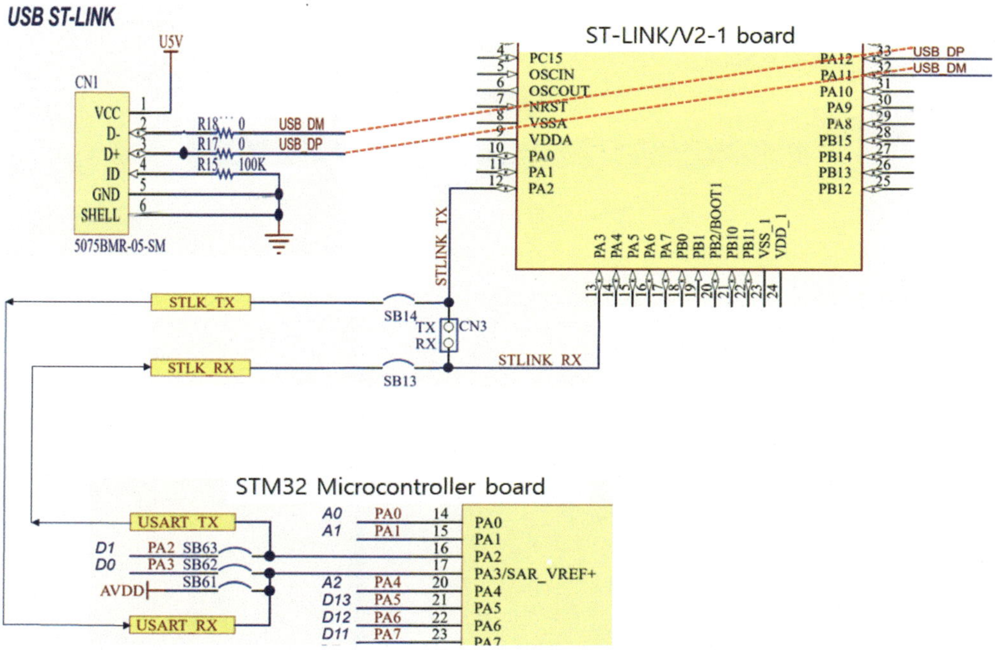

[그림 5-1] NUCLEO-F411RE보드에서의 USART 회로

② STM32CubeIDE를 사용한 프로그램 작성 및 실행

○ 프로젝트 만들기

STM32CubeIDE 실행 후 File → New → STM32 Project를 실행한다.

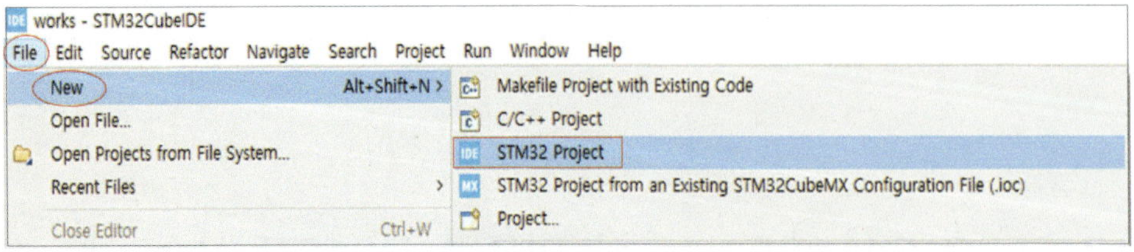

[그림 5-2] 새 프로젝트 만들기

○ 사용할 보드 선택

Target Selection 창에서 Board Selector를 선택한 후 Commercial Part Number에서 nucleo-f411re를 입력하여 선택한다.

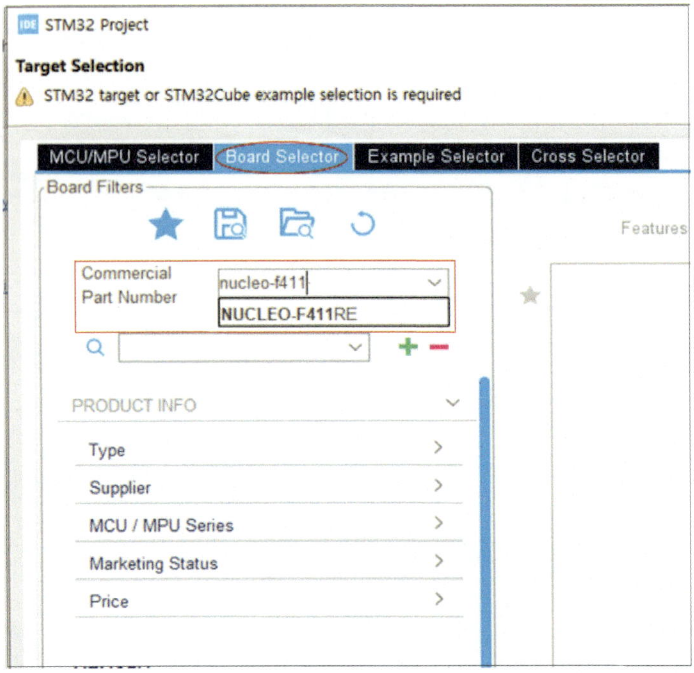

[그림 5-3] 사용할 보드 선택 ①

실습에 사용한 보드를 선택하면 [그림 5-4]와 같이 보드 리스트가 나타난다. 해당 보드를 선택한 후 NEXT를 선택한다.

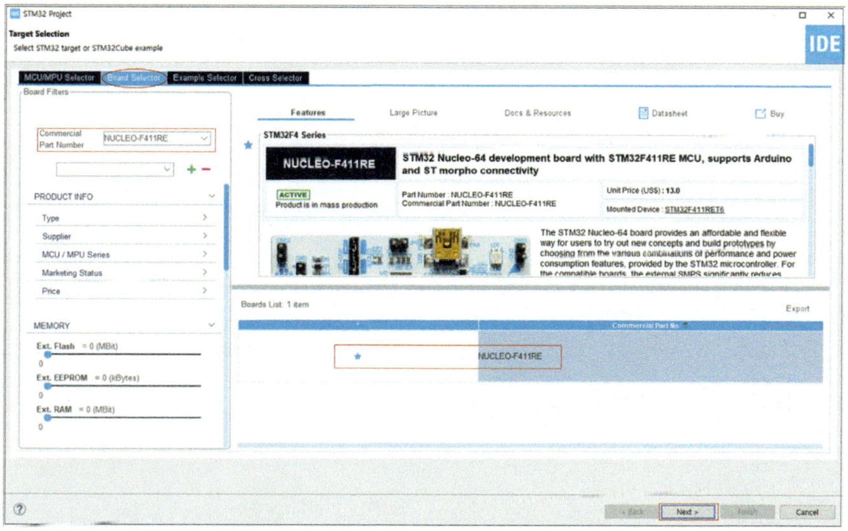

[그림 5-4] 사용할 보드 선택 ②

○ 프로젝트 이름 설정하기

Project Name을 입력한다. 본 실습에서는 [그림 5-5]와 같이 usart_test로 하고 나머지 선택은 default값으로 한다.

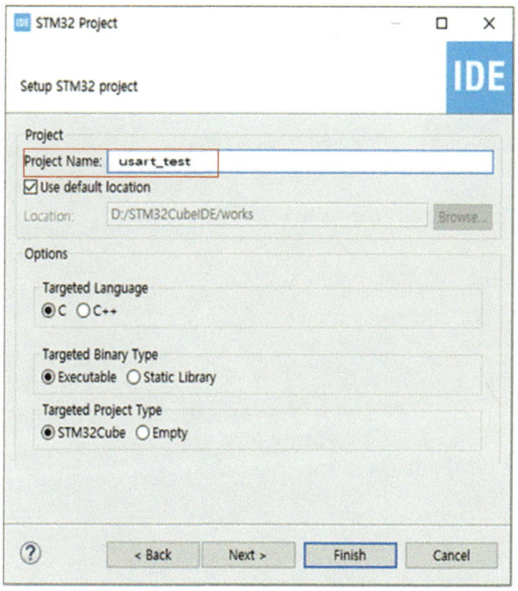

[그림 5-5] 프로젝트 이름 입력

○ Board Project Option 선택

NUCLEO-F411RE보드에 설정된 주변장치(GPIO, USART, RCC 등)의 기본설정을 불러오기 위해 Yes를 선택한다.

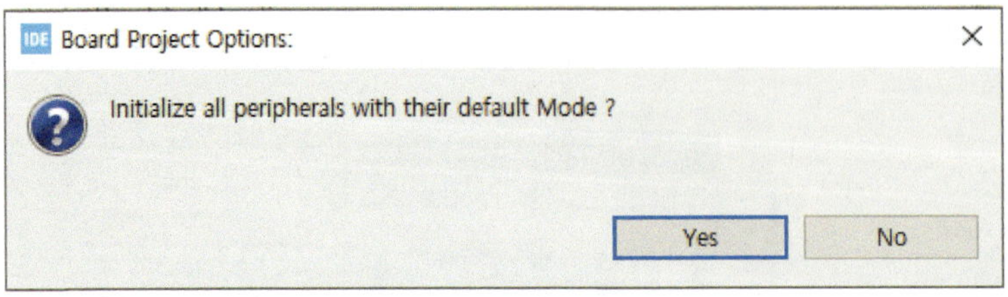

[그림 5-6] Board Project Option 선택

○ STM32CubeMx 레이아웃 뷰 실행하기

STM32CubeIDE 개발환경에 STM32CubeMx 레이아웃 뷰를 실행하기 위해 Yes를 선택한다.

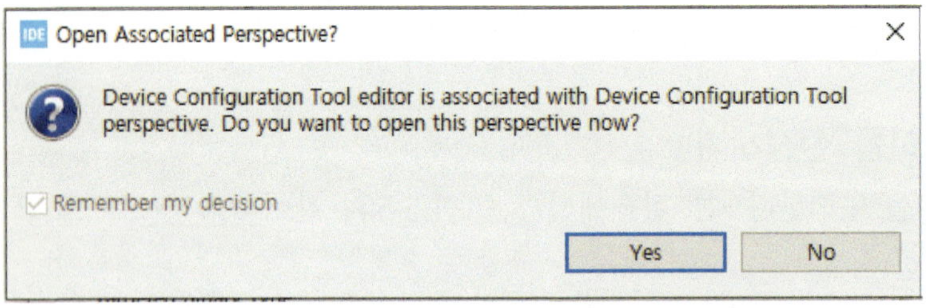

[그림 5-7] STM32CubeMx 레이아웃 뷰 실행

○ 프로젝트 생성 결과

[그림 5-8]은 STM32CubeIDE 프로젝트 생성 결과이다. STM32CubeMx 파일은 'usart_led.ioc' 이다.

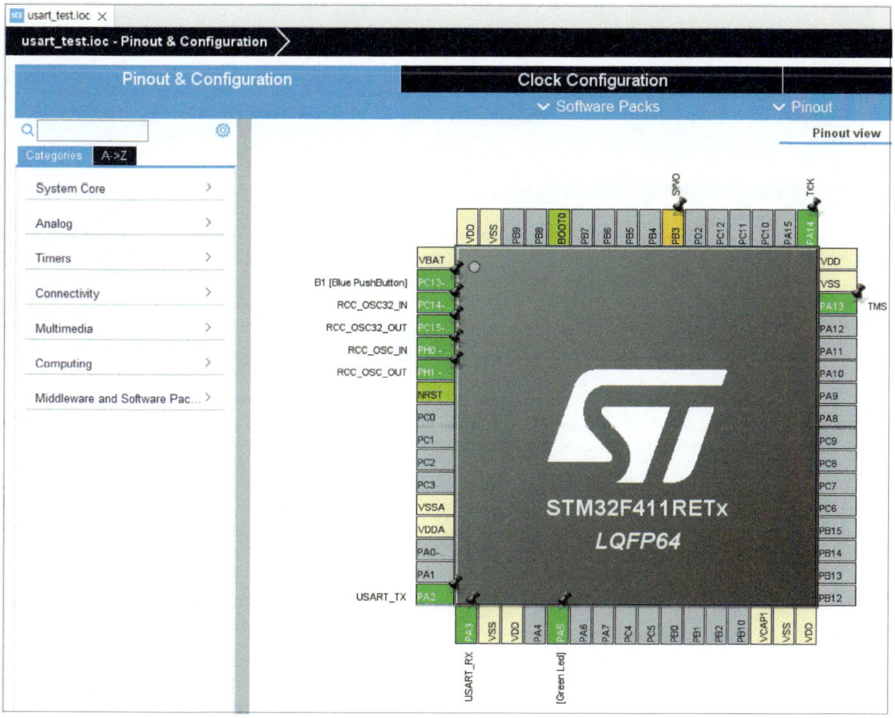

[그림 5-8] STM32CubeIDE 프로젝트 생성 결과

○ USART 설정

[그림 5-9]와 같이 Connectivity에서 USART2를 선택하고, Mode는 Asynchronous, Hardware Flow Control(RS232)는 Disable을 선택한다. USART2 파라미터인 'Baud Ratel : 115200', 'Word Length : 8 Bits', 'Parity : None', 'Stop Bits : 1' 등을 설정한다.

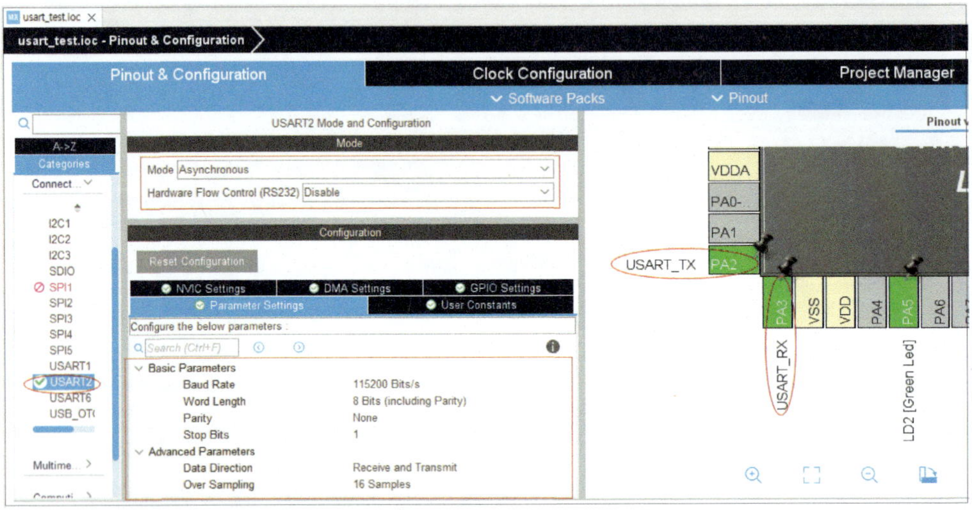

[그림 5-9] USART 설정

○ 코드생성 실행하기

STM32CubeMX에서 지금까지 설정에 해당하는 코드를 생성시키기 위해 [그림 5-10]과 같이 Project → Generate Code를 실행한다.

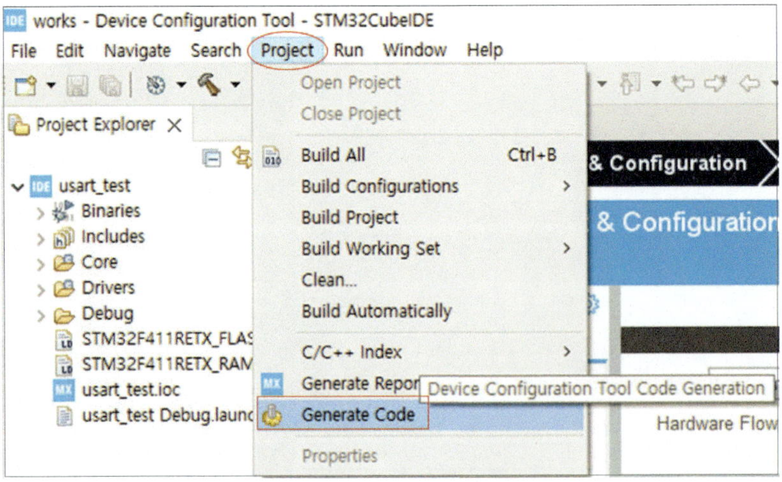

[그림 5-10] 코드생성 실행하기

ㅇ 기타 설정

Build 환경설정, Build 결과파일 설정, MCU GCC Compiler 설정 등은 3장 실습과 동일하게 진행한다.

ㅇ 코드 작성하기

사용자가 코드를 작성할 때는 /* USER CODE BEGIN ~ USER CODE END */ 안에 작성한다. 작성된 코드는 Console 창에 Transmit Test 문자열을 1초 주기로 반복하는 출력하는 프로그램이다.

코드위치 : Project Name₩Core₩Src₩main.c

```
#include "main.h"
/* USER CODE BEGIN Includes */
#include <stdio.h>
/* USER CODE END Includes */

UART_HandleTypeDef huart2;

void SystemClock_Config(void);
static void MX_USART2_UART_Init(void);

int main(void)
{
  /* USER CODE BEGIN 1 */
  uint8_t size;
  uint8_t message[]="Transmit Test\n\r";
  size=sizeof(message);
  /* USER CODE END 1 */

  HAL_Init();
  SystemClock_Config();
  MX_USART2_UART_Init();
  /* Infinite loop */
  /* USER CODE BEGIN WHILE */
  while (1)
  {
        HAL_UART_Transmit(&huart2,message,size,100);
        HAL_Delay(1000);
    /* USER CODE END WHILE */
  }

}
```

Generator Code를 통해 자동 생성된 함수들의 내용은 해당 함수를 선택한 후 마우스 오른쪽 클릭하여 Open Declaration을 통해 확인할 수 있다.

• MX_USART2_UART_Init() 함수

RS232통신을 위해 USART2를 초기화하는 함수이다. 설정한 내용으로 자동생성된 코드를 확인할 수 있다.

코드위치 : Project Name₩Core₩Src₩main.c

```
static void MX_USART2_UART_Init(void)
{
  /* USER CODE END USART2_Init 1 */
  huart2.Instance = USART2;
  huart2.Init.BaudRate = 115200;
  huart2.Init.WordLength = UART_WORDLENGTH_8B;
  huart2.Init.StopBits = UART_STOPBITS_1;
  huart2.Init.Parity = UART_PARITY_NONE;
  huart2.Init.Mode = UART_MODE_TX_RX;
  huart2.Init.HwFlowCtl = UART_HWCONTROL_NONE;
  huart2.Init.OverSampling = UART_OVERSAMPLING_16;
  if (HAL_UART_Init(&huart2) != HAL_OK)
  {
    Error_Handler();
  }
}
```

• HAL_UART_Transmit() 함수

코드위치 : Project Name₩Drivers₩STM32F4xx_HAL_Driver₩Src₩stm32f4xx_hal_uart.c

```
HAL_UART_Transmit(&huart2,message,size,100);
HAL_StatusTypeDef HAL_UART_Transmit(UART_HandleTypeDef *huart, const
                    uint8_t *pData, uint16_t Size, uint32_t Timeout)
{
  const uint8_t  *pdata8bits;
  const uint16_t *pdata16bits;
  uint32_t tickstart = 0U;

  /* Check that a Tx process is not already ongoing */
  if (huart->gState == HAL_UART_STATE_READY)
  {
    if ((pData == NULL) || (Size == 0U))
    {
      return  HAL_ERROR;
    }
```

```
/* Process Locked */
__HAL_LOCK(huart);
huart->ErrorCode = HAL_UART_ERROR_NONE;
huart->gState = HAL_UART_STATE_BUSY_TX;

/* Init tickstart for timeout management */
tickstart = HAL GetTick();

huart->TxXferSize = Size;
huart->TxXferCount = Size;

/* In case of 9bits/No Parity transfer, pData needs to be handled as a uint16_t pointer */
if ((huart->Init.WordLength == UART_WORDLENGTH_9B) && (huart->Init.Parity
   == UART_PARITY_NONE))
{
  pdata8bits  = NULL;
  pdata16bits = (const uint16_t *) pData;
}
else
{
  pdata8bits  = pData;
  pdata16bits = NULL;
}

/* Process Unlocked */
__HAL_UNLOCK(huart);

while (huart->TxXferCount > 0U)
{
  if (UART_WaitOnFlagUntilTimeout(huart, UART_FLAG_TXE, RESET, tickstart,
     Timeout) != HAL_OK)
  {
    return HAL_TIMEOUT;
  }
  if (pdata8bits == NULL)
  {
    huart->Instance->DR = (uint16_t)(*pdata16bits & 0x01FFU);
    pdata16bits++;
  }
  else
  {
    huart->Instance->DR = (uint8_t)(*pdata8bits & 0xFFU);
    pdata8bits++;
  }
  huart->TxXferCount--;
```

```
        }

        if (UART_WaitOnFlagUntilTimeout(huart, UART_FLAG_TC, RESET, tickstart,
          Timeout) != HAL_OK)
        {
          return HAL_TIMEOUT;
        }

        /* At end of Tx process, restore huart->gState to Ready */
        huart->gState = HAL_UART_STATE_READY;

        return HAL_OK;
      }
      else
      {
        return HAL_BUSY;
      }
    }
```

○ 생성된 코드 빌드 실행하기

[그림 5-11]과 같이 Project → Build Project를 실행하여 생성된 코드가 컴파일과 링크과정을 거쳐서 실행 및 디버깅에 필요한 파일(usart_test.elf)이 생성되는지 확인한다.

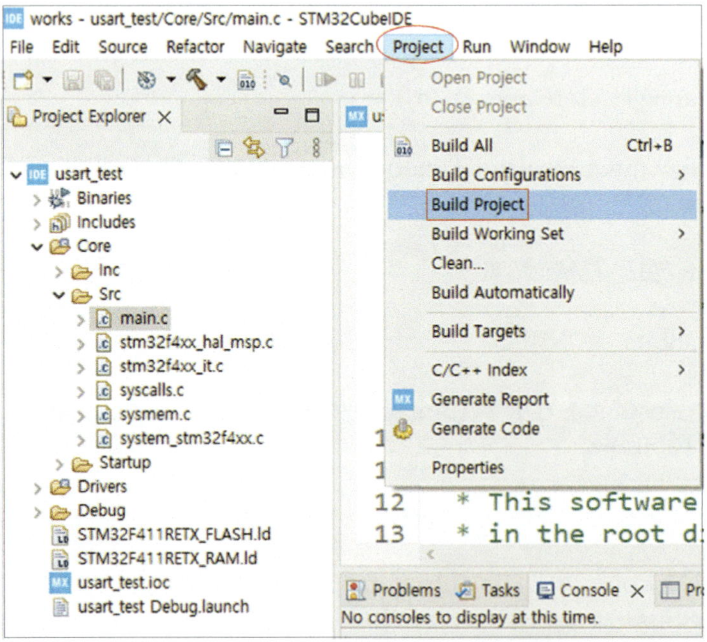

[그림 5-11] 생성된 코드 빌드 실행하기

○ 코드 실행하기

[그림 5-12]와 같이 Run → Run을 실행하여 작성한 코드 및 관련 코드를 컴파일과 링크를 실행하고, 결과를 Flash 메모리에 다운로드(usart_test.elf) 후 실행한다. 동작 확인을 위해 콘솔 창이 필요하다. STM32CubeIDE에서 지원하는 콘솔을 사용하여 결과를 확인한다.

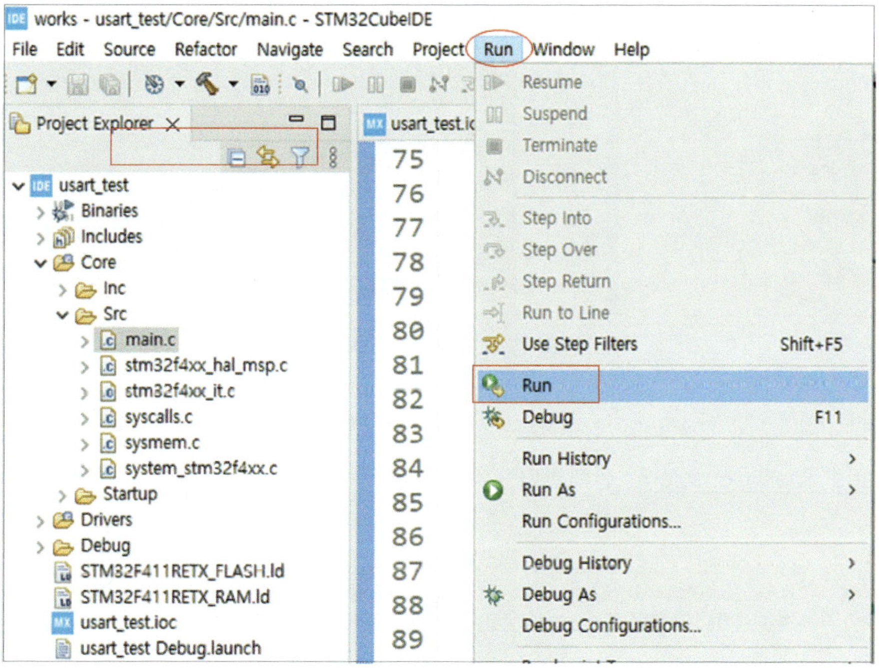

[그림 5-12] 코드 실행하기

○ Debug 실행하기

작성된 프로그램의 오류를 찾아 해결하는 과정으로 메뉴 Run → Debug을 실행시킨 후 Debugging을 실행한다. Debugging은 3장에서와 동일하게 수행한다.

③ 콘솔을 이용한 Debug 실행하기

○ STM32CubeIDE 콘솔 사용

[그림 5-13]과 같이 Window → Show View → Console을 선택한다.

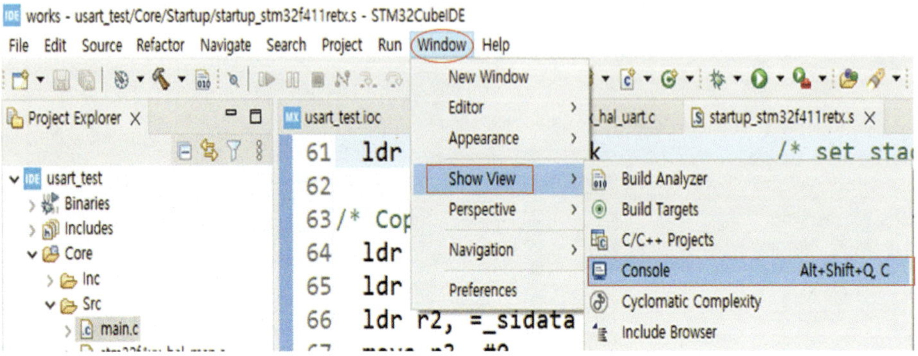

[그림 5-13] 코드 실행하기

[그림 5-14]와 같이 Console 윈도우를 선택한 후 오른쪽 아이콘(Open Console)에서 3 Command Shell Console을 선택한다.

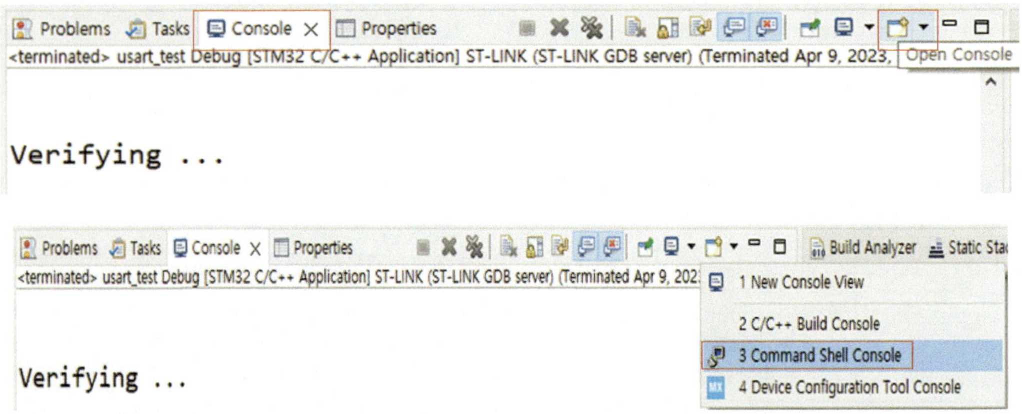

[그림 5-14] 콘솔 윈도우 선택

[그림 5-15]와 같이 Connection Type : Serial Port, Connection name은 New를 선택하고 Connection name, Serial port, Baud rate, Data size, Parity, Stop bits를 각각 설정하고 Finish를 실행한다. 특히 Serial port는 PC에서 인식한 장치와 반드시 일치해야 한다.

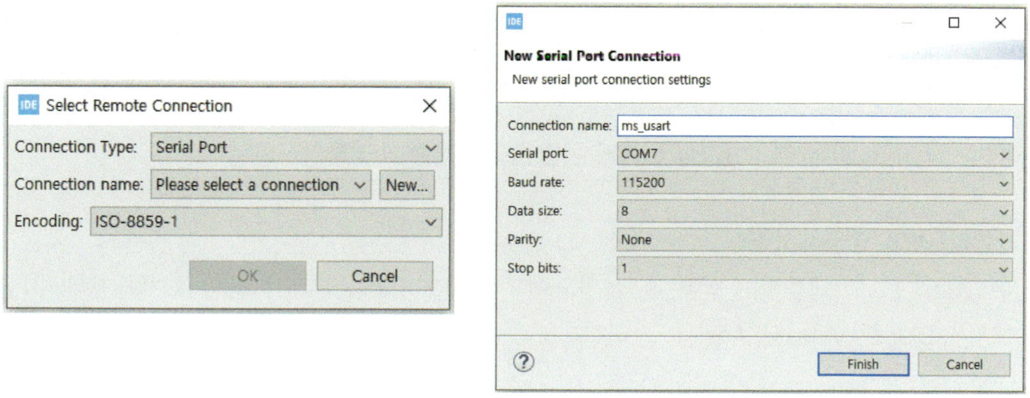

[그림 5-15] 콘솔윈도우 USART 통신 설정

[그림 5-16]은 동작 결과를 보여준다.

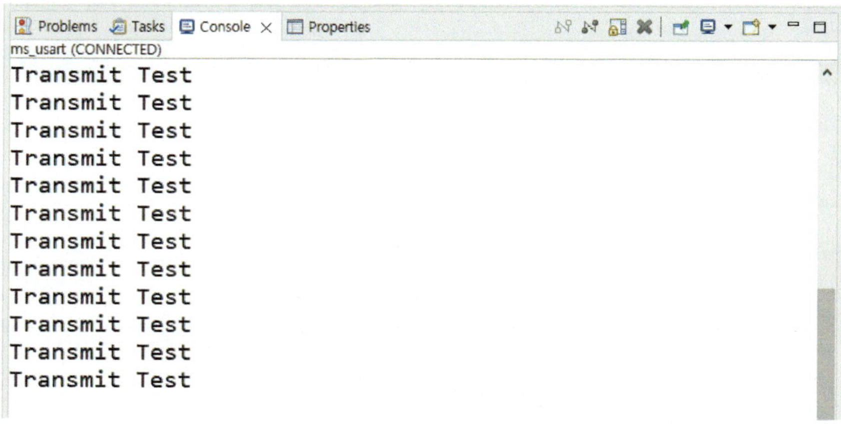

[그림 5-16] 콘솔윈도우 USART 실행 결과

[그림 5-17]은 실습과정에서 많이 생성된 콘솔들을 보여준다. 만약 사용하지 않은 콘솔을 삭제하고자 할 때는 X 아이콘을 이용한다.

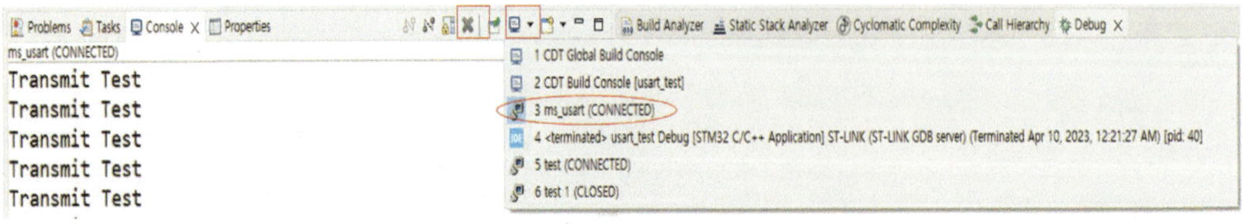

[그림 5-17] 콘솔윈도우 콘솔 관리하기

○ RealTerm 콘솔 사용

RealTerm 프로그램을 다운받은 후 설치하여 실행하면 [그림 5-18]과 같이 초기화면이 나타난다. 먼저 Display As에서 Ansi를 선택한다.

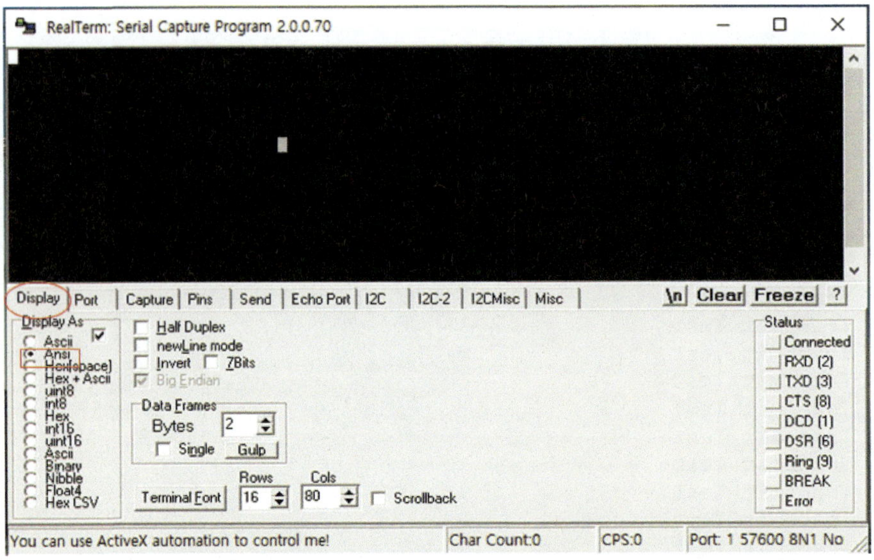

[그림 5-18] RealTerm 실행화면

[그림 5-19]와 같이 Port에서 Baud, Port, Parity, Data Bits, Stop Bits 등을 설정한 후 Open 명령을 선택하여 실행시킨다.

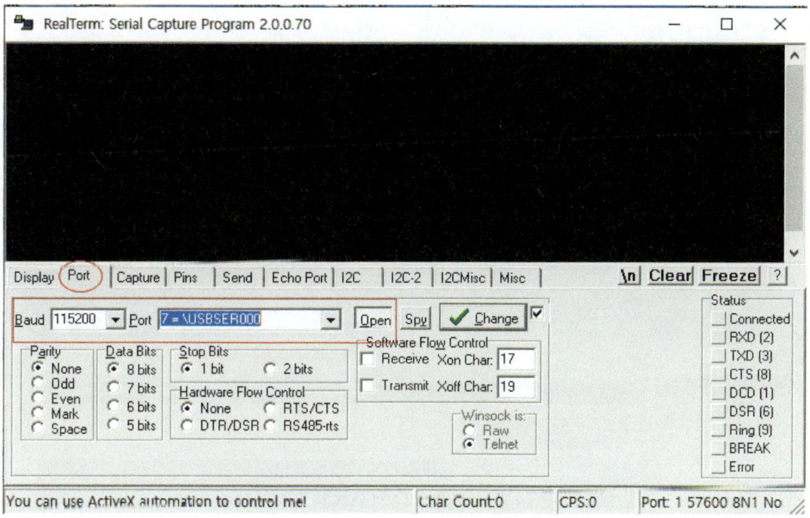

[그림 5-19] RealTerm Port 설정

[그림 5-20]은 RealTerm을 이용하여 실행 결과를 확인한다.

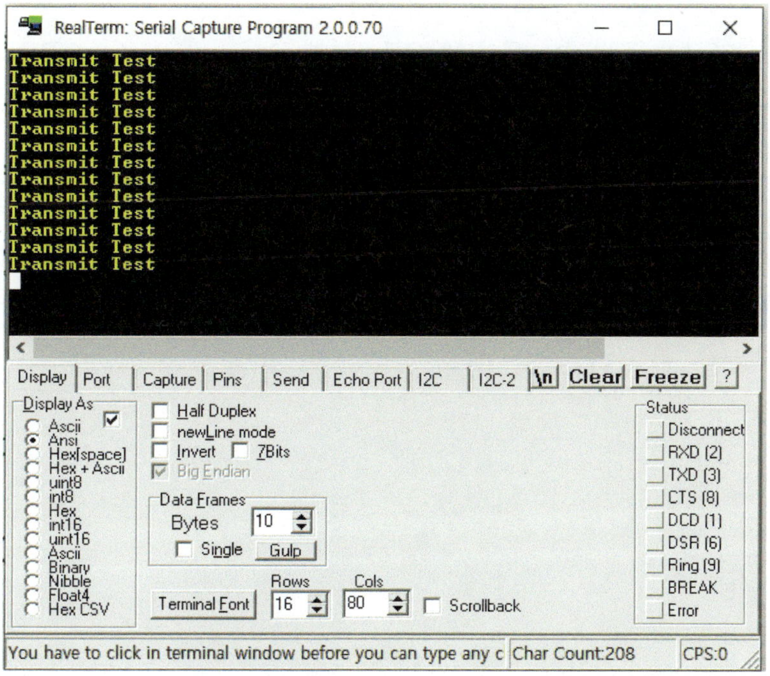

[그림 5-20] RealTerm 실행 결과

5.2 인터럽트를 이용한 USART 실습

지금까지 한 USART2 설정에 추가로 인터럽트 enable, priority를 설정한다.

① USART2 인터럽트 enable

하드웨어 구성 및 STM32CubeIDE를 이용한 프로젝트 만드는 과정을 동일하다. 단지 USART 설정에서 [그림 5-21]과 같이 USART2 Configuration의 NVIC Settings에서 USART2 golbal interrupt에 Enable을 체크한다.

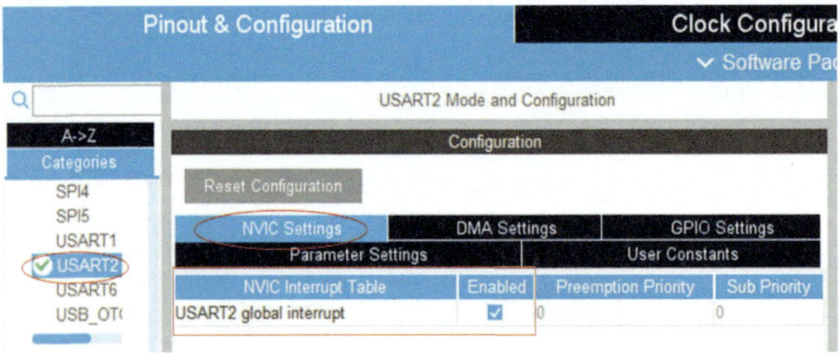

[그림 5-21] USART2 인터럽트 설정하기

② USART2 인터럽트 우선순위 결정하기

[그림 5-22]와 같이 System Core에서 NVIC를 선택하고, Configuration에서 NVIC를 선택한 후 Priority Group에서 0bit for pre-emption priority 4 bits for sub priority를 선택한다. pre-emption이 0bit이므로 인터럽트 우선순위는 4 bit sub priority에서 결정된다. 즉 0~15번으로 결정된다. 번호가 빠를수록 인터럽트 우선순위가 높다. 그리고 NVIC Interrupt Table에서 USART2에 Enable이 체크됨을 확인할 수 있다.

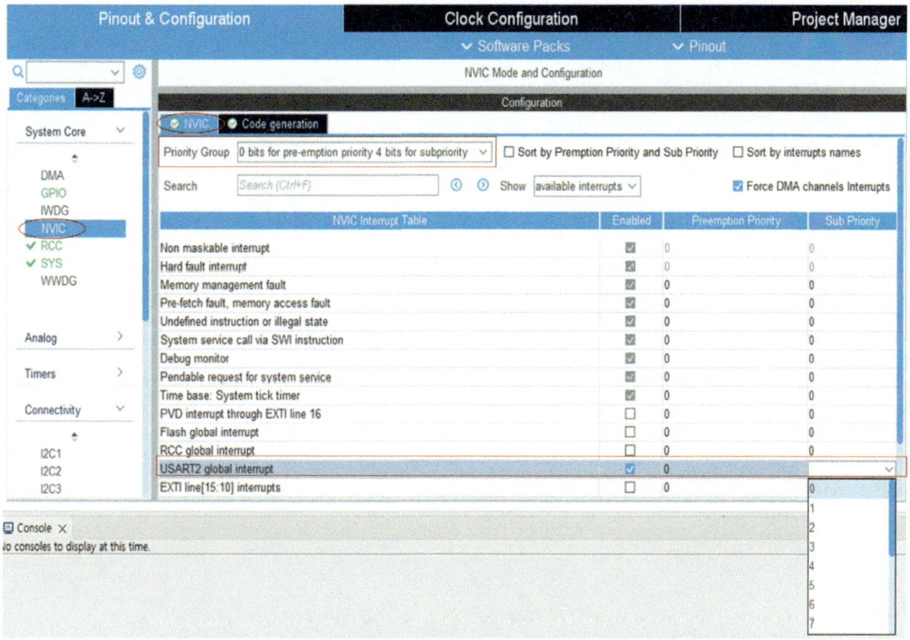

[그림 5-22] USART2 인터럽트 우선순위 설정하기

IRQ handler와 같은 USART2 인터럽트에 필요한 코드생성을 위해 default로 [그림 5-23]과 같이 선택됨을 확인할 수 있다.

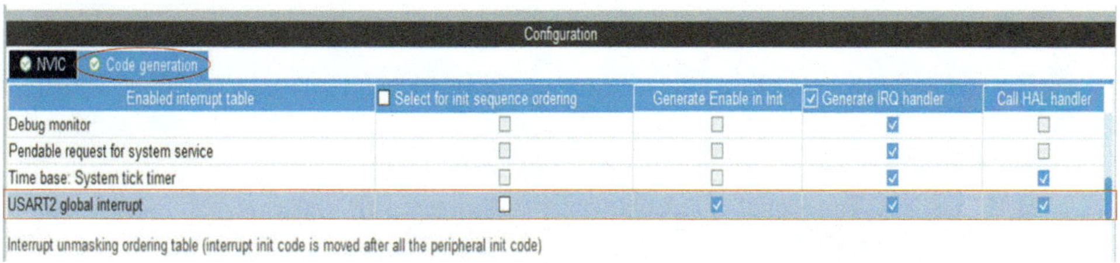

[그림 5-23] USART2 인터럽트 관련 코드생성 설정하기

③ USART2 출력 Interrupt 실습

USART2 설정을 마친 후 Project → Generate Code를 실행한 후 코드를 작성한다.

○ 코드 작성하기

사용자가 코드를 작성할 때는 /* USER CODE BEGIN ~ USER CODE END */ 안에 작성한다. 작성된 코드는 Console 창에 Transmit Test IT 문자열을 1초 주기로 반복하는 출력하는 프로그램이다.

코드위치 : Project Name₩Core₩Src₩main.c

```
#include "main.h"
/* USER CODE BEGIN Includes */
#include <stdio.h>
/* USER CODE END Includes */

UART_HandleTypeDef huart2;

void SystemClock_Config(void);
static void MX_USART2_UART_Init(void);

int main(void)
{
  /* USER CODE BEGIN 1 */
  uint8_t size;
  uint8_t message[]="Transmit Test IT\n\r";
  size=sizeof(message);
  /* USER CODE END 1 */

  HAL_Init();
  SystemClock_Config();
  MX_USART2_UART_Init();
  /* Infinite loop */
  /* USER CODE BEGIN WHILE */
  while (1)
  {
```

HAL_UART_Transmit_IT 함수사용

HAL_StatusTypeDef HAL_UART_Transmit_IT(UART_HandleTypeDef *huart, uint8_t *pData, uint16_t Size)

```
        HAL_UART_Transmit_IT(&huart2,message,size);
        HAL_Delay(1000);
    /* USER CODE END WHILE */
  }
}
```

○ 실행 결과

Project → Build Project를 실행하여 코딩의 오류를 확인하고 오류가 없을 경우, Run → Run을 실행하면 [그림 5-24]와 같은 결과가 나타난다.

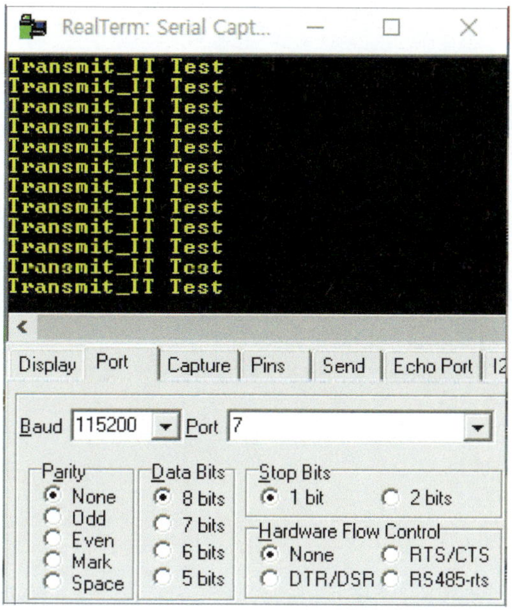

[그림 5-24] USART2 인터럽트 출력 실행 결과

④ USART2 입력 Interrupt 실습

○ 코드 작성하기

HAL_UART_Receive_IT() 함수를 사용하여 USART2 RX에 문자가 입력되어 인터럽트가 요청되면 HAL_UART_RxCpltCallback()가 실행된다.

코드위치 : Project Name₩Core₩Src₩main.c

```
#include "main.h"
/* USER CODE BEGIN Includes */
#include <stdio.h>
/* USER CODE END Includes */

UART_HandleTypeDef huart2;

void SystemClock_Config(void);
static void MX_USART2_UART_Init(void);

uint8_t rxData;

// USART2 RX에 인터럽트 요청이 있을 때 실행되는 Callback 함수이다.
void HAL_UART_RxCpltCallback(UART_HandleTypeDef *huart)
{
  if (huart->Instance == USART2)
  {
   HAL_UART_Receive_IT(&huart2, &rxData, 1);   // 인터럽트 다시 시작
   HAL_UART_Transmit_IT(&huart2, &rxData, 1); // 입력된 문자열 출력
  }
}
```

```
int main(void)
{
  /* USER CODE BEGIN 1 */

  /* USER CODE END 1 */

  HAL_Init();
  SystemClock_Config();
  MX_USART2_UART_Init();
  // USART2 RX에 인터럽트를 시작한다.
  HAL_UART_Receive_IT(&huart2, &rxData, 1);
  /* Infinite loop */
  /* USER CODE BEGIN WHILE */
  while (1)
  {
    /* USER CODE END WHILE */
  }
 }
```

○ HAL_UART_RxCpltCallback() 함수 호출 과정

USART2에 문자가 입력될 때 USART2_IRQHandler() → HAL_UART_IRQHandler() → UART_Receive_IT() → HAL_UART_RxCpltCallback() 순서로 처리된다. 함수 앞에 __weak가 붙으면 동일한 이름을 사용하는 함수가 있을 때 __weak가 붙지 않는 함수를 컴파일해서 사용한다는 의미이다. 만약 사용자 파일에서 HAL_UART_RxCpltCallback() 함수가 코딩되지 않았을 때 컴파일경고 방지용으로 사용된다.

코드위치 : Project Name₩Core₩Src₩stm32f4xx_it.c

```
void USART2_IRQHandler(void)
{
  /* USER CODE BEGIN USART2_IRQn 0 */

  /* USER CODE END USART2_IRQn 0 */
  HAL_UART_IRQHandler(&huart2);
  /* USER CODE BEGIN USART2_IRQn 1 */

  /* USER CODE END USART2_IRQn 1 */
}
```

코드위치 : Project Name₩Drivers₩STM32F4xx_HAL_Driver₩Src₩stm32f4xx_hal_uart.c

```
void HAL_UART_IRQHandler(UART_HandleTypeDef *huart)
{
  --- 생략 ----
  /* UART in mode Receiver */
 UART_Receive_IT(huart);
```

```
 --- 생략 ----

}

static HAL_StatusTypeDef UART_Receive_IT(UART_HandleTypeDef *huart)
{--- 생략 ----
   /*Call legacy weak Rx complete callback*/
   HAL_UART_RxCpltCallback(huart);
--- 생략 ----
}

__weak void HAL_UART_RxCpltCallback(UART_HandleTypeDef *huart)
{  // compilation warning 방지용이므로 아무런 동작을 하지 않는다.
  /* Prevent unused argument(s) compilation warning */
   UNUSED(huart);
  /* NOTE: This function should not be modified, when the callback is needed,
  the HAL_UART_RxCpltCallback could be implemented in the user file
   */
}
```

○ 실행 결과

Project → Build Project를 실행하여 코딩의 오류를 확인하고 오류가 없을 경우, Run → Run을 실행하면 [그림 5-25]와 같은 결과가 나타난다.

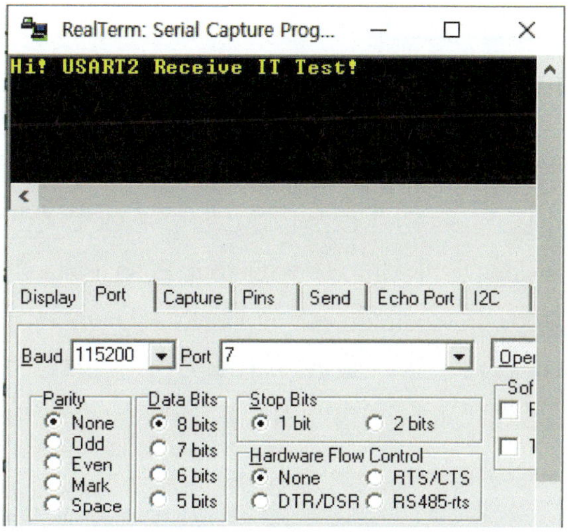

[그림 5-25] USART2 인터럽트 출력 실행 결과

5.3 USART RX 인터럽트를 이용한 자동차제어

PC와 NUCLEO-F411RE 보드와는 USART2의 TX(PA2)와 RX(PA3) 핀에 연결되어 직렬통신을 하고, PC에서 수신된 값에 의해서 자동차를 제어(전진, 후진, 정지, 좌회전, 우회전)하는 프로그램을 작성한다.

○ 하드웨어 구성

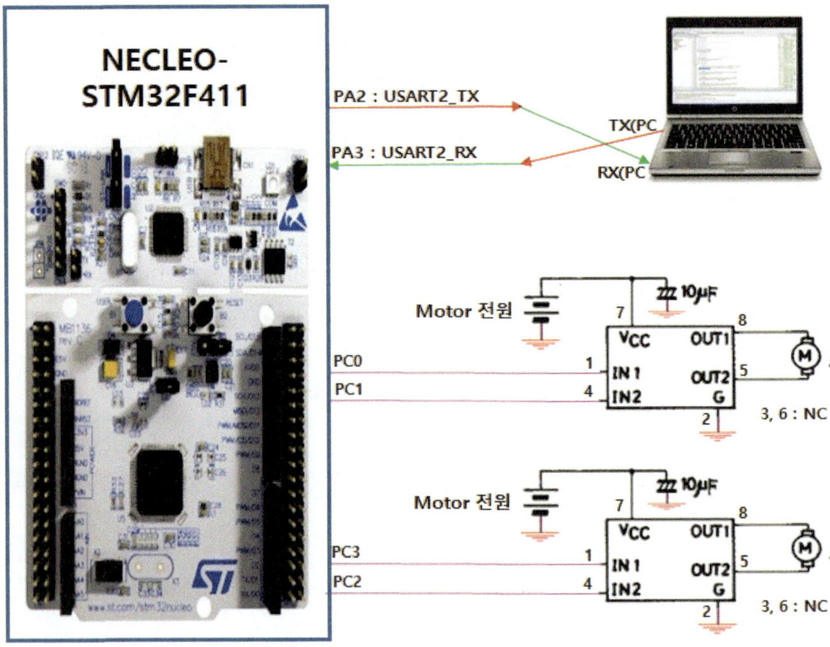

[그림 5-26] USART2을 이용한 자동차 제어 실습 회로도

○ STM32CubeMx 설정

[그림 5-27]에서와 같이 PC0~PC3는 DC모터 제어를 위해 GPIO_Output으로 설정한다. 속성은 GPIO output level = low, GPIO mode = Output Push Pull, GPIO Pull-up/Pull-down = No pull-up and no pull-down, Maximum output speed = Low로 설정하고 Label을 default로 한다. USART2는 Connectivity에서 Mode를 Asynchronous로 설정하고 Hardware Flow Control은 Disable을 선택한다. USART2 RX인터럽트 사용을 위해 NVIC Settings에서 USART2 global interrupt에 Enable을 반드시 체크한다. 그리고 통신 속성은 default로 설정된 값을 사용한다.

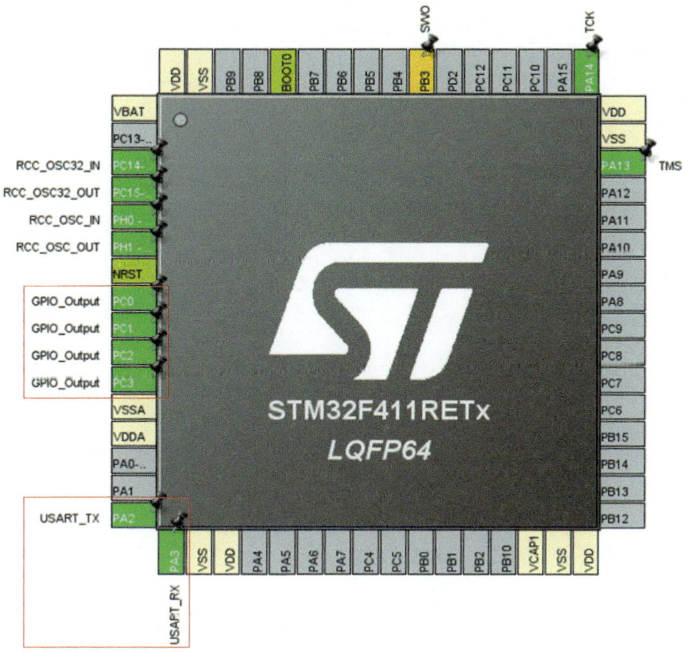

(a) Pinout view

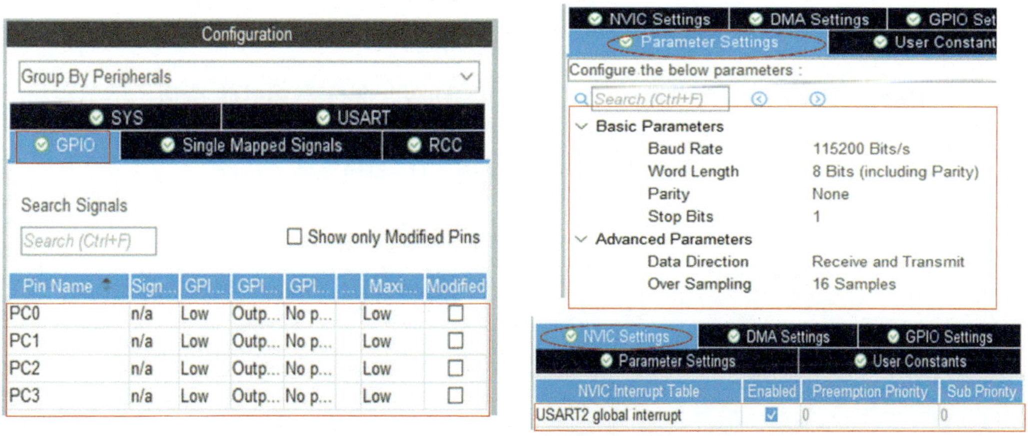

(b) GPIO Configuration

[그림 5-27] 자동차제어를 위한 GPIO 및 USART 설정

○ 코드 작성하기

Project → Generate Code를 실행하여 코드를 자동 생성시킨 후, 다음과 같은 프로그램을 추가한다.

코드위치 : Project Name₩Core₩Src₩main.c

```
#include "main.h“
/* Private includes -----------------------------------------*/
/* USER CODE BEGIN Includes */
#include <stdio.h>
/* USER CODE END Includes */

UART_HandleTypeDef huart2;

--- 생략 ---
static void MX_USART2_UART_Init(void);
uint8_t InData[3];

void HAL_UART_RxCpltCallback(UART_HandleTypeDef *huart)
{
  if (huart->Instance == USART1)
  {
   HAL_UART_Transmit_IT(&huart2, InData, 3); // 수신된 데이터 출력
  }
  HAL_UART_Receive_IT(&huart2, InData, 3);  // 인터럽트 재시작
}

void Motor_Forward(void)
{ HAL_GPIO_WritePin(GPIOC, GPIO_PIN_0|GPIO_PIN_2, GPIO_PIN_SET);
  HAL_GPIO_WritePin(GPIOC, GPIO_PIN_1|GPIO_PIN_3, GPIO_PIN_RESET);
}

void Motor_Reverse(void)
{ HAL_GPIO_WritePin(GPIOC, GPIO_PIN_0|GPIO_PIN_2, GPIO_PIN_RESET);
  HAL_GPIO_WritePin(GPIOC, GPIO_PIN_1|GPIO_PIN_3, GPIO_PIN_SET);
}

void Motor_Right(void)
{ HAL_GPIO_WritePin(GPIOC, GPIO_PIN_0|GPIO_PIN_3, GPIO_PIN_RESET);
  HAL_GPIO_WritePin(GPIOC, GPIO_PIN_1|GPIO_PIN_2, GPIO_PIN_SET);
}

void Motor_Left(void)
{ HAL_GPIO_WritePin(GPIOC, GPIO_PIN_1|GPIO_PIN_2, GPIO_PIN_RESET);
  HAL_GPIO_WritePin(GPIOC, GPIO_PIN_0|GPIO_PIN_3, GPIO_PIN_SET);
```

```
}

void Motor_Stop(void)
{      HAL_GPIO_WritePin(GPIOC,        GPIO_PIN_0|GPIO_PIN_1|GPIO_PIN_2|GPIO_PIN_3,
GPIO_PIN_RESET);
}
int main(void)
{
  uint8_t size, control;
  uint8_t message[]="Input Motor Control Command['a'+'control'+'f']=\t";
  size=sizeof(message);

  --- 생략 ---
  MX_USART2_UART_Init();
  HAL_UART_Transmit(&huart2,message,size,100);
  HAL_UART_Receive_IT(&huart2, InData, 3);

  while (1)
  {
    if(InData[0]=='a' && InData[2]=='f') // 첫 번째 세 번째 값은 체크용
     {  control=InData[1];                // 두 번째 값은 제어값
        switch(control) {
        case '0' : Motor_Stop(); break;        // 정지
        case '1' : Motor_Forward(); break;  // 전진
        case '2' : Motor_Reverse(); break;  // 후진
        case '3' : Motor_Right(); break;      // 우회전
        case '4' : Motor_Left(); break;       // 좌회전
        default : Motor_Stop(); break;       // 정지
      }
    }
   }
}
```

○ 실행 결과

만약 전진을 원한다면 a1f를 입력시킨 후, 자동차의 동작을 확인한다. [그림 5-28]은 3byte 제어명령을 입력했을 때의 화면결과를 나타낸다.

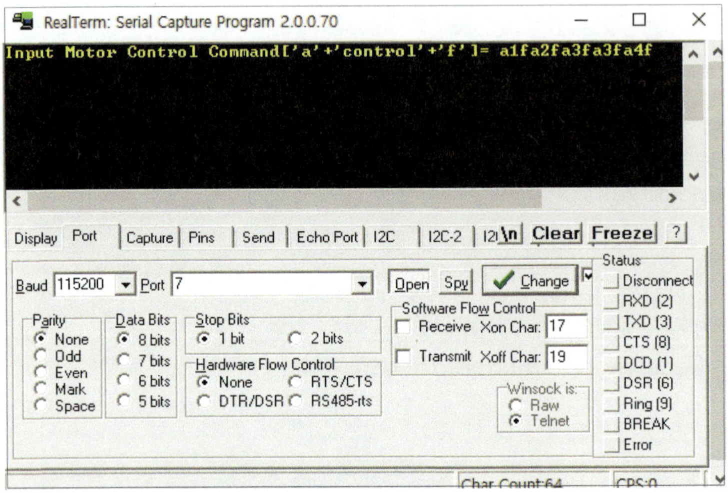

[그림 5-28] 자동차제어 실행 결과

5.4 DMA를 이용한 USART 실습

① STM32F411 DMA 제어기

DMA를 사용하면 STM32F411 프로세서를 효율적으로 사용하여 데이터 전송을 수행할 수 있다. DMA가 동작하는 동안 STM32F411 프로세서는 다른 작업을 실행할 수 있으며, 전체 데이터 블록을 처리할 경우에만 STM32F411 프로세서 동작이 중단된다. STM32F411 디바이스는 2개의 DMA 제어기가 있고 각각의 DMA 제어기는 2개의 포트를 갖는다. 하나는 Peripheral 포트이고 하나는 Memory 포트이다. 아래 [그림 5-29]는 DMA 제어기 블록도를 나타낸다.

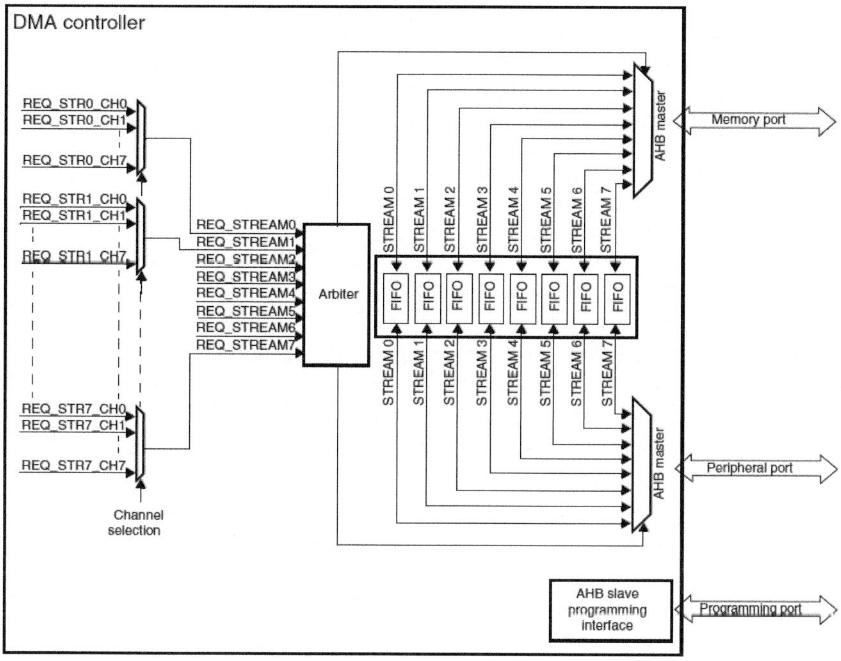

[그림 5-29] DMA 제어기 블록도

ㅇ DMA Streams/Channels

STM32F411 디바이스에는 2개의 DMA 컨트롤러가 내장되어 있다. 하나 이상의 주변 장치에서 메모리 액세스 요청을 관리하며, 총 16개의 스트림(컨트롤러당 8개)을 제공한다. [그림 5-30]과 같이 각 스트림에는 최대 8개의 선택 가능한 채널 (요청) 레지스터 제어가 가능하다.

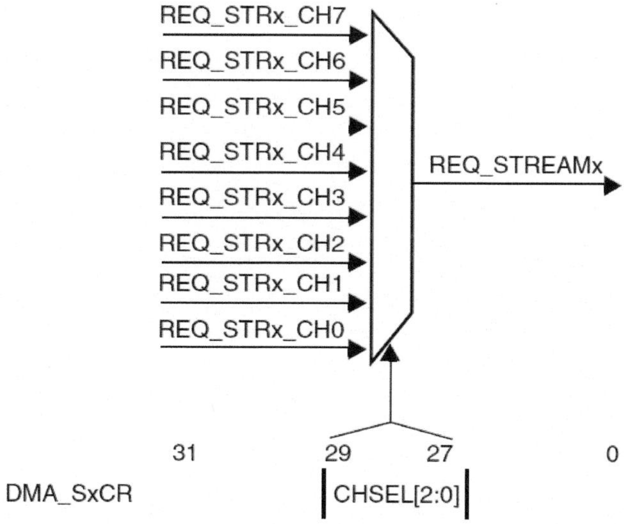

[그림 5-30] DMA Streams/Channels 구성

○ STMF411의 USART1_RX DMA2 Mapping

STM32F411 프로세서에서 USART2_RX는 DMA1 Stream 5/Channel 4에 매핑 되었다. [그림 5-31]은 USART2_RX DMA1 request 매핑을 나타낸다. 그리고 다른 DMA 스트림 간의 우선순위를 처리하는 중재자가 있어 소프트웨어적으로 설정이 가능하다. 스트림0은 스트림1보다 우선순위가 높다.

Peripheral requests	Stream 0	Stream 1	Stream 2	Stream 3	Stream 4	Stream 5	Stream 6	Stream 7
Channel 0	SPI3_RX	-	SPI3_RX	SPI2_RX	SPI2_TX	SPI3_TX	-	SPI3_TX
Channel 1	I2C1_RX	-	TIM7_UP		TIM7_UP	I2C1_RX	I2C1_TX	I2C1_TX
Channel 2	TIM4_CH1	-	I2S3_EXT_RX	TIM4_CH2	I2S2_EXT_TX	I2S3_EXT_TX	TIM4_UP	TIM4_CH3
Channel 3	I2S3_EXT_RX	TIM2_UP TIM2_CH3	I2C3_RX	I2S2_EXT_RX	I2C3_TX	TIM2_CH1	TIM2_CH2 TIM2_CH4	TIM2_UP TIM2_CH4
Channel 4	UART5_RX	USART3_RX	UART4_RX	USART3_TX	UART4_TX	USART2_RX	USART2_TX	UART5_TX
Channel 5	UART8_TX	UART7_TX	TIM3_CH4 TIM3_UP	UART7_RX	TIM3_CH1 TIM3_TRIG	TIM3_CH2	UART8_RX	TIM3_CH3
Channel 6	TIM5_CH3 TIM5_UP	TIM5_CH4 TIM5_TRIG	TIM5_CH1	TIM5_CH4 TIM5_TRIG	TIM5_CH2	-	TIM5_UP	-
Channel 7	-	TIM6_UP	I2C2_RX	I2C2_RX	USART3_TX	DAC1	DAC2	I2C2_TX

[그림 5-31] USART2_RX DMA1 request 매핑

② DMA를 이용한 USART 실습

○ DMA를 이용한 USART2_RX 데이터 처리과정

[그림 5-32]와 같이 USART2 RX 데이터가 입력되면 DR(Data Register)에 저장되고, 저장된 데이터는 DMA 제어기에 의해서 메모리로 이동한다. DMA 전송은 소스 주소와 목적지 주소로 정의된다. 소스와 대상은 모두 AHB 또는 APB 메모리 범위에 있어야 하며 전송 크기에 맞춰 정렬되어야 한다.

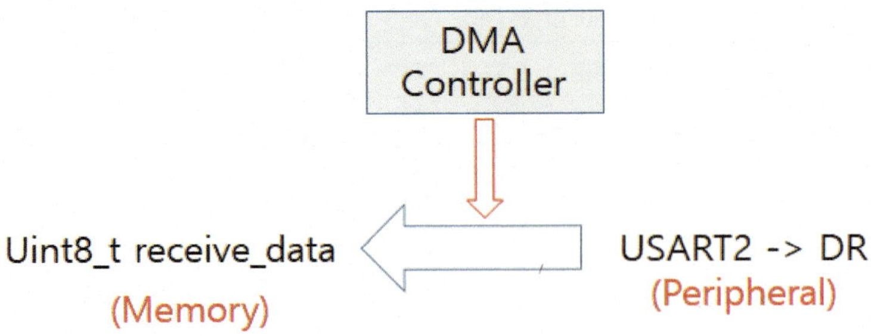

[그림 5-32] USART2_RX DMA1 데이터 처리과정

○ DMA 이용을 위한 USART2 설정

[그림 5-33]의 USART2 설정에서 DMA Settings를 선택한 후, Add을 실행한 후 DMA Request 에서 USART2_RX를 선택한다.

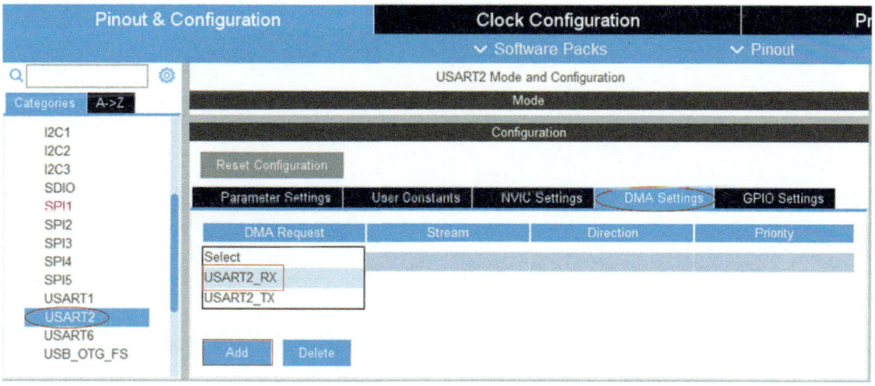

[그림 5-33] USART2 DMA 추가하기

[그림 5-33]의 설정을 마치면 [그림 5-34]에서 보듯이 사용하고자 하는 DMA1의 Stream과 Direction 등이 결정된다. 그리고 DMA Request Settings에서 Mode는 Circular를 선택하고 Memory를 선택한 후 Data Width는 Byte를 선택한다.

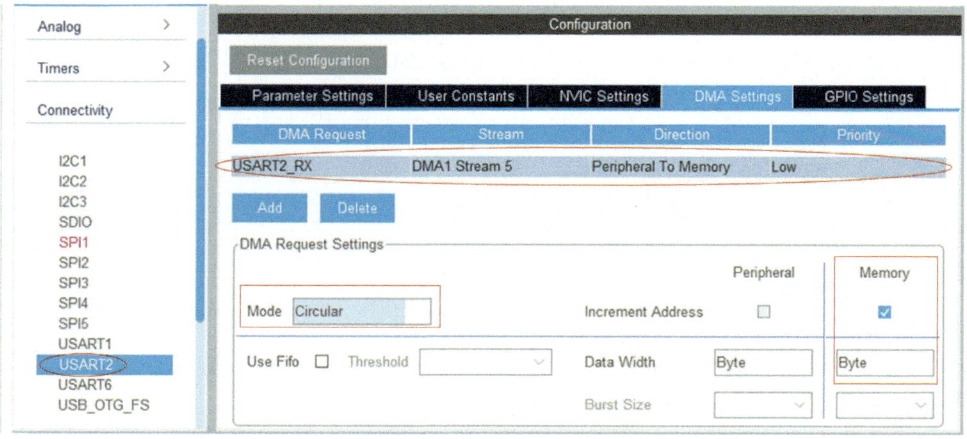

[그림 5-34] USART2 DMA Request Settings 하기

- Transfer mode : DMA는 3가지의 다른 전송모드를 갖는다.
  - Peripheral to memory
  - Memory to peripheral
  - Memory to memory(DMA2만 가능하며, Memory to memory 전송모드에서는 Circular, Direct 모드는 지원하지 않는다.

• 소스와 목적지 데이터 폭

- 소스와 목적지 데이터 폭은 Byte(8 bits), Half-word(16 bits), Word(32 bits)로 설정이 가능하다.

• 전송타입

- Circular mode : Circular 모드는 Circular 버퍼들을 이용하여 처리하고, 연속데이터 흐름을 처리할 수 있다.
- Normal mode : 연속데이터 흐름처리가 불가능하다.

마지막으로 USART2에서 인터럽트 사용을 위해 USART2 global interrupt에서 Enable에 체크 한다.

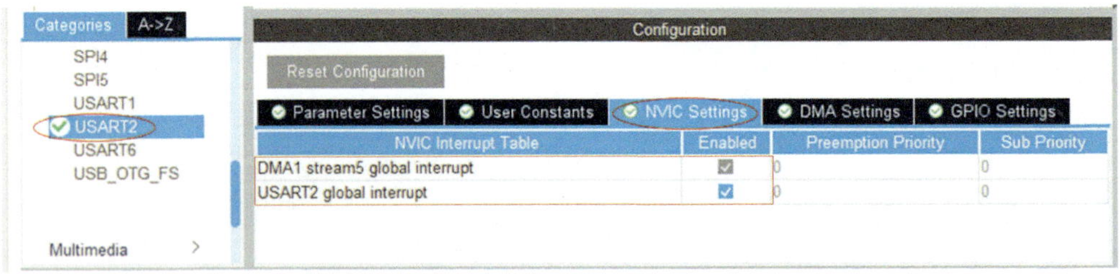

[그림 5-35] USART2에서 NVIC 설정하기

○ 코드 작성하기

HAL_UART_Receive_DMA() 함수를 사용하여 USART2 RX에 문자가 입력되면 DMA를 통해서 메모리에 저장되고, HAL_UART_Transmit_IT() 함수를 통해서 입력된 문자를 출력한다.

코드위치 : Project Name₩Core₩Src₩main.c

```
#include "main.h"
/* USER CODE BEGIN Includes */
#include <stdio.h>
/* USER CODE END Includes */
UART_HandleTypeDef huart2;
DMA_HandleTypeDef hdma_usart2_rx;

void SystemClock_Config(void);
static void MX_USART2_UART_Init(void);
static void MX_DMA_Init(void);

uint8_t receive_data=0;

void HAL_UART_RxCpltCallback(UART_HandleTypeDef *huart)
{  if (huart->Instance == USART2)
   { HAL_UART_Transmit_IT(&huart2, &receive_data, 1);
   }
}
```

```
int main(void)
{
  /* USER CODE BEGIN 1 */

  /* USER CODE END 1 */

  HAL_Init();
  SystemClock_Config();
  MX_USART2_UART_Init();
  // USART2 Receive DMA를 시작한다.
  HAL_UART_Receive_DMA(&huart2,&receive_data,1);
  /* Infinite loop */
  /* USER CODE BEGIN WHILE */
  while (1)
  {
    /* USER CODE END WHILE */
  }
}
```

○ HAL_UART_RxCpltCallback() 함수 호출 과정

USART2에 문자가 입력될 때 DMA1_Stream5_IRQHandler() → HAL_DMA_IRQHandler()를 통해서 DMA 인터럽트가 요구된다. USART2 DMA 설정은 HAL_UART_Receive_DMA() → UART_Start_Receive_DMA() → UART_DMAReceiveCplt → HAL_UART_RxCpltCallback()와 연결되어 처리된다.

코드위치 : Project Name₩Core₩Src₩stm32f4xx_it.c

```
void DMA1_Stream5_IRQHandler(void)
{ -- 생략 ----
  HAL_DMA_IRQHandler(&hdma_usart2_rx);
  -- 생략 ----
}
```

코드위치 : Project Name₩Drivers₩STM32F4xx_HAL_Driver₩Src₩stm32f4xx_hal_dma.c

```
void HAL_DMA_IRQHandler(DMA_HandleTypeDef *hdma)
{ -- 생략 ----
  // Handles DMA interrupt request.
  hdma->XferCpltCallback(hdma);
  -- 생략 ----
}
```

코드위치 : Project Name₩Drivers₩STM32F4xx_HAL_Driver₩Src₩stm32f4xx_hal_uart.c

```
HAL_StatusTypeDef HAL_UART_Receive_DMA(UART_HandleTypeDef *huart,
uint8_t *pData, uint16_t Size)
{  -- 생략 ----
    return (UART_Start_Receive_DMA(huart, pData, Size));
  --- 생략 ----
}

HAL_StatusTypeDef UART_Start_Receive_DMA(UART_HandleTypeDef *huart,
uint8_t *pData, uint16_t Size)
{  -- 생략 ----
  /* Set the UART DMA transfer complete callback */
  huart->hdmarx->XferCpltCallback = UART_DMAReceiveCplt;
  -- 생략 ----
}

static void UART_DMAReceiveCplt(DMA_HandleTypeDef *hdma)
{ -- 생략 ----
  HAL_UART_RxCpltCallback(huart);
  -- 생략 ----
}

static HAL_StatusTypeDef UART_Receive_IT(UART_HandleTypeDef *huart)
{  --- 생략 ----
   /*Call legacy weak Rx complete callback*/
   HAL_UART_RxCpltCallback(huart);
  --- 생략 ----
}

__weak void HAL_UART_RxCpltCallback(UART_HandleTypeDef *huart)
{     /* Prevent unused argument(s) compilation warning */
     UNUSED(huart);
}
```

○ 실행 결과

Project → Build Project를 실행하여 코딩의 오류를 확인하고 오류가 없을 경우, Run → Run을 실행하면 [그림 5-36]과 같은 결과가 나타난다.

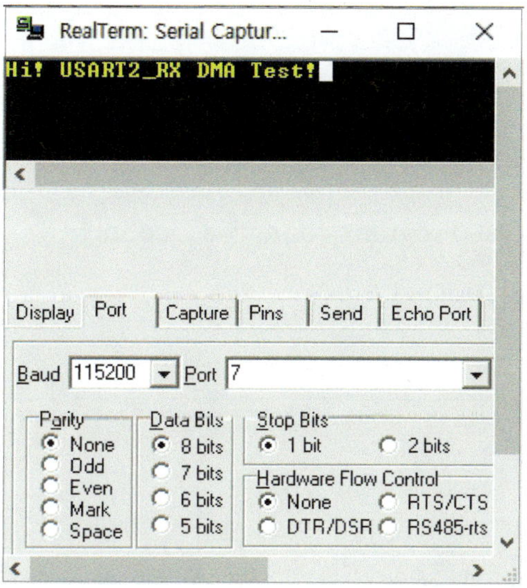

[그림 5-36] USART2 DMA 출력실행 결과

5.5 printf() 사용 실습

지금까지 설정 변경 없이 해당 코드만 수정한다.

○ 코드 작성하기

Debugging으로 많이 사용되는 printf() 함수를 사용을 위한 프로그램은 다음과 같다.

코드위치 : Project Name₩Core₩Src₩main.c

```
#include "main.h"
/* USER CODE BEGIN Includes */
#include <stdio.h>
/* USER CODE END Includes */
UART_HandleTypeDef huart2;

void SystemClock_Config(void);
static void MX_USART2_UART_Init(void);
int count=0;
```

printf() 사용을 위해 추가된 함수

```
int __io_putchar(int ch)
{  HAL_UART_Transmit(&huart2, (uint8_t *)&ch, 1, 0xFFFF);
   return ch;
}
```

```
int main(void)
{ HAL_Init();
```

```
    SystemClock_Config();
    MX_USART2_UART_Init();
    /* Infinite loop */
    /* USER CODE BEGIN WHILE */
    while (1)
    { printf("\n\r print Test Program count=%d", count++);
      HAL_Delay(100);
      /* USER CODE END WHILE */
    }
}
```

○ 실행 결과

Project → Build Project를 실행하여 코딩의 오류를 확인하고 오류가 없을 경우, Run → Run을 실행하면 [그림 5-37]과 같은 결과가 나타난다.

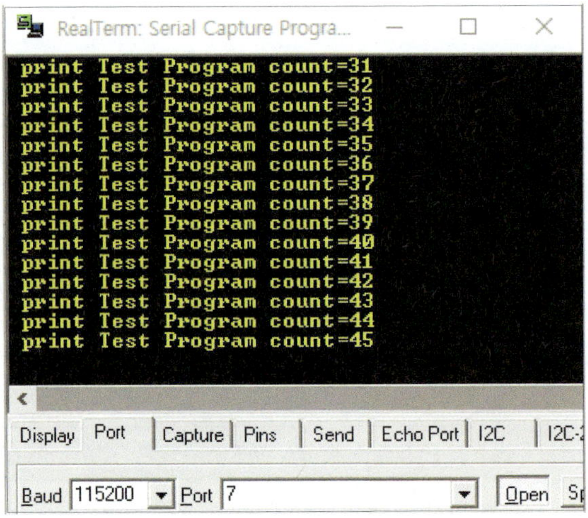

[그림 5-37] printf() 출력 실행 결과

○ printf에서 float 타입 출력을 위한 설정

Project → Properties를 실행한 후 [그림 5-38]에서와 같이 -u_printf_float를 선택한 후 Apply and Close를 한 후 Run → Run을 실행한다.

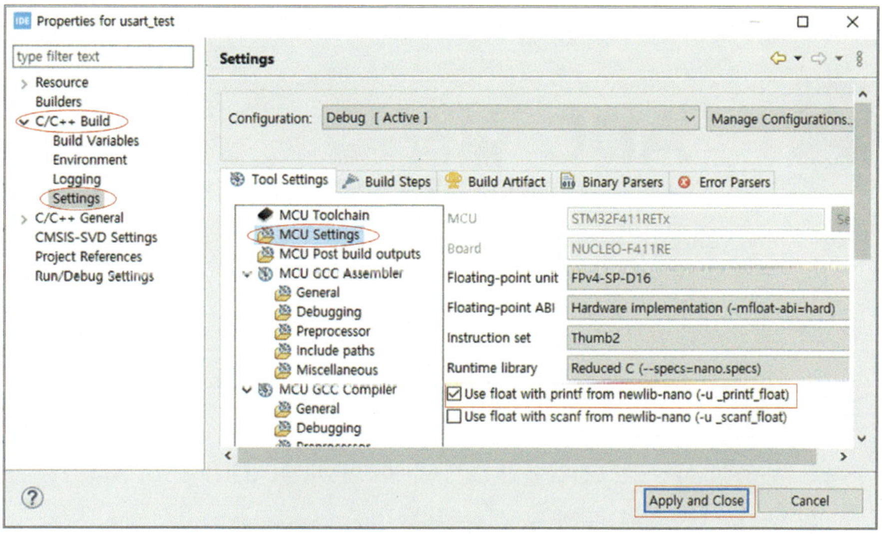

[그림 5-38] printf()에서 float 사용을 위한 설정

float 출력 실습을 위한 프로그램은 다음과 같다.

코드위치 : Project Name\Core\Src\main.c

```
--- 생략 ---
float count=0.0;
--- 생략 ---

int main(void) {    --- 생략 ---
  while (1)
  { count = count+0.1;
     printf("\n\r print Test Program count=%3.1f", count);
    HAL_Delay(100);
  } }
```

○ 실행 결과

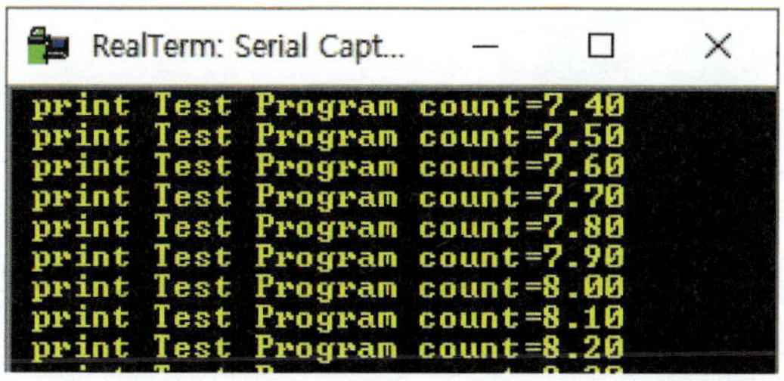

[그림 5-39] printf()에서 float 타입 출력 실행 결과

6장 ADC 실습

6.1 폴링 방식

가변저항을 이용하여 아날로그전압을 ADC1 두 개의 채널(ADC1_IN0, ADC1_IN1)을 통해 입력받고, 폴링 방식으로 ADC 동작을 실습한다.

① 하드웨어 구성

[그림 6-1]과 같이 ADC 실습을 위한 회로도를 바탕으로 브레드 보드에 [그림 6-2]와 같이 구성한다.

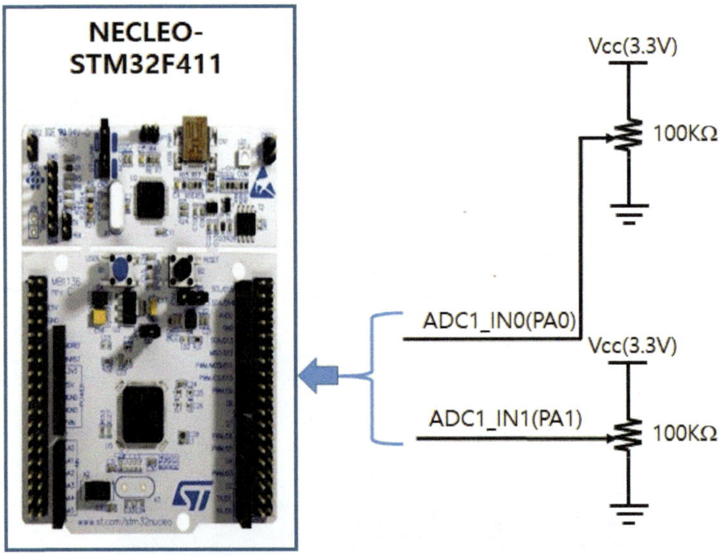

[그림 6-1] ADC 실습을 위한 회로도

[그림 6-2] ADC 실습회로 브레드 보드 구성

② STM32CubeIDE를 사용한 프로그램 작성

○ 프로젝트 만들기

STM32CubeIDE 실행 후 <u>File</u> → <u>New</u> → <u>STM32 Project</u>를 실행한다.

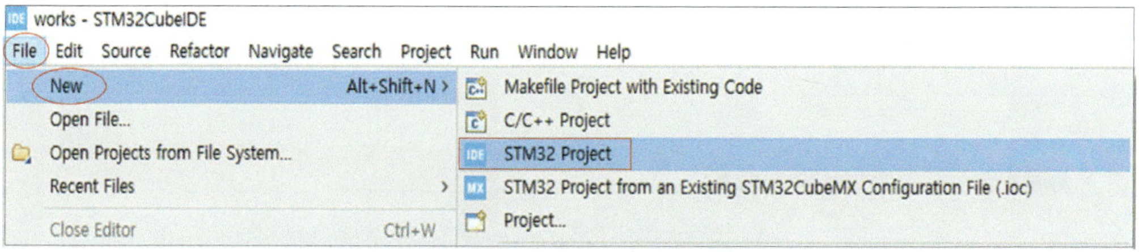

[그림 6-3] 새 프로젝트 만들기

○ **사용할 보드 선택**

Target Selection 창에서 Board Selector를 선택한 후 Commercial Part Number에서 nucleo-f411re를 입력하여 선택한다.

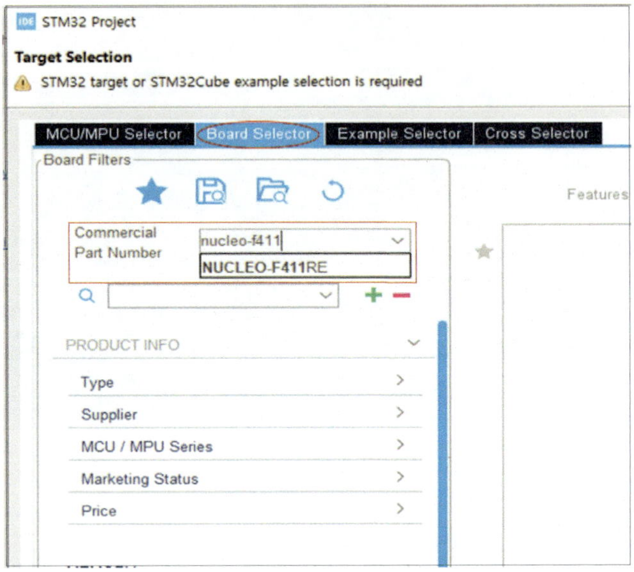

[그림 6-4] 사용할 보드 선택 ①

실습에 사용한 보드를 선택하면 [그림 6-5]와 같이 보드 리스트가 나타난다. 해당 보드를 선택한 후 NEXT를 선택한다.

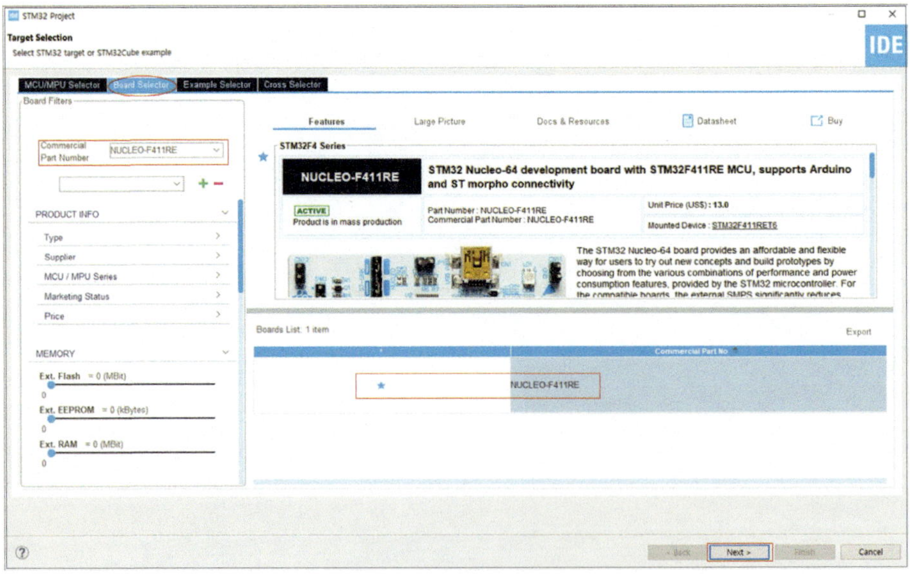

[그림 6-5] 사용할 보드 선택 ②

○ 프로젝트 이름 설정하기

Project Name을 입력한다. 본 실습에서는 [그림 6-6]과 같이 test_adc로 하고 나머지 선택은 default값으로 한다.

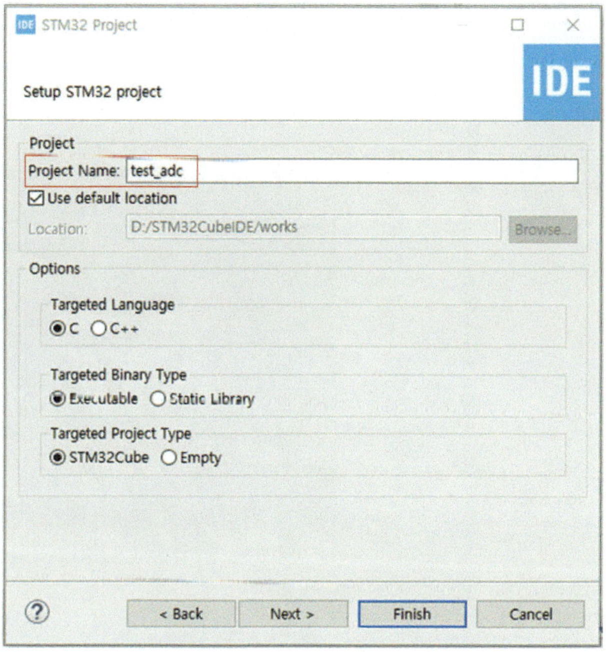

[그림 6-6] 프로젝트 이름 입력

○ Board Project Option 선택

NUCLEO-F411RE보드에 설정된 주변장치(GPIO, USART, RCC 등)의 기본설정을 불러오기 위해 Yes를 선택한다.

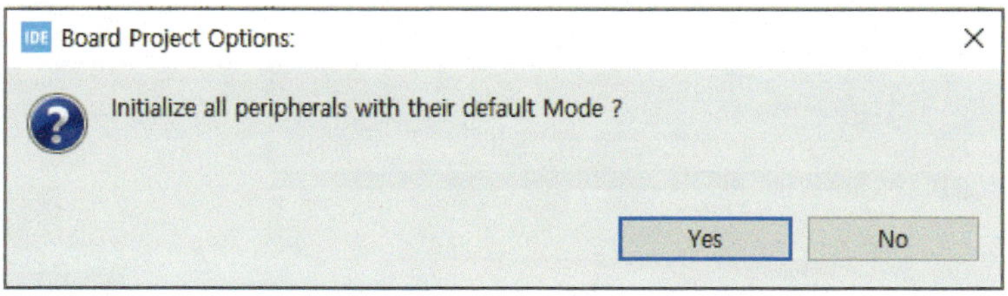

[그림 6-7] Board Project Option 선택

○ 프로젝트 생성 결과

[그림 6-8]은 STM32CubeIDE 프로젝트 생성 결과이다. STM32CubeMx 파일은 'test_adc.ioc'이다.

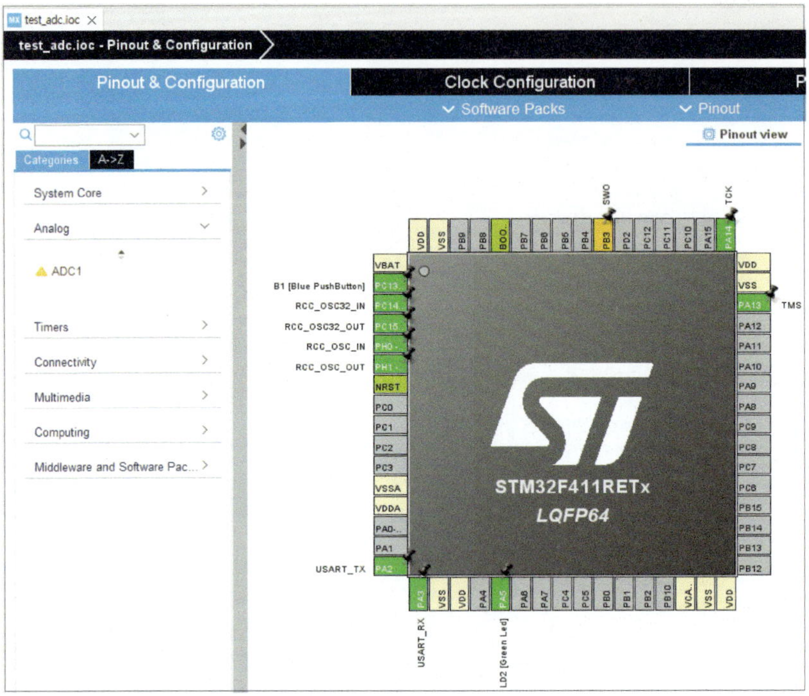

[그림 6-8] STM32CubeIDE 프로젝트 생성 결과

○ ADC 설정

[그림 6-9]는 ADC1의 2채널(IN0, IN1) ADC 실습을 위한 STM32CubeMX Pinout과 Configuration을 나타낸다. Analog에서 ADC1을 선택한 후 Mode에서 IN0와 IN1을 선택한다. IN0는 PA0를 이용하여 아날로그 신호를 받고, IN1은 PA1을 이용하여 아날로그 신호를 받는다.

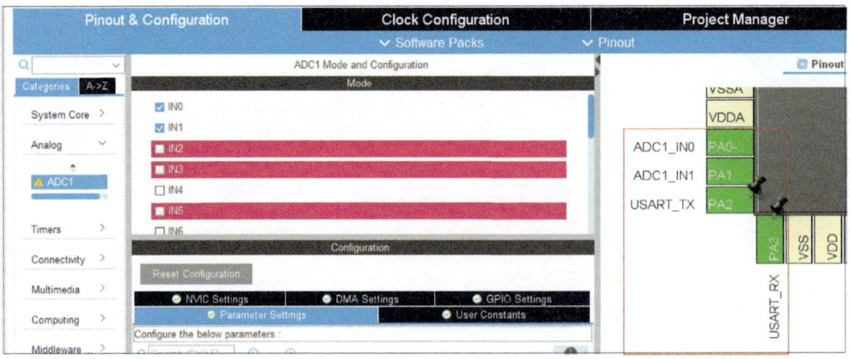

[그림 6-9] ADC 실험을 위한 ADC1 설정

[그림 6-10]은 ADC 파라메타 설정에서 폴링 방식으로 2개의 채널을 Scan하므로 Scan Conversion Mode, Continuous Conversion Mode는 Enable로 설정한다. Conversion 수는 입력이 2개이므로 2로 설정하고, 각각의 채널은 Rank(1=Channel0, 2=Channel1)로 표시되는 부분에서 설정한다.

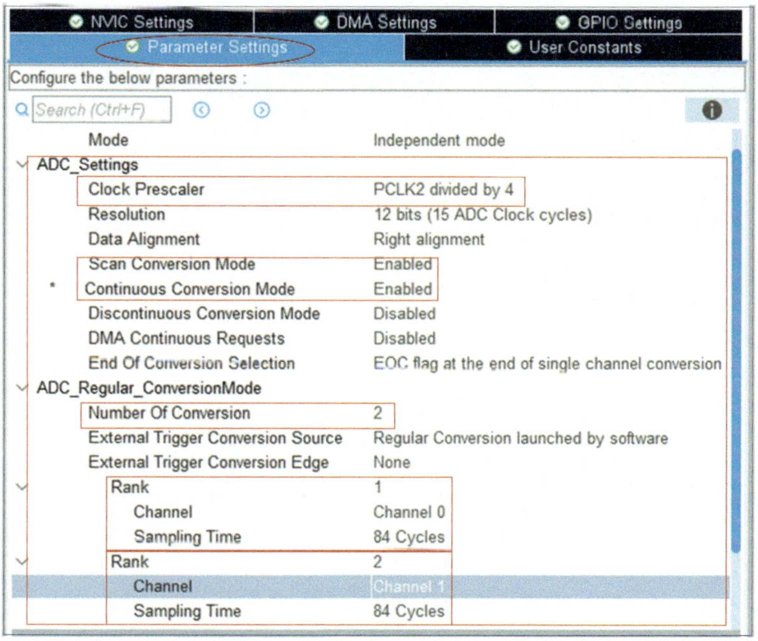

[그림 6-10] ADC1 파라메타 설정

○ 코드생성 실행하기

STM32CubeMX에서 지금까지 설정에 해당하는 코드를 생성시키기 위해 [그림 6-11]과 같이 Project → Generate Code를 실행한다.

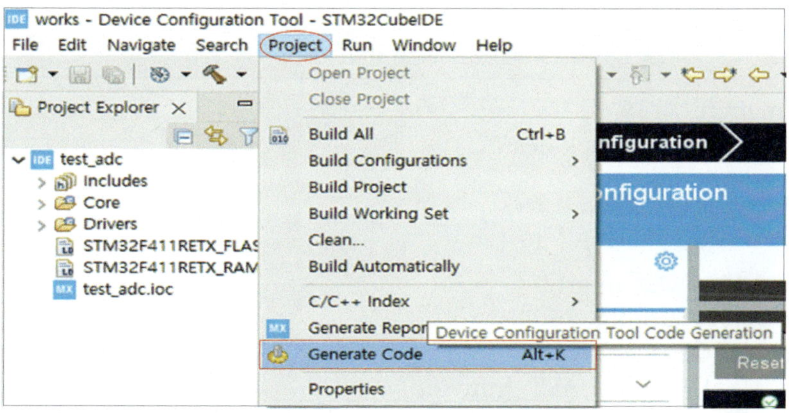

[그림 6-11] 코드생성 실행하기

○ 생성된 코드 빌드 실행하기

[그림 6-12]와 같이 Project → Build Project를 실행하여 디버깅에 필요한 파일(test_adc.elf)이 생성되는지 확인한다.

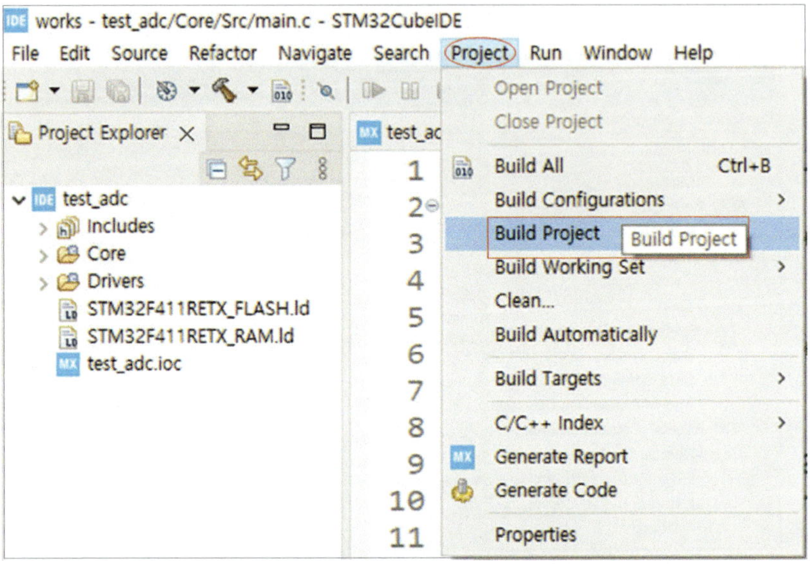

[그림 6-12] 생성된 코드 빌드 실행하기

○ 기타 설정

Build 환경설정, Build 결과파일 설정, MCU GCC Compiler 설정 등은 3장 실습과 동일하게 진행하다.

○ 코드 작성하기

사용자가 코드를 작성할 때는 /* USER CODE BEGIN ~ USER CODE END */안에 작성한다.

코드위치 : Project Name₩Core₩Src₩main.c

```
#include "main.h"
/* USER CODE BEGIN Includes */
#include <stdio.h>
/* USER CODE END Includes */

UART_HandleTypeDef huart2;
void SystemClock_Config(void);
static void MX_GPIO_Init(void);
static void MX_USART2_UART_Init(void);
static void MX_ADC1_Init(void);
```

```
int __io_putchar(int ch)
{  HAL_UART_Transmit(&huart2, (uint8_t *)&ch, 1, 0xFFFF);
   return ch;
}

int main(void)
{ float volt1=0.0, volt2=0.0;
   uint32_t value1=0, value2=0, ad_max=4095;
   HAL_Init();
   SystemClock_Config();
   MX_GPIO_Init();
   MX_USART2_UART_Init();
   MX_ADC1_Init();

   while (1)
   {
```

HAL_ADC_PollForConversion 함수사용 HAL_StatusTypeDef HAL_ADC_PollForConversion(ADC_HandleTypeDef* hadc, uint32_t Timeout)

HAL_ADC_Start(&hadc1); // ADC Start 함수
HAL_ADC_PollForConversion(&hadc1, 100); // Channel 0
value1=HAL_ADC_GetValue(&hadc1);
HAL_ADC_PollForConversion(&hadc1, 100); // Channel 1
value2=HAL_ADC_GetValue(&hadc1);
HAL_ADC_Stop(&hadc1);
volt1=(float)((value1*3.3)/ad_max);
volt2=(float)((value2*3.3)/ad_max);
printf("\n\r adc value1=%d,volt1=%1.2f, \t value2=%d, volt2=%1.2f",value1, volt1, value2, volt2);
HAL_Delay(10);

```
   }
}
```

○ MX_ADC1_Init() 함수 설명

ADC1 2개의 채널을 사용하므로 Scan Conversion Mode, Continuous Conversion Mode는 Enable로 선택하고, Rank 1은 Channel0, Rank 2는 Channel1 등 설정 관련된 코드이다.

코드위치 : Project Name\Core\Src\main.c

```
void MX_ADC1_Init(void)
{  -- 생략 --
```

```
  hadc1.Instance = ADC1;
  hadc1.Init.ClockPrescaler = ADC_CLOCK_SYNC_PCLK_DIV2;
  hadc1.Init.Resolution = ADC_RESOLUTION_12B;
  hadc1.Init.ScanConvMode = ENABLE;
  hadc1.Init.ContinuousConvMode = ENABLE;
  hadc1.Init.DiscontinuousConvMode = DISABLE;
  hadc1.Init.ExternalTrigConvEdge = ADC_EXTERNALTRIGCONVEDGE_NONE;
  hadc1.Init.ExternalTrigConv = ADC_SOFTWARE_START;
  hadc1.Init.DataAlign = ADC_DATAALIGN_RIGHT;
  hadc1.Init.NbrOfConversion = 2;
  hadc1.Init.DMAContinuousRequests = DISABLE;
  hadc1.Init.EOCSelection = ADC_EOC_SINGLE_CONV;
  hadc1.Init.EOCSelection = ADC_EOC_SEQ_CONV;
  if (HAL_ADC_Init(&hadc1) != HAL_OK)
  {   _Error_Handler(__FILE__, __LINE__);
  }
    /**Configure Regular Channel       */
  sConfig.Channel = ADC_CHANNEL_0;
  sConfig.Rank = 1;
  sConfig.SamplingTime = ADC_SAMPLETIME_84CYCLES;
  if (HAL_ADC_ConfigChannel(&hadc1, &sConfig) != HAL_OK)
  {
    Error_Handler();
  }
  sConfig.Channel = ADC_CHANNEL_1;
  sConfig.Rank = 2;
  sConfig.SamplingTime = ADC_SAMPLETIME_84CYCLES;
  if (HAL_ADC_ConfigChannel(&hadc1, &sConfig) != HAL_OK)
  {
    Error_Handler();
  }
}
```

ㅇ 실행 결과

Project → Build Project를 실행하여 코딩의 오류를 확인하고 오류가 없을 경우, Run → Run을 실행하면 [그림 6-13]과 같은 결과가 나타난다. 만약 volt1과 volt2의 float 값이 표시되지 않을 경우 5장의 [그림 5-38]에서와 같이 printf에서 float 사용을 선택해야 한다.

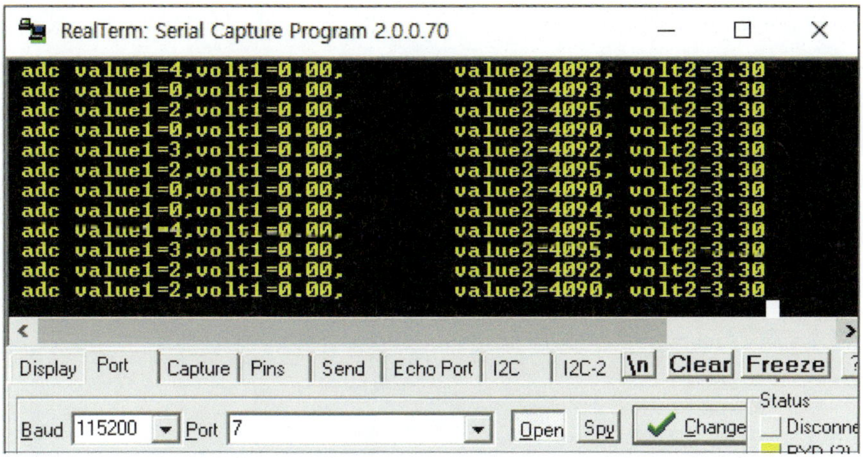

[그림 6-13] 폴링 방식 2채널 ADC 실행 결과

6.2 인터럽트 방식

○ ADC 설정

[그림 6-14]는 ADC1의 1채널(IN0) ADC 실습을 위한 STM32CubeMX Pinout과 Configuration을 나타낸다. Analog에서 ADC1을 선택한 후 Mode에서 IN0를 선택한다. IN0는 PA0를 이용하여 아날로그 신호를 입력받는다.

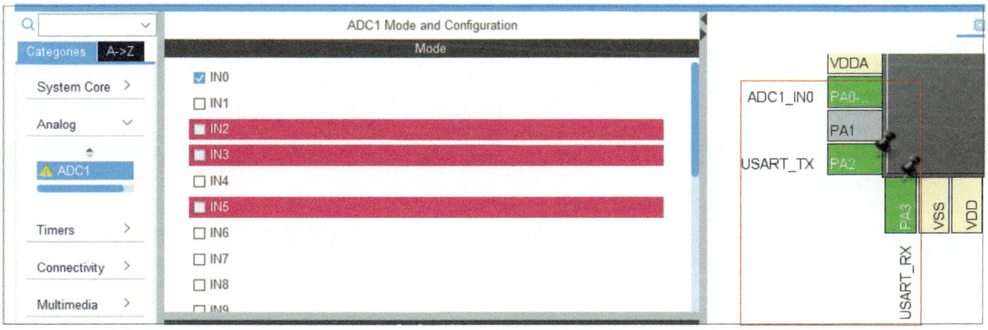

[그림 6-14] ADC 실험을 위한 ADC1 설정

[그림 6-15]는 ADC 파라메타 설정에서 인터럽트 방식으로 ADC Conversion 수를 1로 설정하고 External Trigger Conversion Source 등을 설정한다.

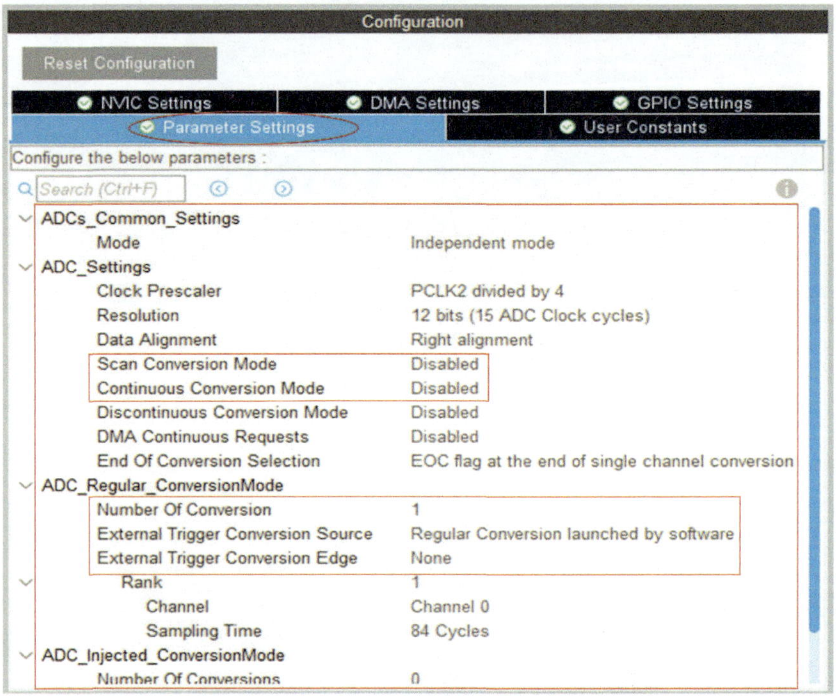

[그림 6-15] ADC1 파라메타 설정

○ NVIC 설정

ADC1 인터럽트 사용을 위해 [그림 6-16]과 같이 ADC1 global interrupt 사용을 선택한다.

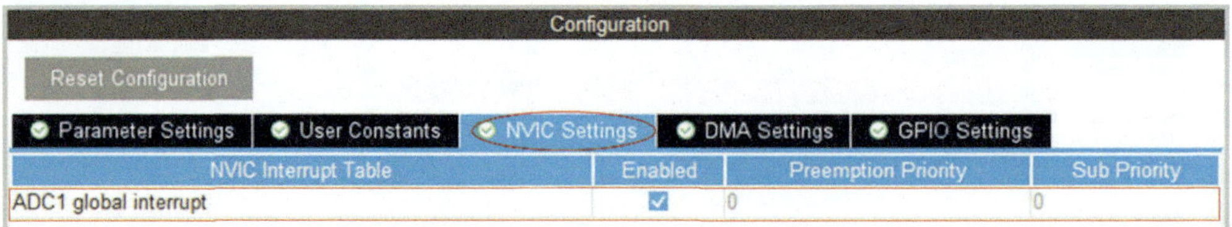

[그림 6-16] ADC1 인터럽트 설정

○ 기타 설정 및 코드 생성

Build 환경설정, Build 결과파일 설정, MCU GCC Compiler 설정 등은 3장 실습과 동일하게 진행한다. 그리고 Project → Generate Code를 실행한 후 Project → Build Project를 통해 오류를 확인한다.

○ 코드 작성하기

사용자가 코드를 작성할 때는 /* USER CODE BEGIN ~ USER CODE END */ 안에 작성한다. ADC1 채널 1의 아날로그 신호가 디지털 신호로 변환이 완료되면 HAL_ADC_ConvCpltCallback() 함수가 실행된다.

코드위치 : Project Name₩Core₩Src₩main.c

```
#include "main.h"
/* USER CODE BEGIN Includes */
#include <stdio.h>
/* USER CODE END Includes */

ADC_HandleTypeDef hadc1;
UART_HandleTypeDef huart2;

void SystemClock_Config(void);
static void MX_GPIO_Init(void);
static void MX_USART2_UART_Init(void);
static void MX_ADC1_Init(void);

uint32_t value=0, ad_max=4095;

int __io_putchar(int ch)
{  HAL_UART_Transmit(&huart2, (uint8_t *)&ch, 1, 0xFFFF);
   return ch;
}
```

HAL_ADC_ConvCpltCallback() 함수

```
void HAL_ADC_ConvCpltCallback(ADC_HandleTypeDef* hadc)
{
   if(hadc->Instance==ADC1)
   { value=HAL_ADC_GetValue(&hadc1);}

   HAL_ADC_Start_IT(hadc);  // ADC 재시작
}
```

```
int main(void)
{ float volt=0.0;
  HAL_Init();
  SystemClock_Config();
  MX_GPIO_Init();
```

```
  MX_USART2_UART_Init();
  MX_ADC1_Init();

  HAL_ADC_Start_IT(&hadc1);  // ADC Start
  printf("\n ADC test start!");


  while (1)
  {
    volt=(float)((value*3.3)/ad_max);
    printf("\n\r adc value=%ld, volt=%1.2f",value, volt);
    HAL_Delay(100);
  }
}
```

○ HAL_ADC_ConvCpltCallback() 함수 호출 과정

ADC1 채널 1의 아날로그 신호가 디지털 신호로 변환이 완료되면 ADC_IRQHandler() → HAL_ADC_IRQHandler()를 통해서 HAL_ADC_ConvCpltCallback() 함수가 실행된다.

코드위치 : Project Name₩Core₩Src₩stm32f4xx_it.c

```
void ADC_IRQHandler(void)
{  -- 생략 ----
  HAL_ADC_IRQHandler(&hadc1);
   -- 생략 ----
}
```

코드위치 : Project Name₩Drivers₩STM32F4xx_HAL_Driver₩Src₩stm32f4xx_hal_adc.c

```
void HAL_ADC_IRQHandler(ADC_HandleTypeDef* hadc)
{ -- 생략 ----
  // Handles DMA interrupt request.
  HAL_ADC_ConvCpltCallback(hadc);
  -- 생략 ----

  __weak void HAL_ADC_ConvCpltCallback(ADC_HandleTypeDef* hadc)
  /* Prevent unused argument(s) compilation warning */
  UNUSED(hadc);
  /* NOTE : This function Should not be modified, when the callback is needed, the
      HAL_ADC_ConvCpltCallback could be implemented in the user file  */
}
```

○ 실행 결과

Project → Build Project를 실행하여 코딩의 오류를 확인하고 오류가 없을 경우, Run → Run을 실행하면 [그림 6-17]과 같은 결과가 나타난다. 만약 volt의 float 값이 표시되지 않을 경우 5장의 [그림 5-38] 설정을 추가하도록 한다.

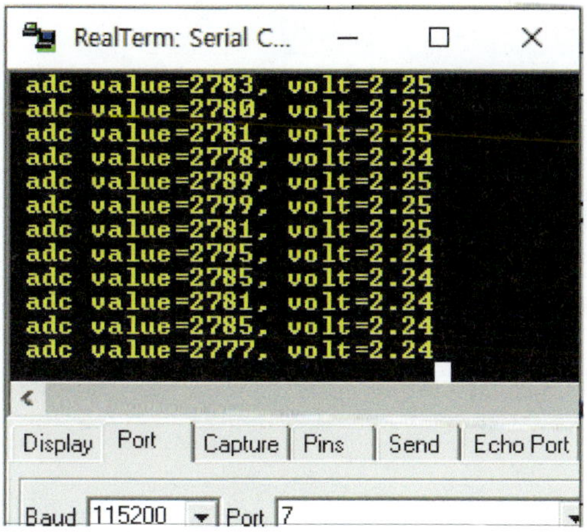

[그림 6-17] 인터럽트를 이용한 ADC 실행 결과

6.3 DMA를 이용한 ADC 실습

○ ADC1 DMA2 Mapping 및 처리과정

STMF411 다이바이스에서 ADC1과 DMA2 Streams/Channels 매핑은 [표 6-1]과 같다.

[표 6-1] ADC1 DMA2 Mapping

Peripheral requests	Stream 0	Stream 1	Stream 2	Stream 3	Stream 4	Stream 5	Stream 6	Stream 7
Channel 0	ADC1	SAI1_A	TIM8_CH1 TIM8_CH2 TIM8_CH3	SAI1_A	ADC1	SAI1_B	TIM1_CH1 TIM1_CH2 TIM1_CH3	-
Channel 1	-	DCMI	ADC2	ADC2	SAI1_B	SPI6_TX	SPI6_RX	DCMI
Channel 2	ADC3	ADC3	-	SPI5_RX	SPI5_TX	CRYP_OUT	CRYP_IN	HASH_IN
Channel 3	SPI1_RX	-	SPI1_RX	SPI1_TX	-	SPI1_TX	-	-
Channel 4	SPI4_RX	SPI4_TX	USART1_RX	SDIO	-	USART1_RX	SDIO	USART1_TX
Channel 5	-	USART6_RX	USART6_RX	SPI4_RX	SPI4_TX	-	USART6_TX	USART6_TX
Channel 6	TIM1_TRIG	TIM1_CH1	TIM1_CH2	TIM1_CH1	TIM1_CH4 TIM1_TRIG TIM1_COM	TIM1_UP	TIM1_CH3	-
Channel 7	-	TIM8_UP	TIM8_CH1	TIM8_CH2	TIM8_CH3	SPI5_RX	SPI5_TX	TIM8_CH4 TIM8_TRIG TIM8_COM

[그림 6-18]은 DMA를 이용하여 아날로그신호가 디지털신호로 변환된 값을 메모리로 전달되는 과정을 나타낸다. 그림에서와 같이 DMA 제어기는 ADC1의 DR(data register)값을 메인프로그램에서 정의한 메모리 변수로 저장된다.

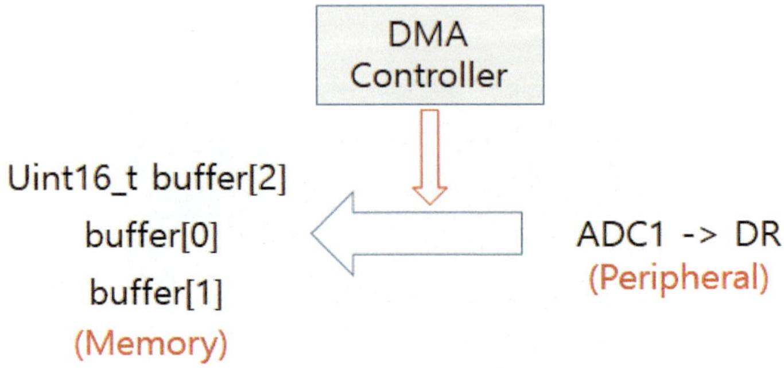

[그림 6-18] DMA를 이용한 ADC 데이터 처리과정

○ ADC 설정

[그림 6-19]는 ADC1의 2채널(IN0, IN1) ADC 실습을 위한 STM32CubeMX Pinout과 Configuration을 나타낸다. Analog에서 ADC1을 선택한 후 Mode에서 IN0와 IN1을 선택한다. IN0는 PA0를 이용하여 아날로그신호를 받고, IN1은 PA1을 이용하여 아날로그신호를 받는다.

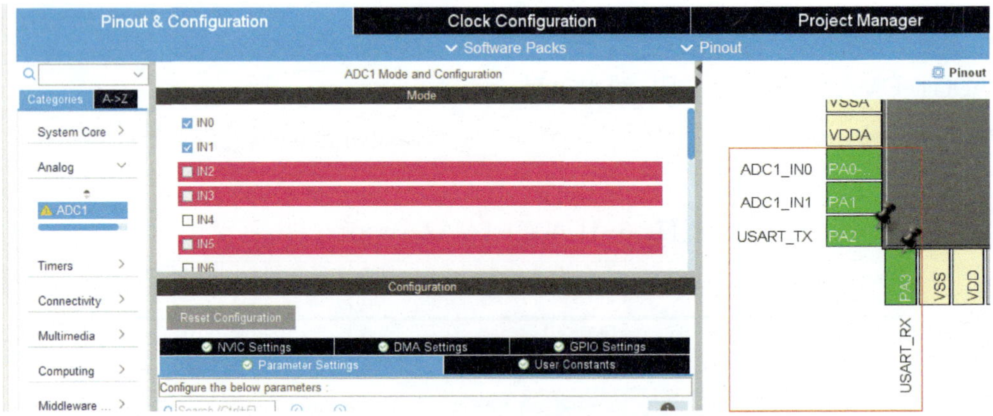

[그림 6-19] ADC 실험을 위한 ADC1 설정

DMA Settings를 선택한 후 ADC1을 DMA로 사용하기 위해 [그림 6-20]과 같이 설정한다.

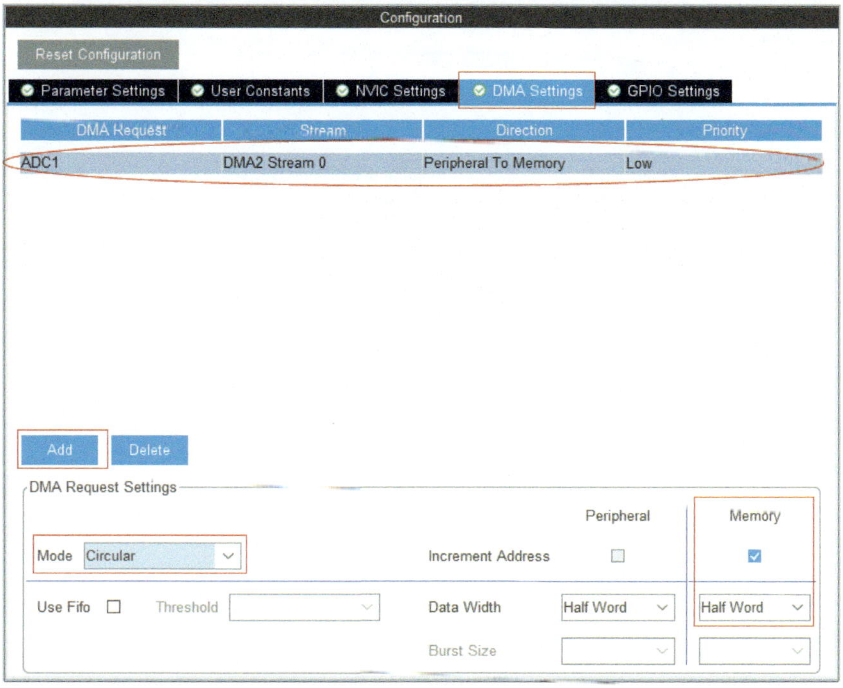

[그림 6-20] ADC1 DMA 설정과정

DMA 설정 후 [그림 6-21]과 같이 ADC 파라메타 설정에서 2개의 채널을 이용하므로 Scan Conversion Mode, Continuous Conversion Mode는 Enable로 선택하고, 반드시 DMA Continuous Conversion Requests를 Enable로 선택해야 한다. Conversion 수를 2로 설정하고 각각의 채널은 Rank(1=Channel0, 2=Channel1)로 표시되는 부분에서 설정한다.

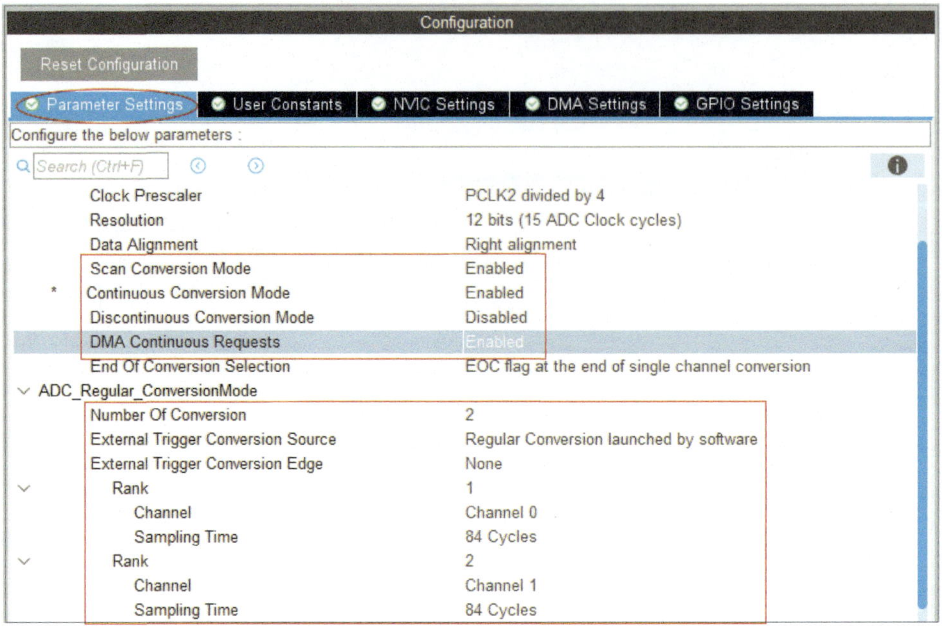

[그림 6-21] ADC1 파라메타 설정

○ 기타 설정 및 코드 생성

Build 환경설정, Build 결과파일 설정, MCU GCC Compiler 설정 등은 3장 실습과 동일하게 진행한다. 그리고 Project → Generate Cod를 실행한 후 Project → Build Project를 통해 오류를 확인한다.

○ 코드 작성하기

사용자가 코드를 작성할 때는 /* USER CODE BEGIN ~ USER CODE END */ 안에 작성한다.

코드위치 : Project Name₩Core₩Src₩main.c

```
#include "main.h"
/* USER CODE BEGIN Includes */
#include <stdio.h>
/* USER CODE END Includes */

ADC_HandleTypeDef hadc1;
DMA_HandleTypeDef hdma_adc1;
UART_HandleTypeDef huart2;

void SystemClock_Config(void);
static void MX_GPIO_Init(void);
static void MX_USART2_UART_Init(void);
static void MX_ADC1_Init(void);
```

```
int __io_putchar(int ch)
{  HAL_UART_Transmit(&huart2, (uint8_t *)&ch, 1, 0xFFFF);
   return ch;
}

int main(void)
{ uint16_t buffer[2], ad_max=4095;
  float volt1, volt2;

  HAL_Init();
  SystemClock_Config();
  MX_GPIO_Init();
  MX_DMA_Init();
  MX_USART2_UART_Init();
  MX_ADC1_Init();

  HAL_ADC_Start_DMA(&hadc1, (uint32_t*)buffer, 2);  // DMA Start
  printf("\n ADC test start!");

  while (1)
  {
    volt1=(float)((buffer[0]*3.3)/ad_max);
    volt2=(float)((buffer[1]*3.3)/ad_max);
    printf("\n\r adc buffer[0]=%d,volt1=%1.2f, \t buffer[1]=%d, volt2=%1.2f",
                 buffer[0], volt1, buffer[1], volt2);
    HAL_Delay(100);
  }
}
```

○ HAL_ADC_Start_DMA() 함수

ADC DMA를 시작하는 함수로 HAL_DMA_Start_IT()를 호출하여 ADC DA(data register) 값을 메모리로 전달한다.

코드위치 : Project Name\Core\Src\main.c

```
HAL_ADC_Start_DMA(ADC_HandleTypeDef* hadc, uint32_t* pData, uint32_t Length)
{ -- 생략 ----
  /* Start the DMA channel */
  HAL_DMA_Start_IT(hadc->DMA_Handle, (uint32_t)&hadc->Instance->DR,
                       (uint32_t)pData, Length);
  -- 생략 ----
}
```

○ HAL_DMA_Start_IT() 함수

Peripheral to Memory를 실행하는 DMA_SetConfig() 함수를 호출한다.

코드위치 : Project Name₩Drivers₩STM32F4xx_HAL_Driver₩Src₩stm32f4xx_hal_adc.c

```
HAL_StatusTypeDef HAL_DMA_Start_IT(DMA_HandleTypeDef *hdma, uint32_t
SrcAddress, uint32_t DstAddress, uint32_t DataLength)
{ -- 생략 ----
   /* Start the DMA channel */
   /* Configure the source, destination address and the data length */
     DMA_SetConfig(hdma, SrcAddress, DstAddress, DataLength);
   -- 생략 ----
}
```

○ 실행 결과

Project → Build Project를 실행하여 코딩의 오류를 확인하고 오류가 없을 경우, Run → Run을 실행하면 [그림 6-22]와 같은 결과가 나타난다. 만약 volt의 float 값이 표시되지 않을 경우 5장의 [그림 5-38] 설정을 추가하도록 한다.

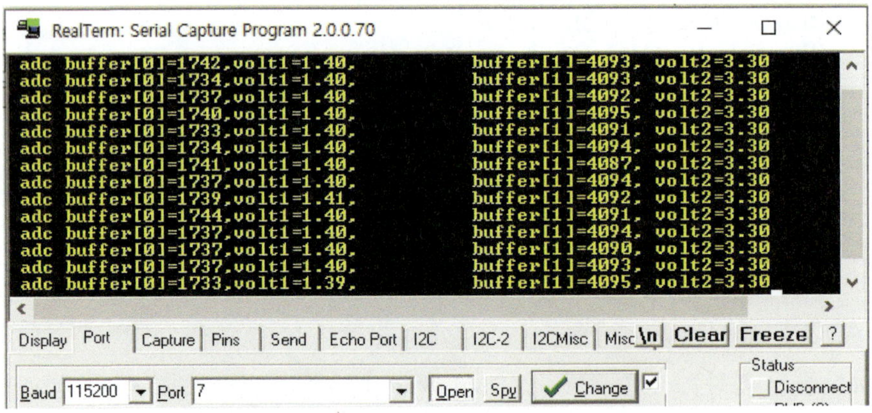

[그림 6-22] 인터럽트를 이용한 ADC 실행 결과

7장 Timer/Counter 실습

7.1 System tick timer 실습

HAL_Delay() 함수를 사용하지 않고 1초 주기로 발생하는 System tick timer 인터럽트를 이용하여 1초 주기로 동작하는 LED Toggle 실습이다.

① 하드웨어 구성

[그림 7-1]은 LED ON/OFF하는 실습을 위한 회로도이고, 브레드 보드 구성은 [그림 7-2]와 같다.

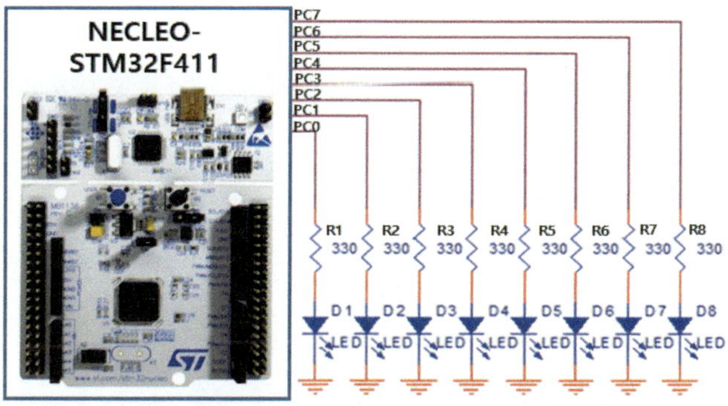

[그림 7-1] System tick timer를 이용한 LED ON/OFF 실습회로도

[그림 7-2] System tick timer를 이용한 LED ON/OFF 실습회로 브레드 보드 구성

② STM32CubeIDE를 사용한 프로그램 작성

○ 프로젝트 만들기

STM32CubeIDE 실행 후 File → New → STM32 Project를 실행한다.

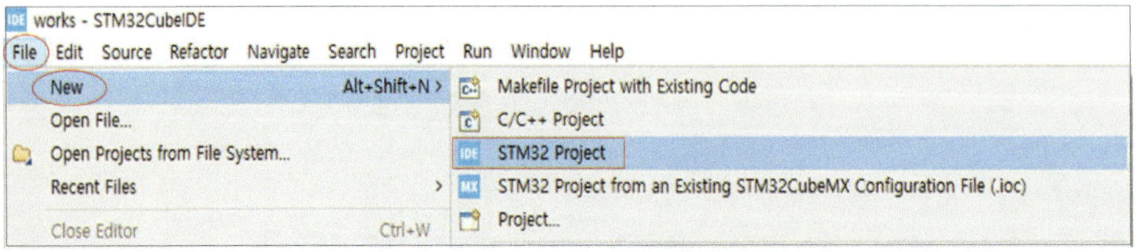

[그림 7-3] 새 프로젝트 만들기

○ 사용할 보드 선택

Target Selection 창에서 Board Selector를 선택한 후 Commercial Part Number에서 nucleo-f411re를 입력하여 선택한다.

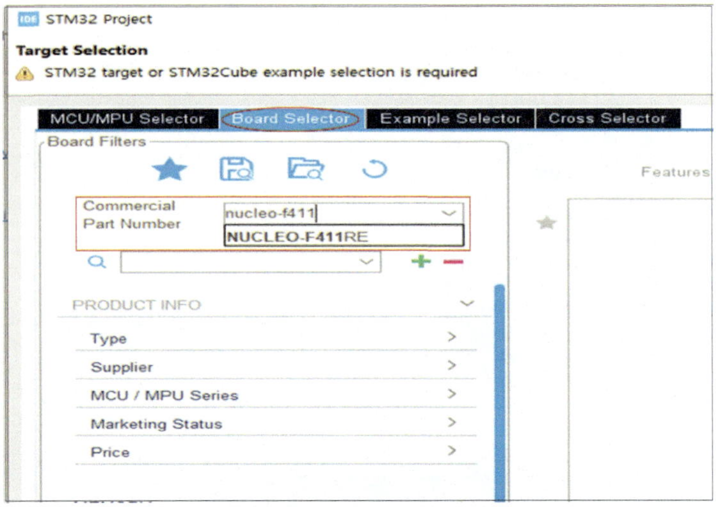

[그림 7-4] 사용할 보드 선택 ①

실습에 사용한 보드를 선택하면 [그림 7-5]와 같이 보드 리스트가 나타난다. 해당 보드를 선택한 후 NEXT를 선택한다.

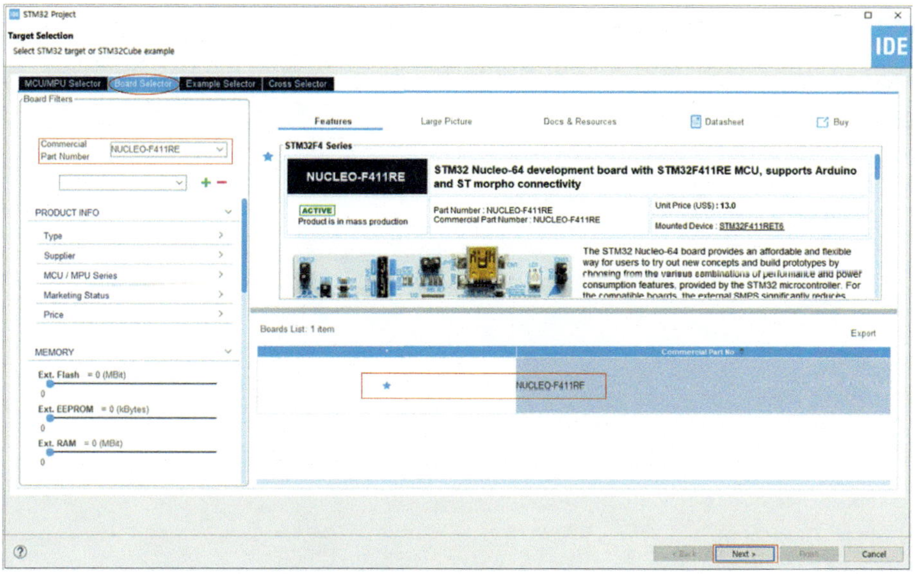

[그림 7-5] 사용할 보드 선택 ②

○ 프로젝트 이름 설정하기

Project Name을 입력한다. 본 실습에서는 [그림 7-6]과 같이 test_timer로 하고 나머지 선택은 default값으로 한다.

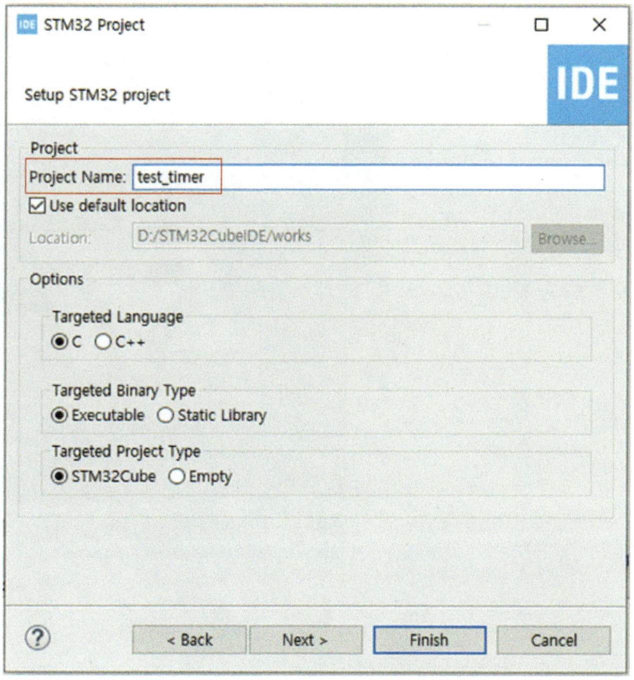

[그림 7-6] 프로젝트 이름 입력

○ Board Project Option 선택

NUCLEO-F411RE보드에 설정된 주변장치(GPIO, USART, RCC 등)의 기본설정을 불러오기 위해 Yes를 선택한다.

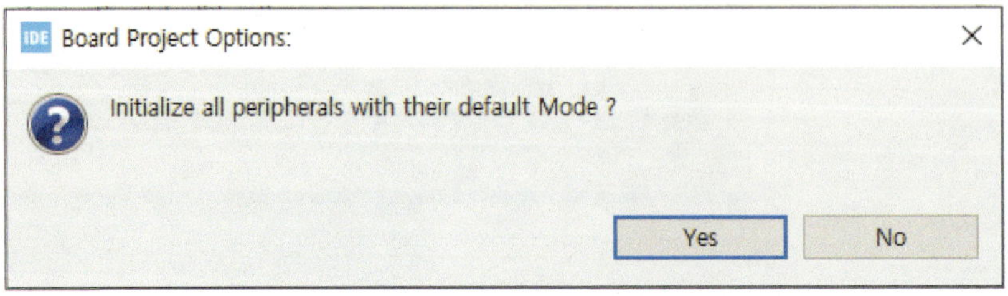

[그림 7-7] Board Project Option 선택

○ 프로젝트 생성결과

[그림 7-8]은 STM32CubeIDE 프로젝트 생성결과이다. STM32CubeMx 파일은 'test_timer.ioc'이다.

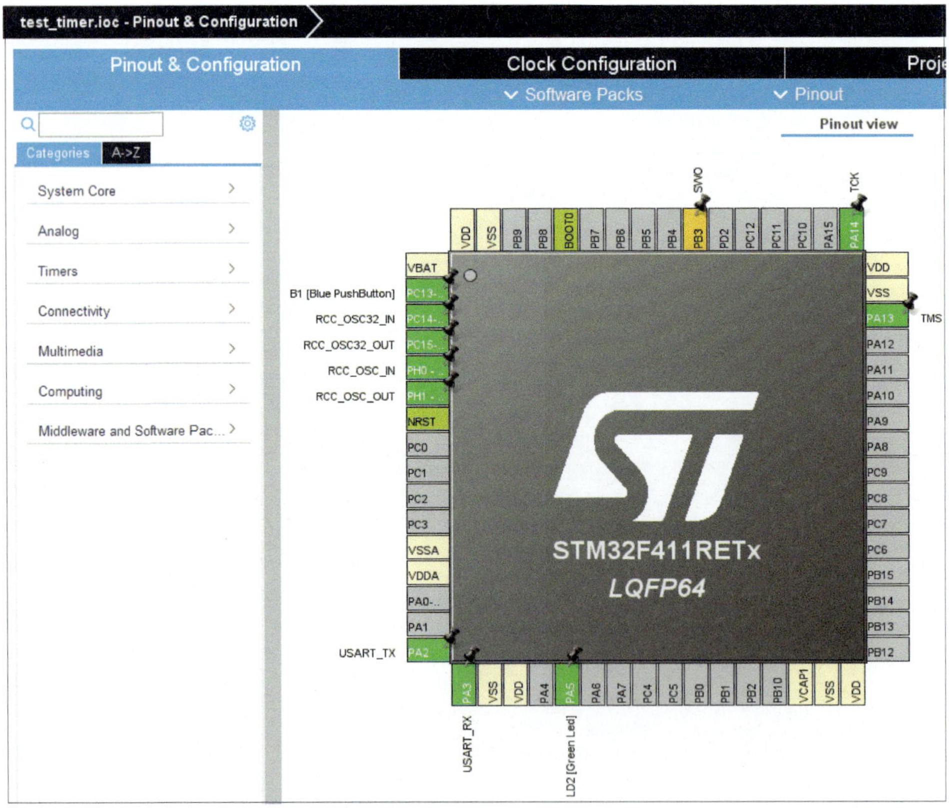

[그림 7-8] STM32CubeIDE 프로젝트 생성결과

○ GPIO 설정

System tick timer를 이용하여 1초 주기로 PC0~PC7에 연결된 LED를 제어하기 위한 GPIO_Output 설정은 [그림 7-9]와 같다.

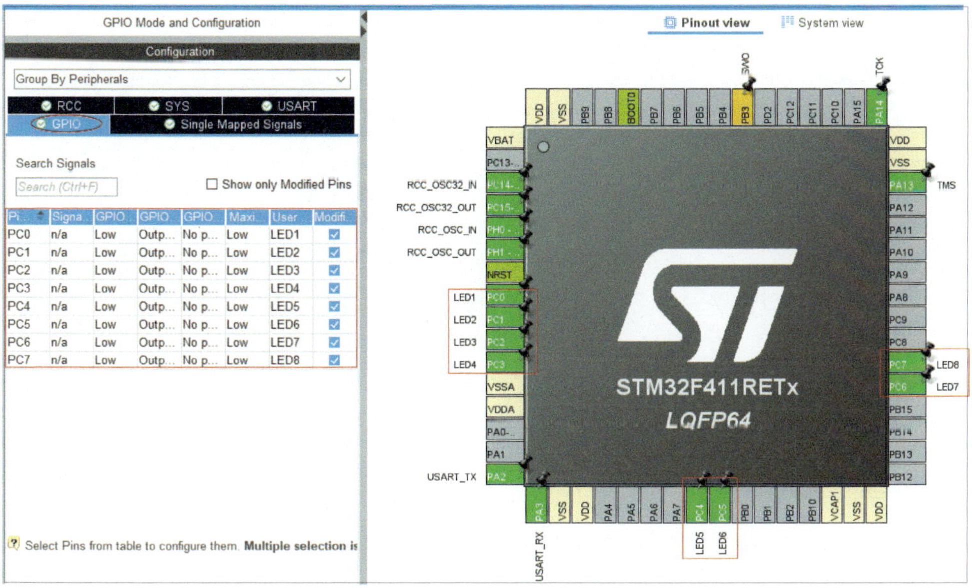

[그림 7-9] System tick timer 실험을 위한 GPIO 설정

[그림 7-10]과 같이 NVIC에서 System tick timer 인터럽트가 허용되어야 한다.

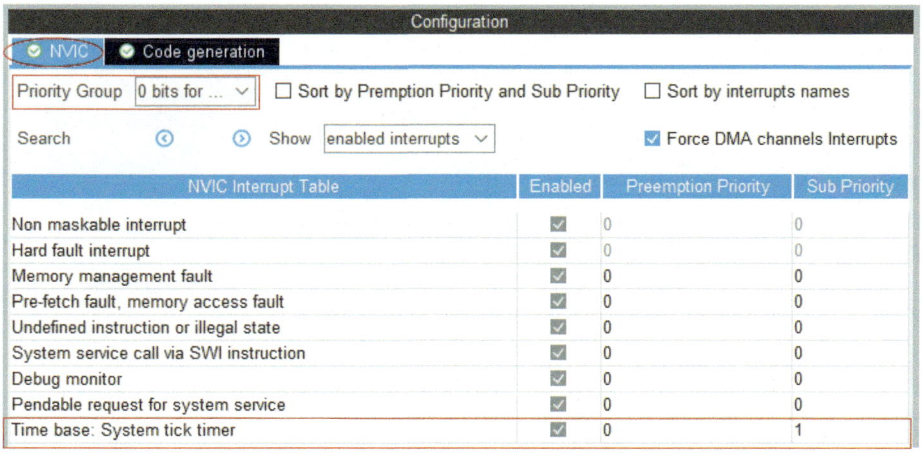

[그림 7-10] System tick timer NVIC 설정

[그림 7-11]과 같이 System tick timer IRQ handler와 Call HAL handler 코드 생성을 허용한다.

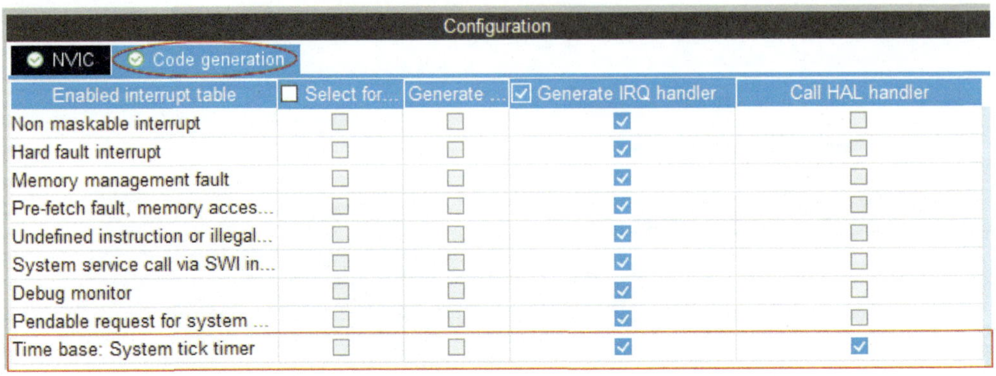

[그림 7-11] System tick timer 핸들러 코드 생성 설정

○ 코드 생성 실행하기

STM32CubeMX에서 지금까지 설정에 해당하는 코드를 생성시키기 위해 [그림 7-12]와 같이 Project → Generate Code를 실행한다.

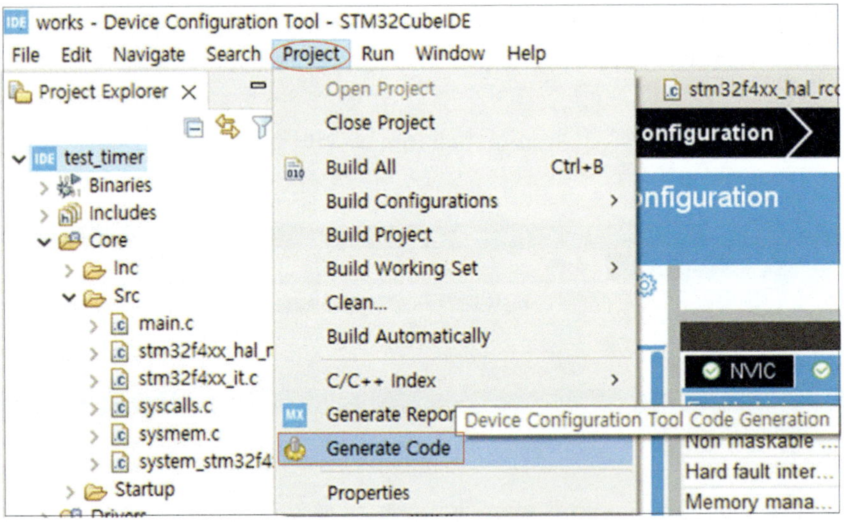

[그림 7-12] 코드 생성 실행하기

○ 생성된 코드 빌드 실행하기

[그림 7-13]과 같이 Project → Build Project를 실행하여 디버깅에 필요한 파일(test_timer.elf)이 생성되는지 확인한다.

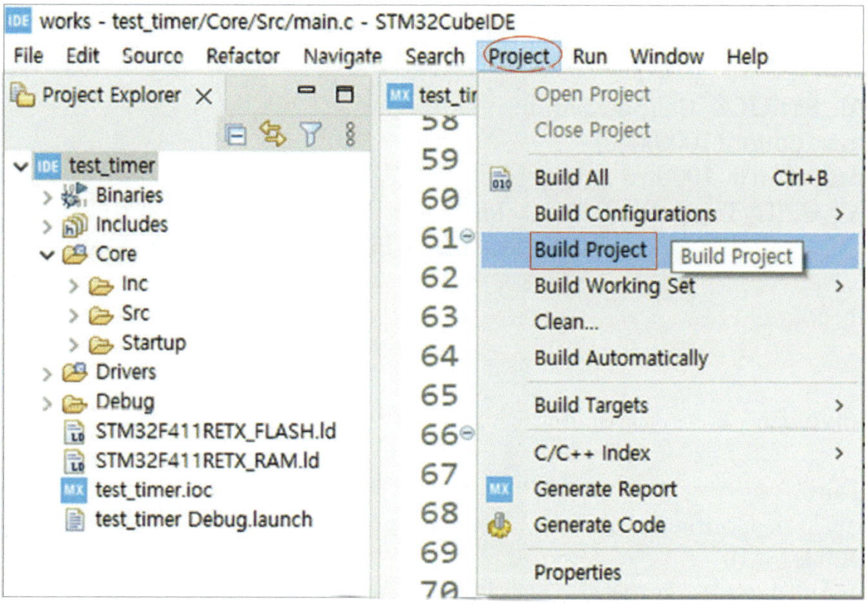

[그림 7-13] 생성된 코드 빌드 실행하기

○ 기타 설정

Build 환경설정, Build 결과파일 설정, MCU GCC Compiler 설정 등은 3장 실습과 동일하게 진행하고, printf() 사용과 관련된 사항은 5장 USART 실습을 참고하도록 한다.

○ 코드 작성하기

사용자가 코드를 작성할 때는 /* USER CODE BEGIN ~ USER CODE END */ 안에 작성한다. HAL_SYSTICK_Callback() 함수는 1ms로 실행되고, 1,000번 실행될 때 LED가 Toggle된다. (즉, 1ms*1000 = 1s이므로 1초 간격으로 LED가 Toggle 된다)

코드위치 : Project Name₩Core₩Src₩main.c

```
#include "main.h"
#include <stdio.h>

UART_HandleTypeDef huart2;
void SystemClock_Config(void);
static void MX_GPIO_Init(void);
static void MX_USART2_UART_Init(void);
```

```
volatile int timer_count=0;

int __io_putchar(int ch)
{  HAL_UART_Transmit(&huart2, (uint8_t *)&ch, 1, 0xFFFF);
   return ch;
}

void HAL_SYSTICK_Callback(void)
{  if((timer_count%1000)==0)
      {  printf("\n\r 1000ms interation!!");
       HAL_GPIO_TogglePin(GPIOC, LED1_Pin|LED2_Pin|LED3_Pin|LED4_Pin
                                  |LED5_Pin|LED6_Pin|LED7_Pin|LED8_Pin);
      }
     timer_count++;
}

int main(void)
{
   HAL_Init();
   SystemClock_Config();
   MX_GPIO_Init();
   MX_USART2_UART_Init();

   while (1)
   {

   }
}
```

○ HAL_SYSTICK_Callback() 함수 호출 과정

1ms 주기로 System tick timer 인터럽트가 요청될 때 SysTick_Handler() → HAL_SYSTICK_IRQHandler() → HAL_SYSTICK_Callback() 순서로 처리된다.

코드위치 : Project Name₩Core₩Src₩stm32f4xx_it.c

```
void SysTick_Handler(void)
{
   HAL_IncTick();
   /* USER CODE BEGIN SysTick_IRQn 1 */
   HAL_SYSTICK_IRQHandler();
   /* USER CODE END SysTick_IRQn 1 */
}
```

코드위치 : Project Name₩Drivers₩STM32F4xx_HAL_Driver₩Src₩stm32f4xx_hal_cotex.c

```
void HAL_SYSTICK_IRQHandler(void)
{
  HAL_SYSTICK_Callback();
}
__weak void HAL_SYSTICK_Callback(void)
{
  /* NOTE : This function Should not be modified, when the callback is needed,
the HAL_SYSTICK_Callback could be implemented in the user file  */
}
```

○ 실행 결과

Project → Build Project를 실행하여 코딩의 오류를 확인하고 오류가 없을 경우, Run → Run을 실행하면 1초 간격으로 LED Toggle 동작과 [그림 7-14]와 같은 결과가 나타난다. 만약 정상동작하지 않을 때는 SysTick_Handler()에서 HAL_SYSTICK_IRQHandler() 생성여부를 확인하도록 한다.

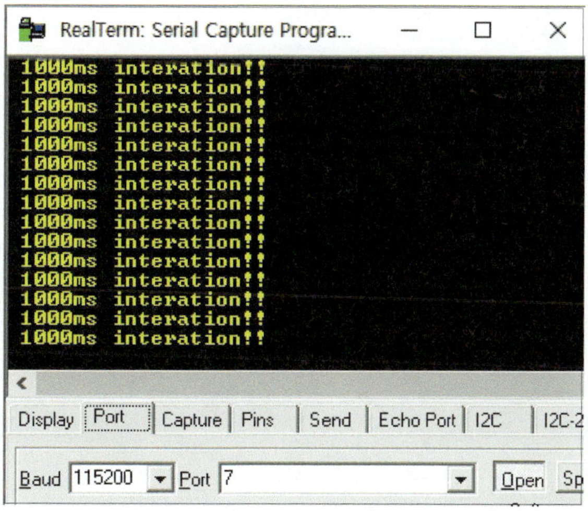

[그림 7-14] System tick timer 동작 결과

7.2 Timer Update Interrupt 실습

TIM1의 내부 클럭을 이용해서 1ms마다 timer 인터럽트를 발생시킨다. 인터럽트가 1,000번 발생할 때 LED를 Toggle시키는 실습이다. 앞에서 실시한 System tick timer와 하드웨어와 GPIO 설정은 동일하다.

○ TIM1 설정

[그림 7-15]와 같이 TIM1을 선택하고 TIM1 모드에서 Clock Source로 Internal Clock을 선택한다.

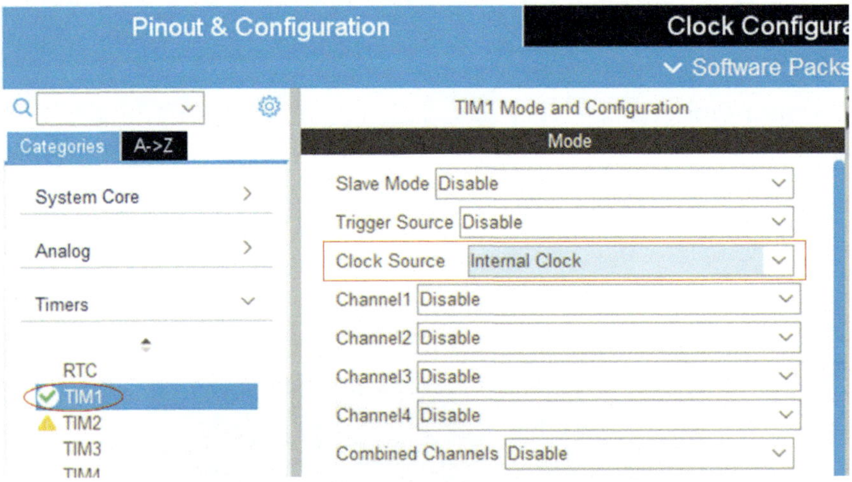

[그림 7-15] TIM1 모드에서 Clock Source 설정

[그림 7-16]과 같이 TIM1 파라메타 설정에서 Prescaler, Counter Mode, Counter Period, auto-reload preload 등을 입력 및 설정한다.

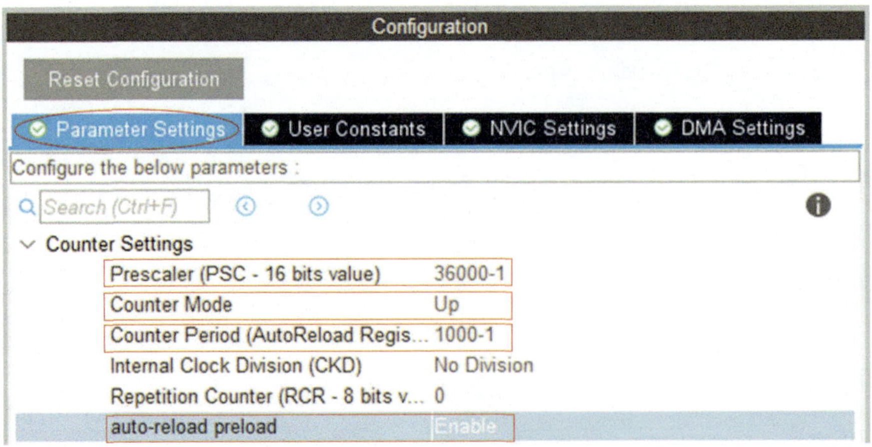

[그림 7-16] TIM1 파라메타 설정

○ TIM1 클럭 설정

[그림 1-1]에서와 같이 TIM1은 AHB/APB2에 속한다. HCLK를 72MHz로 설정하고 APB2 Prescaler를 /4로 설정하면 APB2 timer clock은 36MHz로 동작한다. [그림 7-17]은 TIM1(PCLK2) timer clocks을 나타낸다.

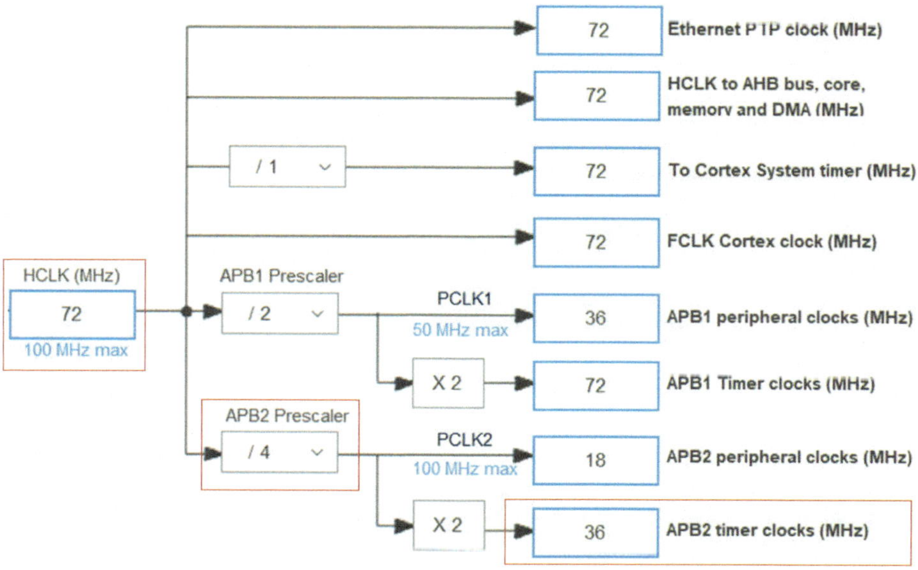

[그림 7-17] TIM1(PCLK2) timer clocks

○ TIM1 동작설명

TIM1에 사용된 클럭 주파수는 36,000,000Hz이고, PSR(Prescaler)가 36,000-1(0~35,999)이므로 TIM1 타이머의 클럭 주파수는 1,000Hz이다(클럭주기는 1ms). 그리고 TIM1의 Counter Period가 1000-1(0~999)로 설정되었으므로 [그림 7-18]에서와 같이 1ms 주기로 클럭이 입력될 때 Counter register는 0~999까지 반복 동작한다. 이때 Counter register가 999일 때 Update event(UEV)가 발생된다. 즉, 1ms × 1,000(0~999) = 1이므로 1초 주기로 Update event(UEV)가 발생된다.

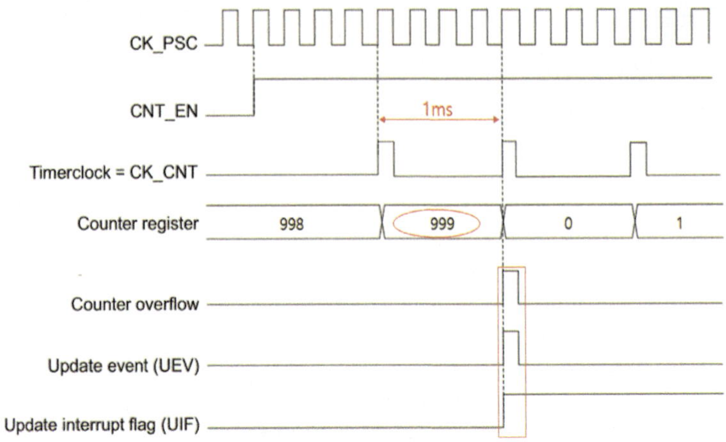

[그림 7-18] TIM1 동작 타이밍도

○ TIM1 NVIC와 Code generation 설정

NVIC Interrupt Table에서 TIM1 update interrupt and TIM10 global interrupt 항목의 Enable을 체크한다.

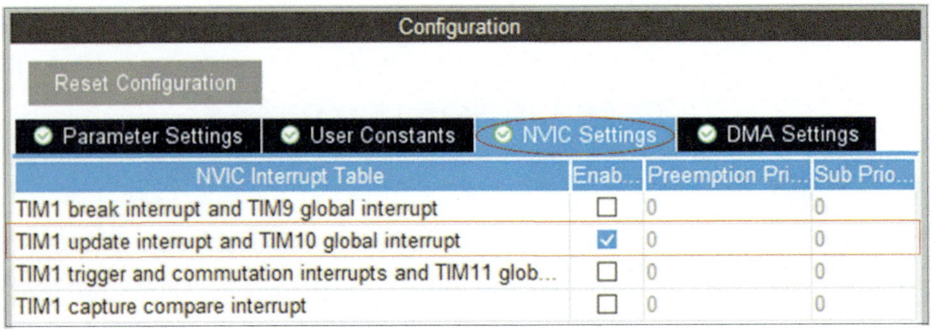

[그림 7-19] TIM1 NVIC 설정

TIM1의 인터럽트 우선순위 설정은 [그림 7-20]에서와 같이 설정한다.

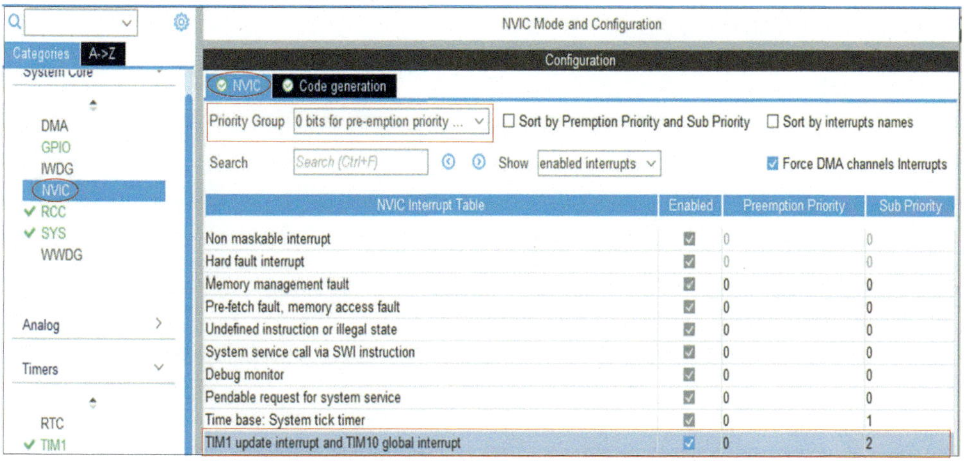

[그림 7-20] TIM1 인터럽트 우선순위 설정

○ 기타 설정 및 코드생성

Build 환경설정, Build 결과파일 설정, MCU GCC Compiler 설정 등은 3장 실습과 동일하게 진행한다. 그리고 Project → Generate Code를 실행한다.

○ 코드 작성하기

사용자가 코드를 작성할 때는 /* USER CODE BEGIN ~ USER CODE END */ 안에 작성한다. TIM1 인터럽트를 이용하여 1초 간격으로 HAL_TIM_PeriodElapsedCallback() 함수가 실행되도록 한다.

코드위치 : Project Name₩Core₩Src₩main.c

```
#include "main.h"
/* USER CODE BEGIN Includes */
#include <stdio.h>
/* USER CODE END Includes */

TIM_HandleTypeDef htim1;
UART_HandleTypeDef huart2;

void SystemClock_Config(void);
static void MX_GPIO_Init(void);
static void MX_USART2_UART_Init(void);
```

```
static void MX_TIM1_Init(void);

int __io_putchar(int ch)
{  HAL_UART_Transmit(&huart2, (uint8_t *)&ch, 1, 0xFFFF);
   return ch;
}
```

HAL_TIM_PeriodElapsedCallback() 함수

```
void HAL_TIM_PeriodElapsedCallback(TIM_HandleTypeDef *htim)
  { printf("₩n₩r TIM1=> 1000ms interation!!");
     HAL_GPIO_TogglePin(GPIOC, LED1_Pin|LED2_Pin|LED3_Pin|LED4_Pin
                               |LED5_Pin|LED6_Pin|LED7_Pin|LED8_Pin);
  }
```

```
int main(void)
{ float volt=0.0,;
   HAL_Init();
   SystemClock_Config();
   MX_GPIO_Init();
   MX_USART2_UART_Init();
   MX_TIM1_Init();

   HAL_TIM_Base_Start_IT(&htim1);
   printf("\n TIM1 test start!");

   while (1)
   {
    }
}
```

○ MX_TIM1_Init() 함수

test_timer.ioc 파일에서 설정한 결과와 동일한 코드가 형성됨을 볼 수 있다.

코드위치 : Project Name₩Core₩Src₩main.c

```
static void MX_TIM1_Init(void)
{ -- 생략 --
  /* USER CODE END TIM1_Init 1 */
  htim1.Instance = TIM1;
  htim1.Init.Prescaler = 36000-1;
  htim1.Init.CounterMode = TIM_COUNTERMODE_UP;
  htim1.Init.Period = 1000-1;
  htim1.Init.ClockDivision = TIM_CLOCKDIVISION_DIV1;
  htim1.Init.RepetitionCounter = 0;
  htim1.Init.AutoReloadPreload = TIM_AUTORELOAD_PRELOAD_ENABLE;
  -- 생략 --
}
```

○ HAL_TIM_Base_Start_IT(&htim1) 함수

TIM1의 동작을 시작하는 함수이다.

코드위치 : Project Name₩Core₩Src₩stm32f4xx_it.c

```
HAL_StatusTypeDef HAL_TIM_Base_Start_IT(TIM_HandleTypeDef *htim)
{ -- 생략 --
   __HAL_TIM_ENABLE_IT(htim, TIM_IT_UPDATE);
  -- 생략 --
}
```

○ HAL_TIM_PeriodElapsedCallback 함수 호출 과정

1초 주기로 Update event(UEV)가 발생되면 TIM1_UP_TIM10_IRQHandler() → HAL_TIM_IRQHandler() → HAL_TIM_PeriodElapsedCallback() 순서로 처리된다.

코드위치 : Project Name₩Core₩Src₩stm32f4xx_it.c

```
void TIM1_UP_TIM10_IRQHandler(void)
{
  /* USER CODE BEGIN TIM1_UP_TIM10_IRQn 0 */

  /* USER CODE END TIM1_UP_TIM10_IRQn 0 */
  HAL_TIM_IRQHandler(&htim1);
```

```
  /* USER CODE BEGIN TIM1_UP_TIM10_IRQn 1 */

  /* USER CODE END TIM1_UP_TIM10_IRQn 1 */
}
```

코드위치 : Project Name₩Drivers₩STM32F4xx_HAL_Driver₩Src₩stm32f4xx_hal_tim.c

```
void HAL_TIM_IRQHandler(TIM_HandleTypeDef *htim)
{ -- 생략 --
  HAL_TIM_PeriodElapsedCallback(htim);
 -- 생략 --
}
```

○ 실행 결과

Project → Build Project를 실행하여 코딩의 오류를 확인하고 오류가 없을 경우, Run → Run을 실행하면 [그림 7-21]과 같은 출력과 LED가 1초 간격으로 Toggle된다.

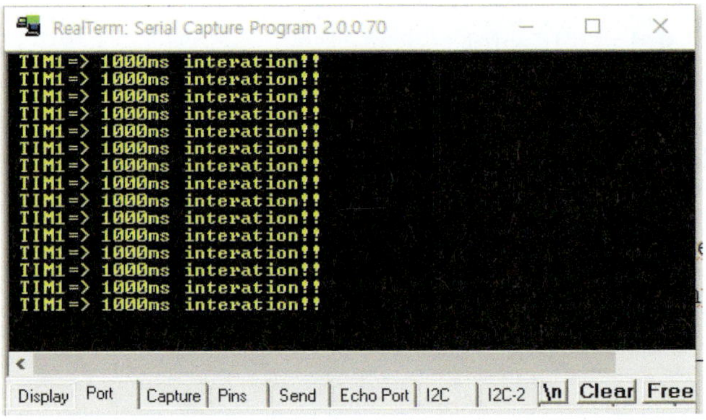

[그림 7-21] Timer Update Interrupt 동작 결과

7.3 Timer를 이용한 구형파 발생 실습

TIM1의 COMPARE를 사용하여 1초 주기로 각각 다른 시간에 클럭신호를 발생시키고, 출력에 LED를 연결하여 동작 결과를 확인한다.

○ 하드웨어 구성

PA8은 TIM1_CH1, PA9는 TIM1_CH2, PA10은 TIM1_CH3, PA11은 TIM1_CH4의 Output Compare 출력을 [그림 7-22]와 같이 LED로 연결된다.

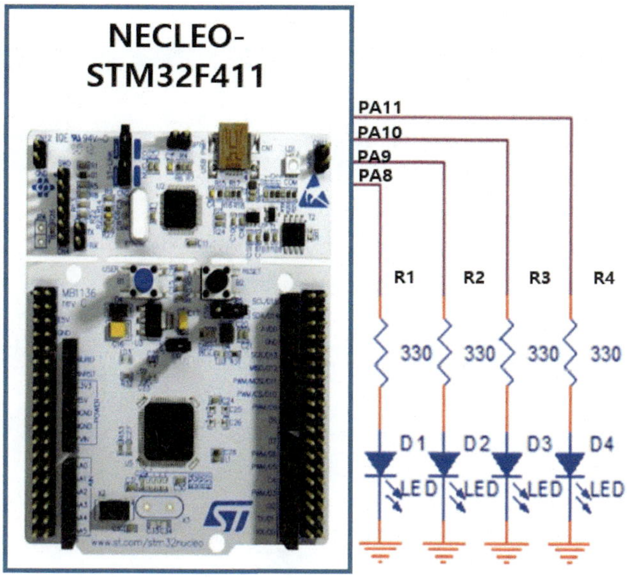

[그림 7-22] TIM1 4개의 채널에 LED 연결회로

○ TIM1 설정

[그림 7-23]과 같이 TIM1을 선택하고 TIM1 모드에서 Clock Source로 Internal Clock을 선택한다.

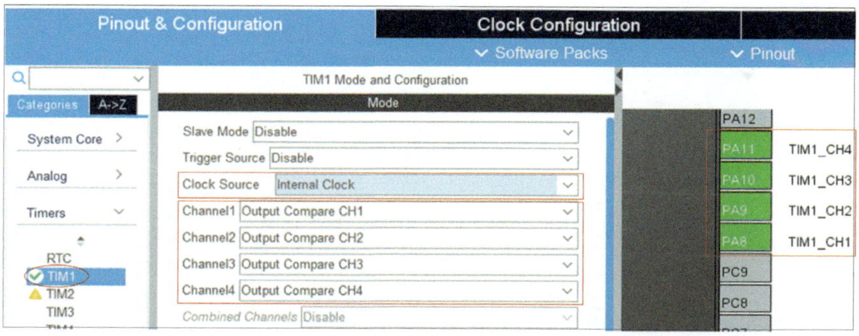

[그림 7-23] TIM1 모드에서 Clock Source 및 Output Compare 채널 설정

TIM1 파라메타 설정에서 Prescaler, Counter Mode, Counter Period, auto-reload preload, Output Compare Channel 1~4의 값들을 [그림 7-24]와 같이 설정한다. 그리고 채널별 Pulse 값은 250-1, 500-1, 750-1, 1000-1로 설정한다.

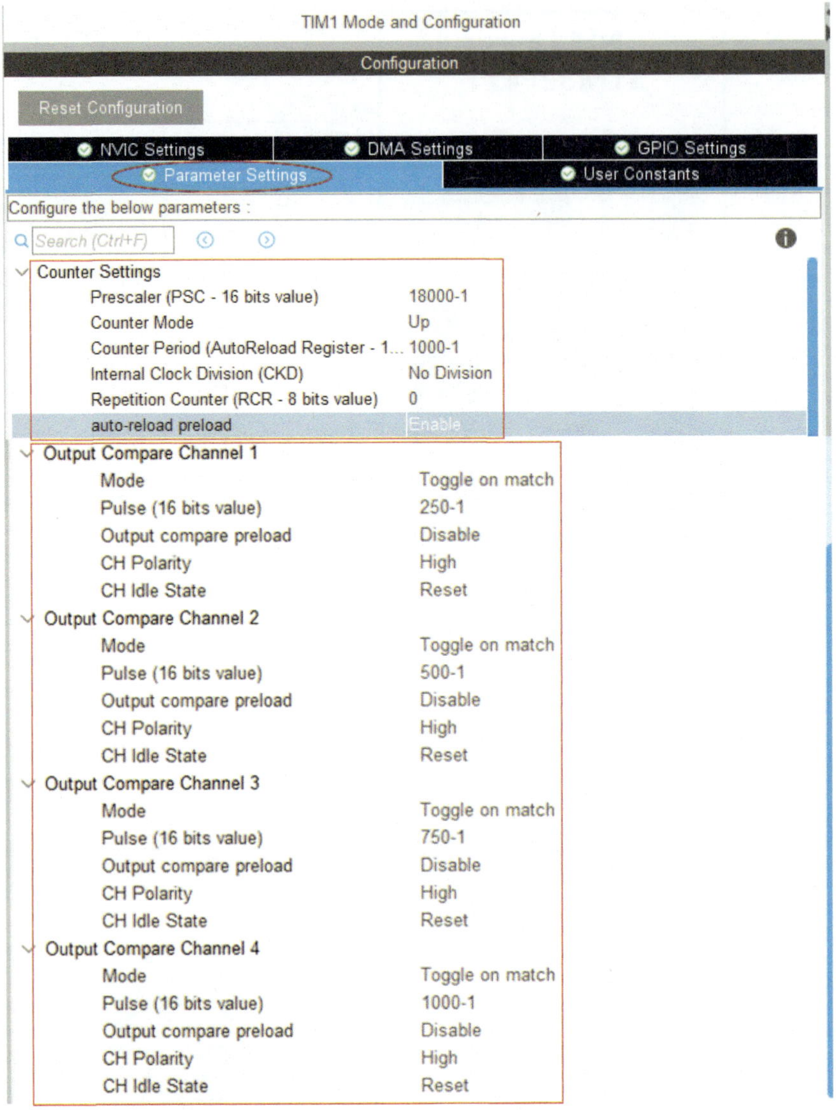

[그림 7-24] TIM1 파라메타 설정

○ TIM1 클럭 설정

TIM1(PCLK2) timer clocks은 [그림 7-17]과 같이 36MHz로 설정한다.

○ TIM1 동작설명

TIM1에 사용된 주파수는 36,000,000Hz이고, PSR(Prescaler)가 18,000-1(0~17,999)이므로 TIM1 타이머의 클럭 주파수는 2,000Hz(36,000,000/18,000)이다. 그리고 TIM1의 Counter Period가 1000-1(0~999)로 설정되었으므로 2Hz(2,000/1,000), 즉 500ms 주기로 카운터가 반복된다. 여기서 TIM1 CCR 설정값이 250-1이고, Toggle 모드이므로 TIM1 Counter 값이 249이

면 TIM1 CH1 출력이 500ms 주기로 Toggle된다. 즉 500ms로 Toggle되므로 출력주기는 1s, 1Hz 구형파가 출력된다. [그림 7-25]는 동작 타이밍을 나타낸다.

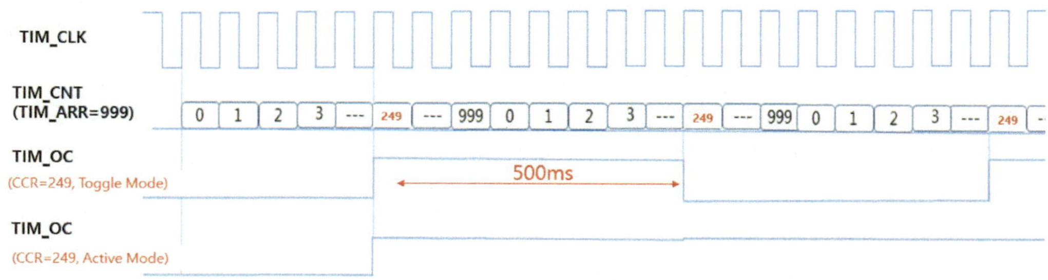

[그림 7-25] TIM1 동작 타이밍도

○ 코드 생성

지금까지 설정한 TM1의 코드 생성을 위해 Project › Generate Code를 실행한다.

○ 코드 작성하기

사용자가 코드를 작성할 때는 /* USER CODE BEGIN ~ USER CODE END */ 안에 작성한다. TIM1 인터럽트를 이용하여 1초 주기로 각각 다른 시간에 4개의 LED 동작을 위한 프로그램이다.

코드위치 : Project Name₩Core₩Src₩main.c

```
#include "main.h"
/* USER CODE BEGIN Includes */
#include <stdio.h>
/* USER CODE END Includes */

TIM_HandleTypeDef htim1;
UART_HandleTypeDef huart2;

void SystemClock_Config(void);
static void MX_GPIO_Init(void);
static void MX_USART2_UART_Init(void);
static void MX_TIM1_Init(void);

int main(void)
{ float volt=0.0,;
  HAL_Init();
```

```
  SystemClock_Config();
  MX_GPIO_Init();
  MX_USART2_UART_Init();
  MX_TIM1_Init();

  HAL_TIM_OC_Start(&htim1, TIM_CHANNEL_1);
  HAL_TIM_OC_Start(&htim1, TIM_CHANNEL_2);
  HAL_TIM_OC_Start(&htim1, TIM_CHANNEL_3);
  HAL_TIM_OC_Start(&htim1, TIM_CHANNEL_4);
  printf("\n TIM1 test start!");

  while (1)
  {
   }
}
```

○ HAL_TIM_OC_Start(&htim1) 함수

TIM1의 동작을 시작하는 함수이다.

코드위치 : Project Name₩Drivers₩STM32F4xx_HAL_Driver₩Src₩stm32f4xx_hal_tim.c

```
HAL_StatusTypeDef HAL_TIM_OC_Start(TIM_HandleTypeDef *htim, uint32_t
Channel)
{ -- 생략 --
   * Enable the main output */
    __HAL_TIM_MOE_ENABLE(htim);
  -- 생략 --
}
```

○ 실행 결과

Project → Build Project를 실행하여 코딩의 오류를 확인하고 오류가 없을 경우, Run → Run을 실행하면 1초 주기로 각각 다른 시간에 LED 동작하면서 4개의 LED가 순차적으로 동작하는 것처럼 보인다.

7.4 Timer를 이용한 PWM 실습

TIM1를 이용하여 PWM(Pulse Width Modulation) 파형을 발생시키는 실습이다. 출력결과는 PA8(TIM1_CH1)와 PA9(TIM1_CH2)에 LED를 연결하여 PWM 듀티비에 따라 LED 밝기가 변하는 것을 확인할 수 있다.

○ 하드웨어 구성

[그림 7-26]과 같이 PWM 출력을 PA8(TIM1_CH1), PA9(TIM1_CH2)에 각각 연결한다.

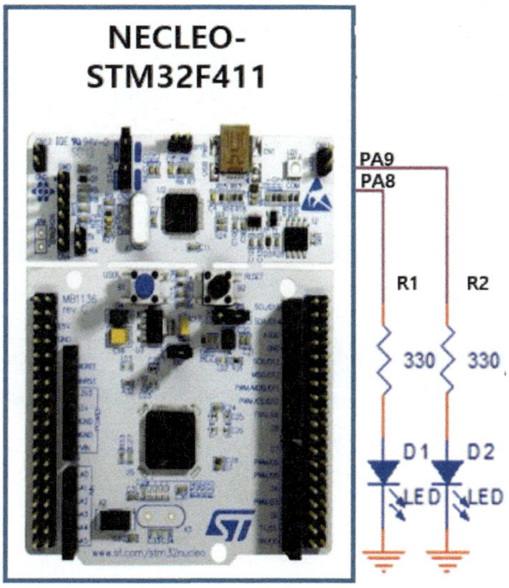

[그림 7-26] TIM1 2개널 PWM 발생회로

○ TIM1 설정

[그림 7-27]과 같이 TIM1을 선택하고 TIM1 모드에서 Clock Source로 Internal Clock을 선택한다. 그리고 두 개의 채널인 Channel 1과 Channel 2를 PWM Generation CH 1, 2로 선택한다. TIM1_CH1은 PA8이고, TIM1_CH2는 PA9이다.

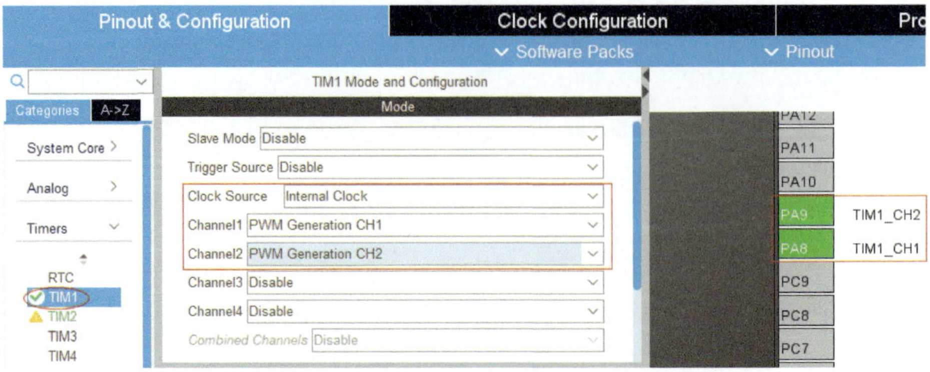

[그림 7-27] TIM1 모드에서 Clock Source 및 채널 설정

[그림 7-28]과 같이 TIM1 파라메타 설정에서 Prescaler, Counter Mode, Counter Period, 등을 설정한다. PWM Generation Channel에서는 Mode, CH Polarity 등을 설정한다.

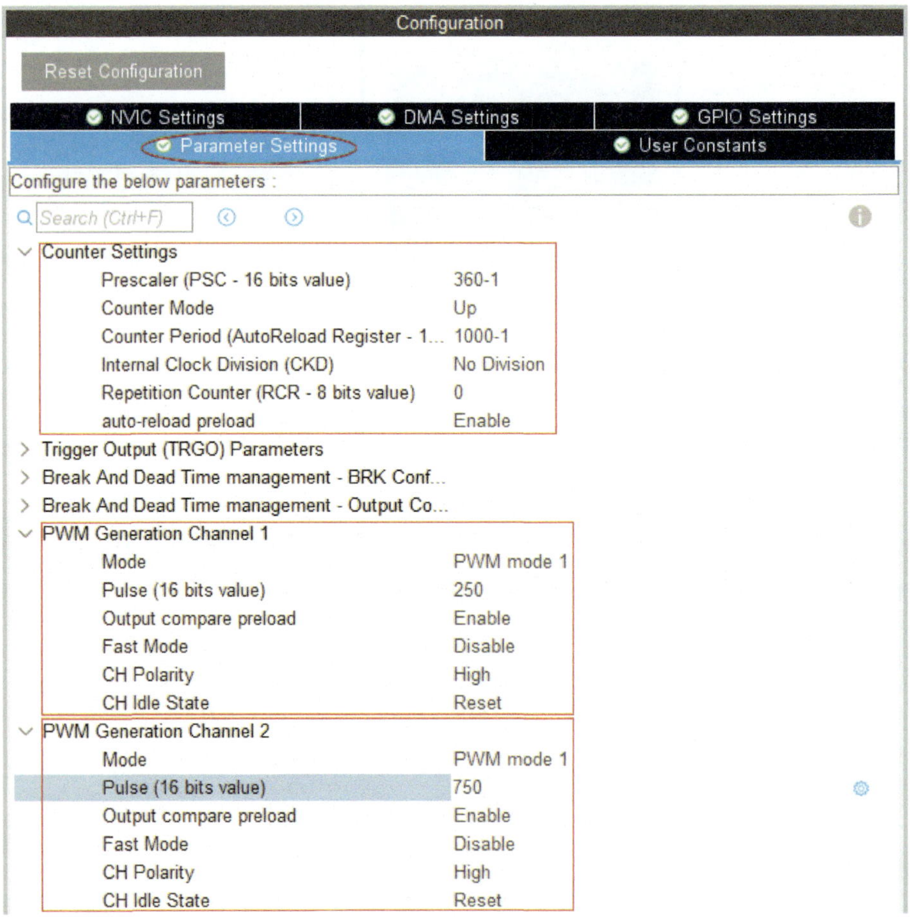

[그림 7-28] TIM1 파라메타 설정

○ TIM1 클럭 설정

TIM1을 사용하므로 [그림 7-17]과 같이 36MHz로 설정한다.

○ TIM1 동작 설명

TIM1 Clock 주파수가 36MHz이고 PSR이 360이므로 Clock 주파수는 100,000Hz(36,000,000/360)가 된다. PWM 반복주기는 Counter Period가 1,000-1(0~999)이므로 100Hz(100,000hz/1000), 즉 10ms이다. Clock 카운터 값이 CCR 설정값(예 : 250)보다 작으면 OC1REF 값이 HIGH이고, 카운터 값이 CCR 설정값(예 : 250)보다 크면 LOW로 출력된다. [그림 7-29]는 PWM 동작 타이밍도를 나타낸다.

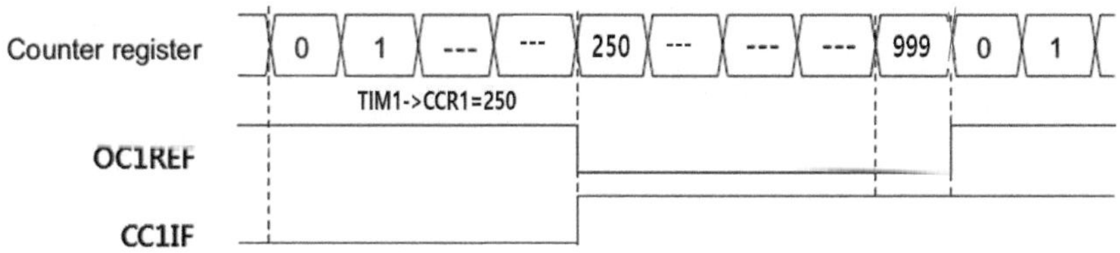

[그림 7-29] TIM2 동작 타이밍도

○ 기타 설정 및 코드 생성

Build 환경설정, Build 결과파일 설정, MCU GCC Compiler 설정 등은 3장 실습과 동일하게 진행하고, printf 사용과 관련된 사항은 〈5.5 printf() 사용 실습〉을 참고하도록 한다. 그리고 Project → Generate Code를 실행한다.

○ 코드 작성하기

사용자가 코드를 작성할 때는 /* USER CODE BEGIN ~ USER CODE END */ 안에 작성한다. TIM1을 이용하여 2개의 채널에서 PWM 신호를 발생하는 프로그램을 작성한다.

코드위치 : Project Name₩Core₩Src₩main.c

```
#include "main.h"
#include <stdio.h>

TIM_HandleTypeDef htim1;

UART_HandleTypeDef huart2;

void SystemClock_Config(void);
static void MX_GPIO_Init(void);
static void MX_USART2_UART_Init(void);
```

```
static void MX_TIM1_Init(void);

int __io_putchar(int ch)
{  HAL_UART_Transmit(&huart2, (uint8_t *)&ch, 1, 0xFFFF);
   return ch;
}

int main(void)
{
   HAL_Init();
   SystemClock_Config();
   MX_GPIO_Init();
   MX_USART2_UART_Init();
   MX_TIM1_Init();

   HAL_TIM_PWM_Start(&htim1,TIM_CHANNEL_1);
   HAL_TIM_PWM_Start(&htim1,TIM_CHANNEL_2);

   printf("\n TIM1 PWM test start!");

   while (1)
   {  for(int duty=0; duty<1000; duty++)
          {

               // CCR(Counter Compare Register)
               TIM1->CCR1=duty;
               TIM1->CCR2=duty;
               HAL_Delay(10);
               printf("\n\r Duty Value =%d", duty);
            }
    }
}
```

○ MX_TIM1_Init() 함수

test_timer.ioc 파일에서 설정한 결과와 동일한 코드가 형성됨을 볼 수 있다.

코드위치 : Project Name₩Core₩Src₩main.c

```
static void MX_TIM1_Init(void)
{ -- 생략 --
   /* USER CODE END TIM1_Init 1 */
   htim1.Instance = TIM1;
   htim1.Init.Prescaler = 360-1;
   htim1.Init.CounterMode = TIM_COUNTERMODE_UP;
   htim1.Init.Period = 1000-1;
```

```
    htim1.Init.ClockDivision = TIM_CLOCKDIVISION_DIV1;
    htim1.Init.RepetitionCounter = 0;
    htim1.Init.AutoReloadPreload = TIM_AUTORELOAD_PRELOAD_DISABLE;
    -- 생략 --
}
```

○ 실행 결과

Project → Build Project를 실행하여 코딩의 오류를 확인하고 오류가 없을 경우, Run → Run을 실행하면 [그림 7-30]은 오실로스코프로 측정한 PWM 결과이다.

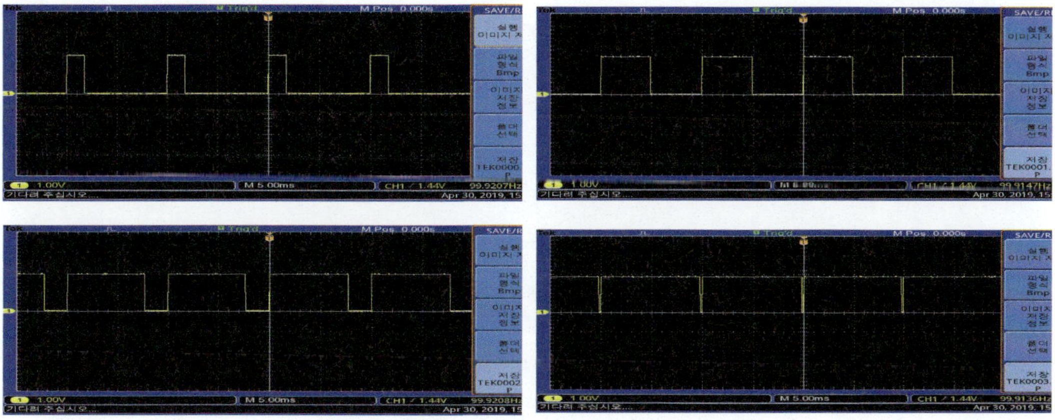

[그림 7-30] TIM1 PWM 실행 결과

○ PWM을 이용한 모터 속도제어 실습

위에서 실습한 LED에 연결된 출력을 [그림 7-31]과 같이 구성한 후 아래의 프로그램을 코딩하여 실행하면 모터 속도가 변한다.

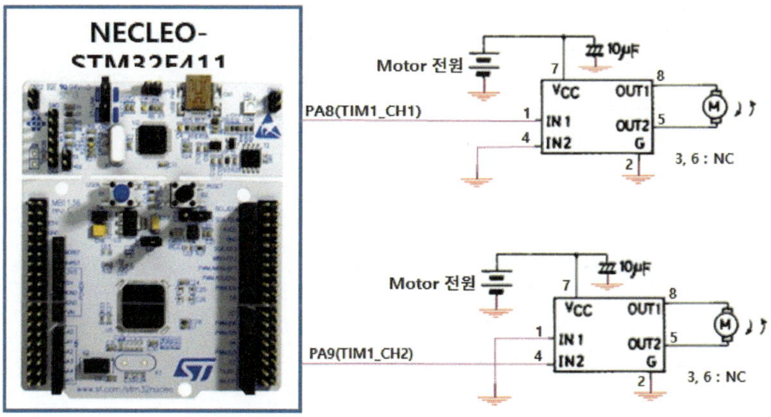

[그림 7-31] PWM을 이용한 모터 속도제어 실습

코드위치 : Project Name₩Core₩Src₩main.c

```
while (1)
  { for(int duty=0; duty<1000; duty++)
      {
```

CCR(Counter Compare Register)값 변경

```
      for(int duty=200; duty<1024; duty++)  // 속도증가
       {  TIM1->CCR1=duty;
          TIM1->CCR2=duty;
          HAL_Delay(10);
       }
      for(int duty=1023; duty>200; duty--)  // 속도감소
       {  TIM1->CCR1=duty;
          TIM1->CCR2=duty;
          HAL_Delay(10);
       }

      }
  }
}
```

7.5 Timer를 이용한 주파수 및 듀티비 측정 실습

TIM2를 이용하여 구형파의 주파수와 듀티비를 측정하는 실습이다. 출력결과는 콘솔 창을 통해서 가변되는 구형파의 주파수와 듀티비를 실시간으로 측정할 수 있도록 한다.

○ 하드웨어 구성

[그림 7-32]와 같이 TIM1_CH1(PA8)을 이용하여 10Hz 구형파 출력을 발생시키고, 발생된 구형파 출력을 PA0(TIM2_CH1), PA1(TIM2_CH2) 입력으로 연결한다.

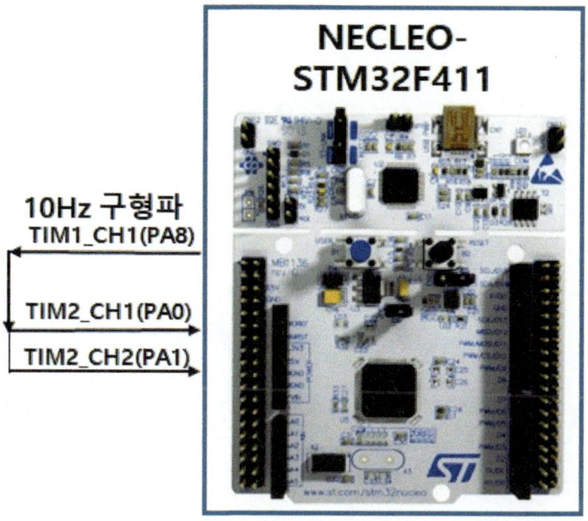

[그림 7-32] TM1, TIM2를 이용한 Input Capture 실습

○ TIM1 설정(구형파 출력용)

TIM1을 선택하고 Clock Source는 Internal Clock을 선택한 후 [그림 7-33]과 같이 Prescaler, Counter Mode, Counter Period, auto-reload preload 등을 설정한다.

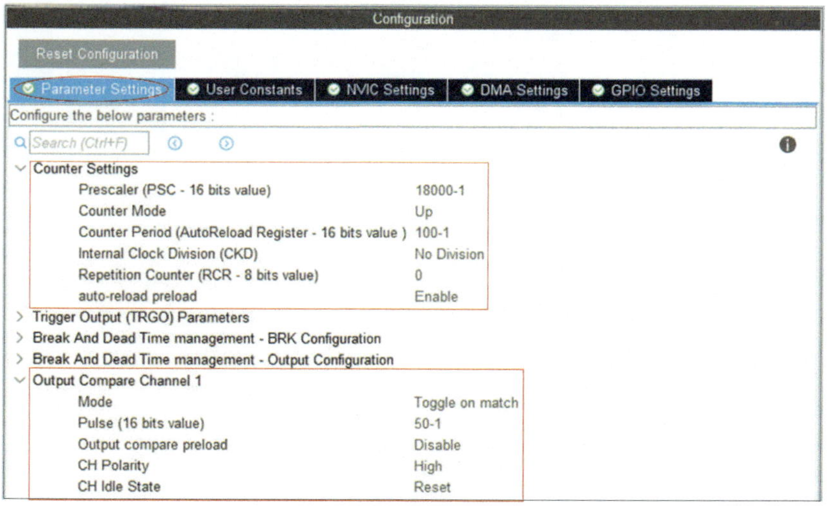

[그림 7-33] TIM1 파라메타 설정

○ TIM1 동작 설명

TIM1에 사용된 주파수는 36,000,000Hz이고, PSR(Prescaler)가 18000-1(0~17,999)이므로 TIM1 타이머의 클럭 주파수는 2,000Hz이다. 그리고 TIM1의 Counter Period가 100-1(0~99)로 설정되었으므로 20Hz(2,000/1,00), 즉 50ms 간격으로 카운터가 반복된다. TIM1 CH1 출력이 10Hz(T=100ms) 구형파가 출력된다. [그림 7-34]는 동작타이밍을 나타낸다.

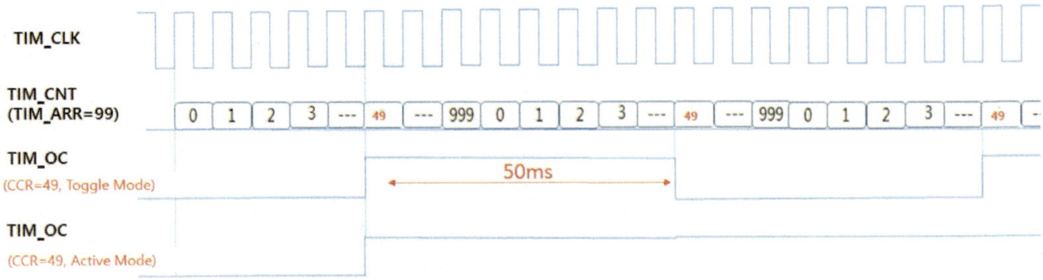

[그림 7-34] TIM1 동작 타이밍도

○ TIM2 설정(Input Capture 실습용)

[그림 7-35]와 같이 TIM2을 선택하고 TIM2 모드에서 Clock Source로 Internal Clock을 선택한다. 그리고 두 개의 채널인 Channel 1과 Channel 2를 Input Capture direct mode로 선택한다. TIM2_CH1은 PA0이고, TIM2_CH2는 PA1이다.

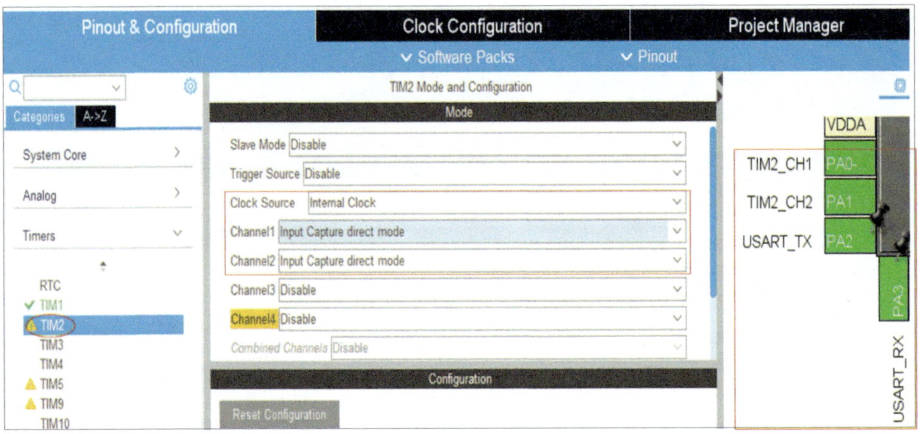

[그림 7-35] TIM2 모드에서 Clock Source 설정

[그림 7-36]과 같이 TIM2 파라메타 설정에서 Prescaler, Counter Mode, Counter Period, 등을 설정한다. 여기서 주의할 점은 Input Capture Channel 1은 Rising Edge, Input Capture Channel 2는 Falling Edge로 설정한다는 것이다.

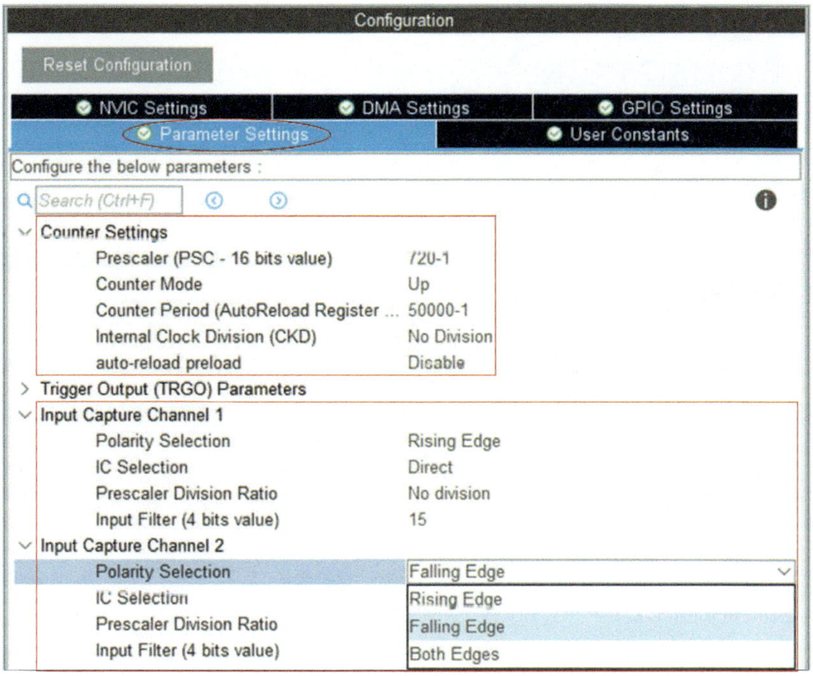

[그림 7-36] TIM1 파라메타 설정

○ TIM2 클럭 설정

[그림 1-1]에서와 같이 TIM2는 AHB/APB1에 속한다. HCLK를 72MHz로 설정하고 APB1 Prescaler를 /4로 설정하면 APB1 timer clock은 36MHz로 동작한다. [그림 7-37]은 TIM2(PCLK1) timer clocks을 나타낸다.

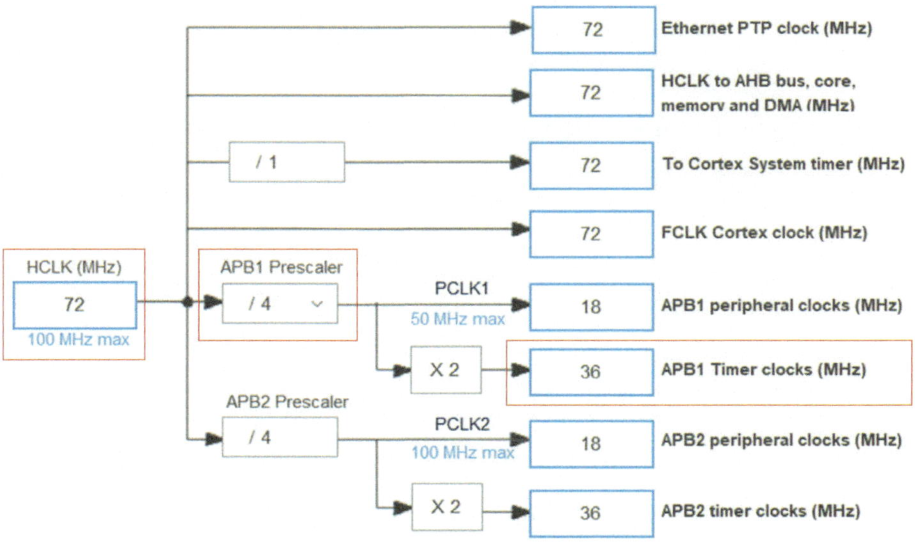

[그림 7-37] TIM2(PCLK1) timer clocks

○ TIM2 NVIC와 Code generation 설정

[그림 7-38]과 같이 NVIC를 선택한 후 TIM2 global interrupt를 Enable로 설정하고, 우선순위도 설정한다.

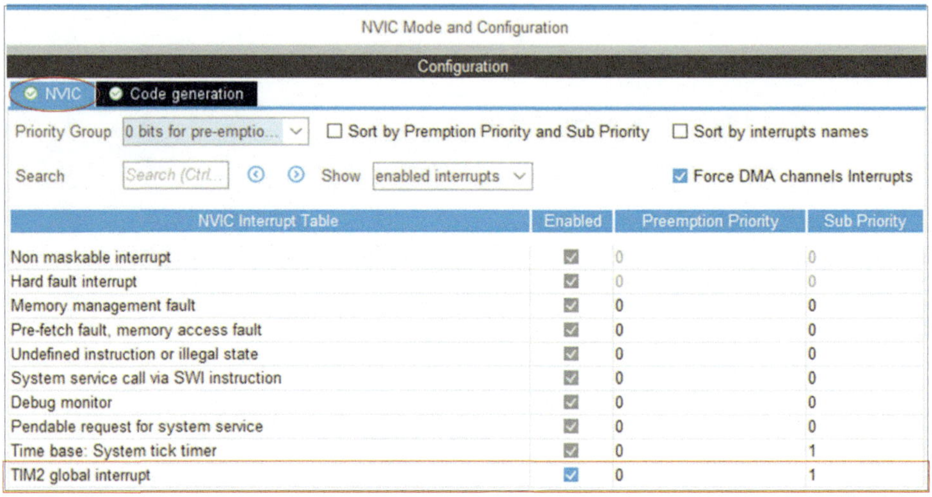

[그림 7-38] TIM2 NVIC 설정

○ TIM2 동작설명

TIM2 Clock 주파수가 36MHz이고 PSR이 720-1(0~719)이므로 이에 따라 Clock 주파수는 50,000Hz(36,000,000/720)가 되고 주기는 0.00002[S]이다. TIM2에 입력되는 첫 번째 구형파 상승에서 TIM2 카운터가 UP 카운터로 동작한다. 첫 번째 구형파 하강에지에서 Channel 2(IC2)의 카운터 값(펄스폭)이 측정되고, 두 번째 구형파 상승에지에서 Channel 1(IC1)의 카운터 값(주기)이 측정된다. [그림 7-39]에서 IC는 Input Capture를, TI2는 TIM2 입력신호를 의미한다.

- 최소주파수 측정범위 : ARR이 최대 50,000이므로, 50,000*0.00002[S] = 1[S], 즉 1Hz
- 최대주파수 측정범위 : ARR이 최소 1이므로, 1*0.00002[S] = 0.00002[S], 즉 50KHz

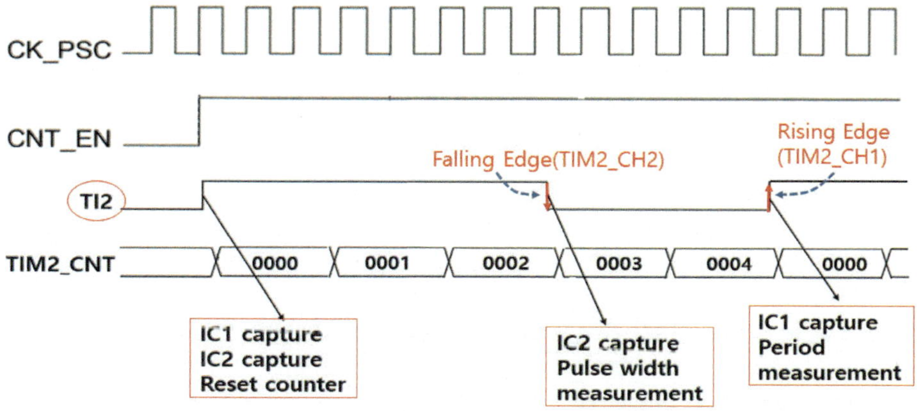

[그림 7-39] TIM2 동작 타이밍도

○ 기타 설정 및 코드생성

Build 환경설정, Build 결과파일 설정, MCU GCC Compiler 설정 등은 3장 실습과 동일하게 진행하고, printf 사용과 관련된 사항은 〈5.5 printf() 사용 실습〉을 참고하도록 한다. 그리고 Project → Generate Code를 실행한다.

○ 코드 작성하기

사용자가 코드를 작성할 때는 /* USER CODE BEGIN ~ USER CODE END */ 안에 작성한다. TIM1을 이용하여 10Hz 구형파를 발생시키고, TIM2를 이용하여 입력되는 구형파의 펄스폭과 주파수를 측정하는 프로그램을 작성한다.

코드위치 : Project Name₩Core₩Src₩main.c

```
#include "main.h"
#include <stdio.h>

TIM_HandleTypeDef htim1;
TIM_HandleTypeDef htim2;

UART_HandleTypeDef huart2;

uint32_t InputCapture1, InputCapture2;
float DutyRatio, Frequency;

void SystemClock_Config(void);
static void MX_GPIO_Init(void);
static void MX_USART2_UART_Init(void);
static void MX_TIM1_Init(void);
static void MX_TIM2_Init(void);
```

```
int __io_putchar(int ch)
{  HAL_UART_Transmit(&huart2, (uint8_t *)&ch, 1, 0xFFFF);
   return ch;
}
```

HAL_TIM_IC_CaptureCallback() 함수

```
void HAL_TIM_IC_CaptureCallback(TIM_HandleTypeDef *htim)
{ if(htim->Instance==TIM2)
   { if(htim->Channel==HAL_TIM_ACTIVE_CHANNEL_1)  // 주기측정
      {  InputCapture1=HAL_TIM_ReadCapturedValue(htim, TIM_CHANNEL_1);
         __HAL_TIM_SET_COUNTER(htim,0);
      }
      if(htim->Channel==HAL_TIM_ACTIVE_CHANNEL_2)  // 펄스폭 측정
      {   InputCapture2=HAL_TIM_ReadCapturedValue(htim, TIM_CHANNEL_2);
       }
      DutyRatio=(float)((InputCapture2+1)*100/(InputCapture1+1));  // 듀티비 계산
      Frequency=1/((InputCapture1+1)*0.00002);                    // 주파수 계산
   }
}
```

```
int main(void)
{
   HAL_Init();
   SystemClock_Config();
   MX_GPIO_Init();
   MX_USART2_UART_Init();
   MX_TIM1_Init();
   MX_TIM2_Init();

   HAL_TIM_OC_Start(&htim1, TIM_CHANNEL_1);  // 10Hz 구형파 발생
   HAL_TIM_IC_Start_IT(&htim2,TIM_CHANNEL_1); // IC1 동작시작
   HAL_TIM_IC_Start_IT(&htim2,TIM_CHANNEL_2); // IC2 동작시작

   printf("\n TIM2 Input Capture test start!");

   while (1)
   {  printf("\n\r IC1=%ld, IC2=%ld, DutyRatio=%3.1f, Frequency=%3.2fHz",
                      InputCapture1+1, InputCapture2+1, DutyRatio, Frequency);
    }
}
```

○ MX_TIM1_Init() 함수

test_timer.ioc 파일에서 설정한 결과와 동일한 코드가 형성됨을 볼 수 있다.

코드위치 : Project Name₩Core₩Src₩main.c

```
static void MX_TIM1_Init(void)
{ -- 생략 --
  /* USER CODE END TIM1_Init 1 */
  htim1.Instance = TIM1;
  htim1.Init.Prescaler = 18000-1;
  htim1.Init.CounterMode = TIM_COUNTERMODE_UP;
  htim1.Init.Period = 100-1;
  htim1.Init.ClockDivision = TIM_CLOCKDIVISION_DIV1;
  htim1.Init.RepetitionCounter = 0;
  htim1.Init.AutoReloadPreload = TIM_AUTORELOAD_PRELOAD_ENABLE;
  -- 생략 --
}
```

○ MX_TIM2_Init() 함수

test_timer.ioc 파일에서 설정한 결과와 동일한 코드가 형성됨을 볼 수 있다.

코드위치 : Project Name₩Core₩Src₩main.c

```
static void MX_TIM1_Init(void)
{ -- 생략 --
  htim2.Instance = TIM2;
  htim2.Init.Prescaler = 720-1;
  htim2.Init.CounterMode = TIM_COUNTERMODE_UP;
  htim2.Init.Period = 50000-1;
  htim2.Init.ClockDivision = TIM_CLOCKDIVISION_DIV1;
  htim2.Init.AutoReloadPreload = TIM_AUTORELOAD_PRELOAD_DISABLE;
  -- 생략 --
  sConfigIC.ICPolarity = TIM_INPUTCHANNELPOLARITY_RISING;
  sConfigIC.ICSelection = TIM_ICSELECTION_DIRECTTI;
  sConfigIC.ICPrescaler = TIM_ICPSC_DIV1;
  sConfigIC.ICFilter = 15;
  if (HAL_TIM_IC_ConfigChannel(&htim2, &sConfigIC, TIM_CHANNEL_1) !=
HAL_OK)
  {
    Error_Handler();
  }
  sConfigIC.ICPolarity = TIM_INPUTCHANNELPOLARITY_FALLING;
  if (HAL_TIM_IC_ConfigChannel(&htim2, &sConfigIC, TIM_CHANNEL_2) !=
HAL_OK)
```

```
  {
    Error_Handler();
  }
 -- 생략 --
}
```

○ HAL_TIM_IC_Start_IT() 함수

코드위치 : Project Name₩Drivers₩STM32F4xx_HAL_Driver₩Src₩stm32f4xx_hal_tim.c

```
HAL_StatusTypeDef HAL_TIM_IC_Start_IT(TIM_HandleTypeDef *htim, uint32_t
Channel)
{ -- 생략 --
  switch (Channel)
  {     case TIM_CHANNEL_1:
          {
            /* Enable the TIM Capture/Compare 1 interrupt */
             __HAL_TIM_ENABLE_IT(htim, TIM_IT_CC1);
             break;
          }
        case TIM_CHANNEL_2:
          {
            /* Enable the TIM Capture/Compare 2 interrupt */
             __HAL_TIM_ENABLE_IT(htim, TIM_IT_CC2);
             break;
          }
         - 생략 --
    }
    - 생략 --
}
```

○ HAL_TIM_IC_CaptureCallback() 함수 호출 과정

HAL_TIM_IC_Start_IT()함수가 실행되고 외부에서 구형파 신호가 입력되면 TIM2_IRQHandler() → HAL_TIM_IRQHandler() → HAL_TIM_IC_CaptureCallback() 순서로 처리된다.

코드위치 : Project Name₩Core₩Src₩stm32f4xx_it.c

```
void TIM2_IRQHandler(void)
{
  HAL_TIM_IRQHandler(&htim2);
}
```

코드위치 : Project Name₩Drivers₩STM32F4xx_HAL_Driver₩Src₩stm32f4xx_hal_tim.c

```
void HAL_TIM_IRQHandler(TIM_HandleTypeDef *htim)
{ -- 생략 --
  HAL_TIM_IC_CaptureCallback(htim);
 -- 생략 --
}
```

○ 실행 결과

Project → Build Project를 실행하여 코딩의 오류를 확인하고 오류가 없을 경우, Run → Run을 실행하면 [그림 7-40]과 같은 주기와 듀티비가 측정된다.

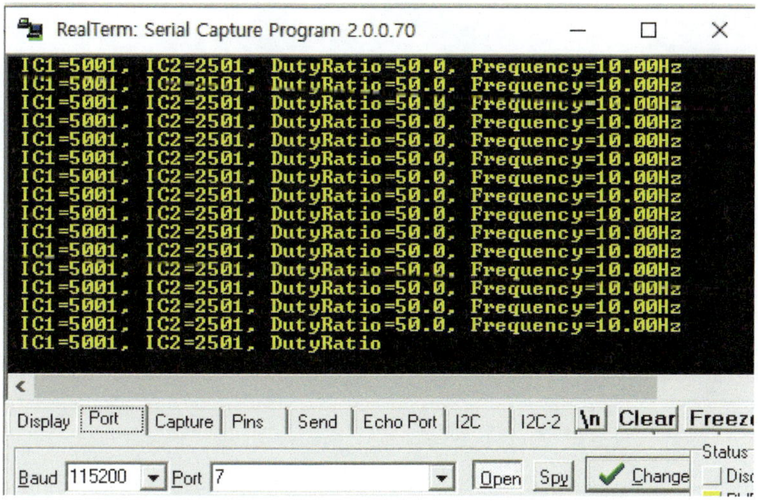

[그림 7-40] TIM2 Input Capture 실행 결과

7.6 Timer를 이용한 초음파센서 거리측정 실습

TM1을 이용하여 초음파센서 송출을 일정주기로 제어하고, TIM2를 이용하여 물체와의 거리에 따라 변화하는 펄스폭을 측정하여 거리를 측정한다.

○ 하드웨어 구성

[그림 7-41]과 같이 TIM1_CH1(PA8)을 이용하여 구형파를 발생시켜 초음파센서 Trigger에 연결하고, 초음파센서 Echo 신호는 TIM2의 CH1과 CH2에 연결한다. 초음파 송신 후 물체와의 거리에 따라 변화하는 Echo 신호 펄스폭을 측정한다.

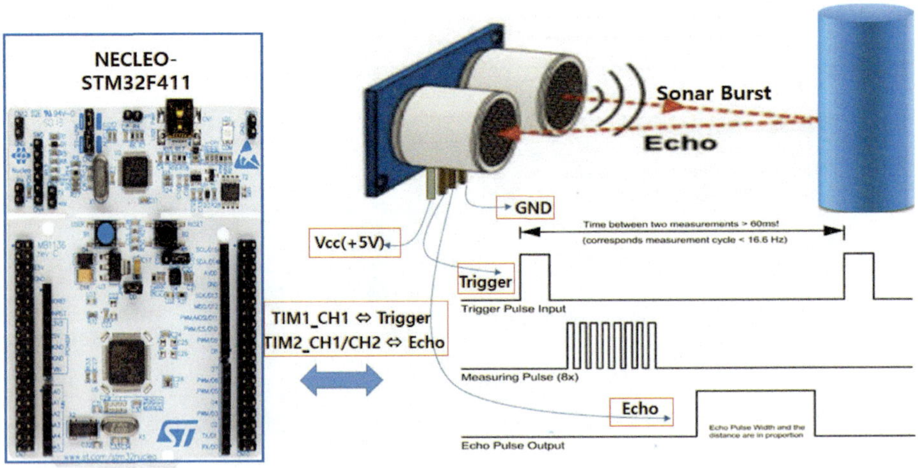

[그림 7-41] 초음파센서 거리측정회로 구성

○ TIM1 설정

[그림 7-42]와 같이 TIM1을 선택하고 Clock Source는 Internal Clock, Channel 1은 PWM Generation CH1을 선택한다. 이때 TIM1_CH1은 PA8번 핀을 사용한다.

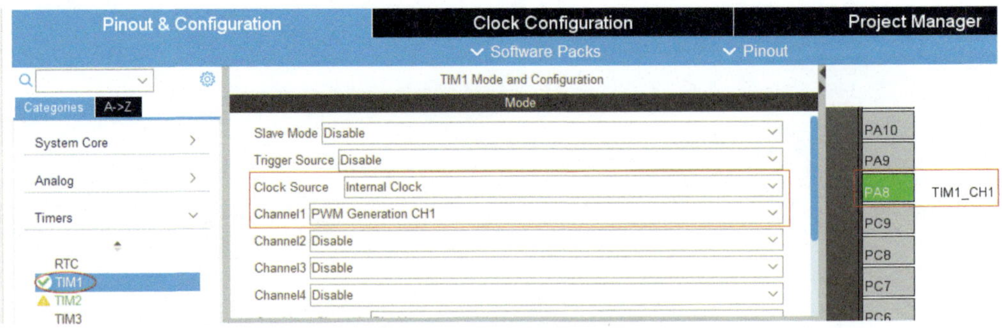

[그림 7-42] TIM1 모드 설정

[그림 7-43]과 같이 Counter Settings와 PWM Generation Channel 1을 설정한다.

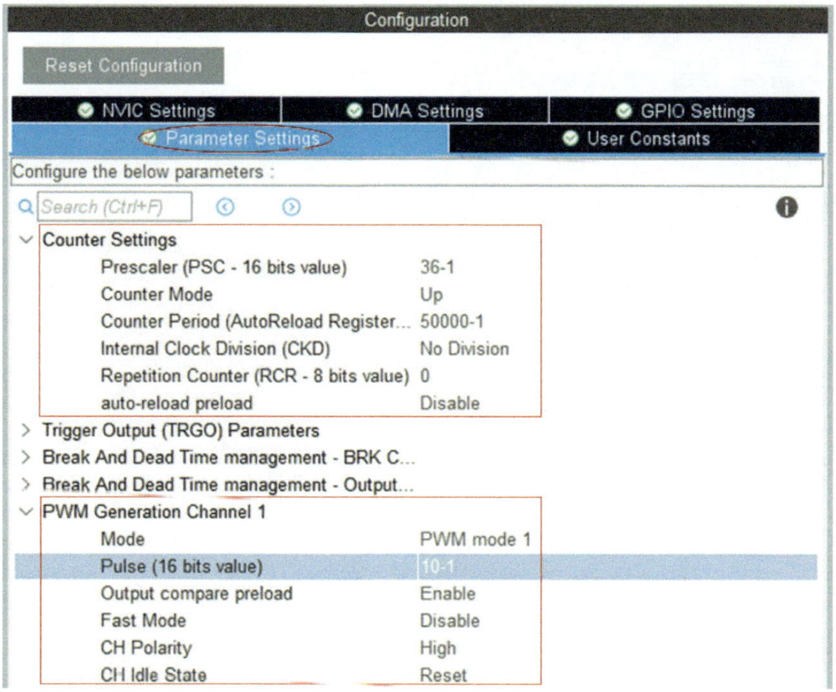

[그림 7-43] TIM1 파라미터 설정

○ TIM1 동작 설명

TIM1에 사용된 주파수는 36,000,000Hz이고, PSR(Prescaler)가 36-1(0~35)이므로 TIM1 타이머의 클럭 주파수는 1MHz이다(즉, 주기는 1㎲). TIM1의 Counter Period가 50,000-1(0~49999)로 설정되었으므로 20Hz(1,000,000/50,00)이다. 즉, 50ms 주기(1초에 20번)로 초음파 거리측정이 반복된다. 그리고 Pulse(CCR)1 값이 10-1이므로 PWM 펄스폭은 10㎲((1㎲)×10)로 초음파센서 Trigger 핀에 공급된다. [그림 7-44]는 TIM1 동작타이밍을 나타낸다.

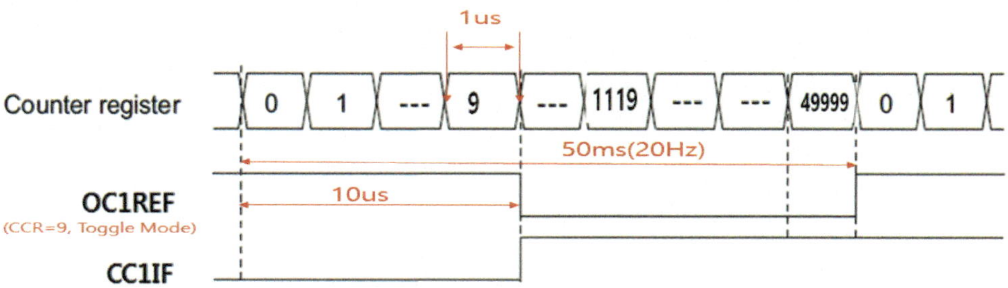

[그림 7-44] TIM1 동작 타이밍도

○ TIM2 및 NVIC 설정

[그림 7-35], [그림 7-36]과 같이 설정한다.

○ TIM1, 2 클럭 설정

TIM1과 TIM2 모두 Timer clock을 36MHz로 설정한다.

○ TIM2 동작 설명

[그림 3-29]와 동일하고, TI2 입력은 초음파센서 Echo 신호가 된다.

○ 기타 설정 및 코드 생성

Build 환경설정, Build 결과파일 설정, MCU GCC Compiler 설정 등은 3장 실습과 동일하게 진행하고, printf 사용과 관련된 사항은 〈5.5 printf() 사용 실습〉을 참고하도록 한다. 그리고 Project → Generate Code를 실행한다.

○ 코드 작성하기

사용자가 코드를 작성할 때는 /* USER CODE BEGIN ~ USER CODE END */ 안에 작성한다. TIM1, TIM2를 이용하여 초음파센서 거리측정을 위한 프로그램을 작성한다.

코드위치 : Project Name₩Core₩Src₩main.c

```
#include "main.h"
#include <stdio.h>

TIM_HandleTypeDef htim1;
TIM_HandleTypeDef htim2;

UART_HandleTypeDef huart2;

uint32_t InputCapture1, InputCapture2;
float distance;

void SystemClock_Config(void);
static void MX_GPIO_Init(void);
static void MX_USART2_UART_Init(void);
static void MX_TIM1_Init(void);
static void MX_TIM2_Init(void);

int __io_putchar(int ch)
{  HAL_UART_Transmit(&huart2, (uint8_t *)&ch, 1, 0xFFFF);
   return ch;
```

```
}
```

HAL_TIM_IC_CaptureCallback() 함수

```
void HAL_TIM_IC_CaptureCallback(TIM_HandleTypeDef *htim)
{ if(htim->Instance==TIM2)
  { if(htim->Channel==HAL_TIM_ACTIVE_CHANNEL_1)
     {  InputCapture1=HAL_TIM_ReadCapturedValue(htim, TIM_CHANNEL_1);
        __HAL_TIM_SET_COUNTER(htim,0);
     }
     if(htim->Channel==HAL_TIM_ACTIVE_CHANNEL_2)   // Echo 펄스폭 측정
     {   InputCapture2=HAL_TIM_ReadCapturedValue(htim, TIM_CHANNEL_2);
      }
     distance=(float)((InputCapture2+1)*20)/58; // 거리계산
  }
}
```

```
int main(void)
{ HAL_Init();
  SystemClock_Config();
  MX_GPIO_Init();
  MX_USART2_UART_Init();
  MX_TIM1_Init();
  MX_TIM2_Init();

  HAL_TIM_PWM_Start(&htim1,TIM_CHANNEL_1);  // 초음파 Trigger 제어
  HAL_TIM_IC_Start_IT(&htim2,TIM_CHANNEL_1);  // IC1 시작
  HAL_TIM_IC_Start_IT(&htim2,TIM_CHANNEL_2);  // IC2 시작
  printf("\n Ultrasonic Test start!");

  while (1)
  { printf("\n\rIC1=%d,\tIC2=%d,\tDistance=%3.1f",
              InputCapture1+1,InputCapture2+1,distance);
   }
}
```

○ 실행 결과

Project → Build Project를 실행하여 코딩의 오류를 확인하고 오류가 없을 경우, Run → Run을 실행하면 [그림 7-45]와 같이 물체와의 거리가 측정된다.

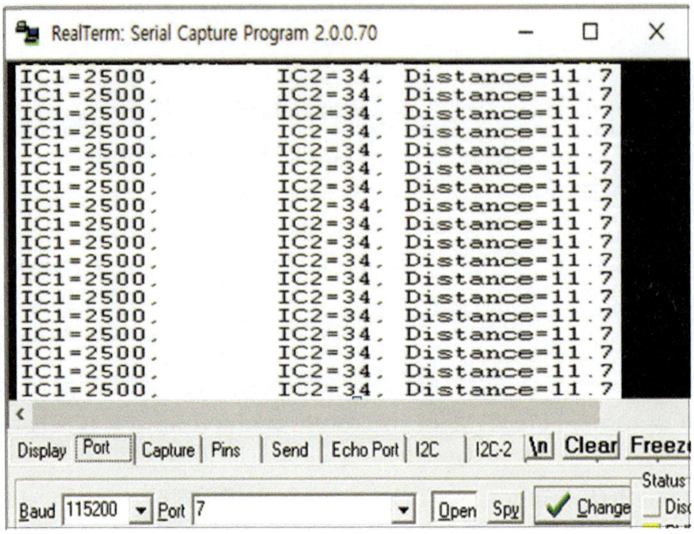

[그림 7-45] 초음파센서 거리측정 실행 결과

8장 가속도센서와 자이로센서 실습

8.1 가속도센서 실습

MPU6050을 이용하여 3축(X, Y, Z) 가속도센서 값을 측정하고, 각도를 계산한다.

① MPU-6050 이해

○ 특징

[그림 8-1]에서와 같이 MPU-6050센서는 직선 3축과 곡선 3축 총 6개의 축을 표시한다. 직선 3축은 가속도센서, 곡선 3축은 자이로센서이다. 직선 3축은 각 축에 대해 중력방향을 기준으로 센서의 기울어진 정도를 측정할 때 사용하고, 곡선 3축은 각 축의 진행 방향에 대한 회전 정도를 측정할 때 사용한다. 직선 및 곡선 축 진행 방향은 +X, +Y, +Z로 표시하고, 반대방향은 -X, -Y, -Z이다.

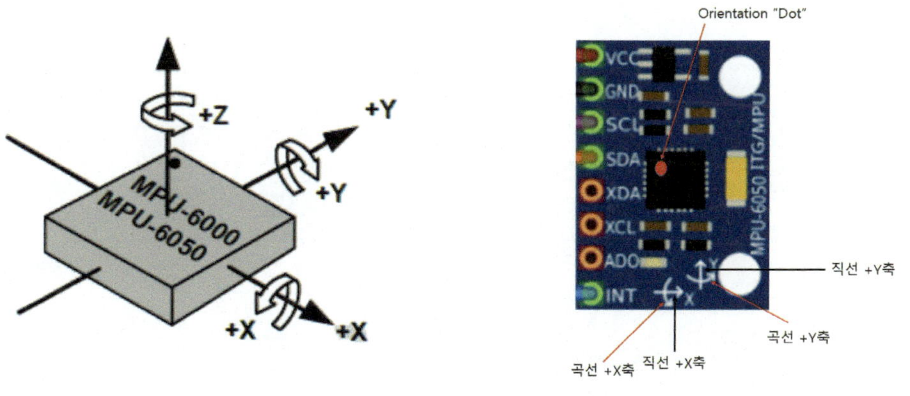

[그림 8-1] MPU-6050 특징

○ 가속도센서 특징

- 전체 스케일 범위가 ±2g, ±4g, ±8g 및 ±16g인 디지털 3축 가속도센서이다.
- 내장된 16비트 ADC로 외부 멀티플렉서 필요 없이 가속도센서 동시 샘플링이 가능하다.
- 일반적인 동작전류 : 500μA
- 저전력 모드 전류 : 10μA at 1.25Hz, 20μA at 5Hz, 60μA at 20Hz, 110μA at 40Hz

○ 자이로센서 특징

- 디지털 출력 X, Y, 및 Z축 각속도센서(자이로스코프) 사용자가 프로그래밍 할 수 있는 풀 스케일 범위가 ±250, ±500, ±1000 및 ±2000°/sec이다.
- FSYNC 핀에 연결된 외부 동기화 신호로 이미지, 비디오 및 GPS 동기화를 지원한다.
- 내장된 16bit ADC는 자이로 센서데이터 동시 샘플링을 지원한다.
- 유저의 조정 필요를 줄일 수 있는 바이어스 및 민감한 온도 안정성을 갖는다.
- 저주파 노이즈 성능 개선이 있다.
- 디지털로 프로그램 가능한 저역통과 필터를 내장한다.
- 동작전류 : 3.6mA
- 대기전류 : 5μA

○ MPU6050 내부 블록도

X, Y, Z축에 대한 가속도와 자이로 값이 16Bit ADC를 통해 디지털 값으로 변환된다. 변환된 디지털 데이터는 Sensor Registers로 저장된다. 저장된 Sensor Registers 값은 I2C 인터페이스를 통해 STM32F411 프로세서로 전송된다.

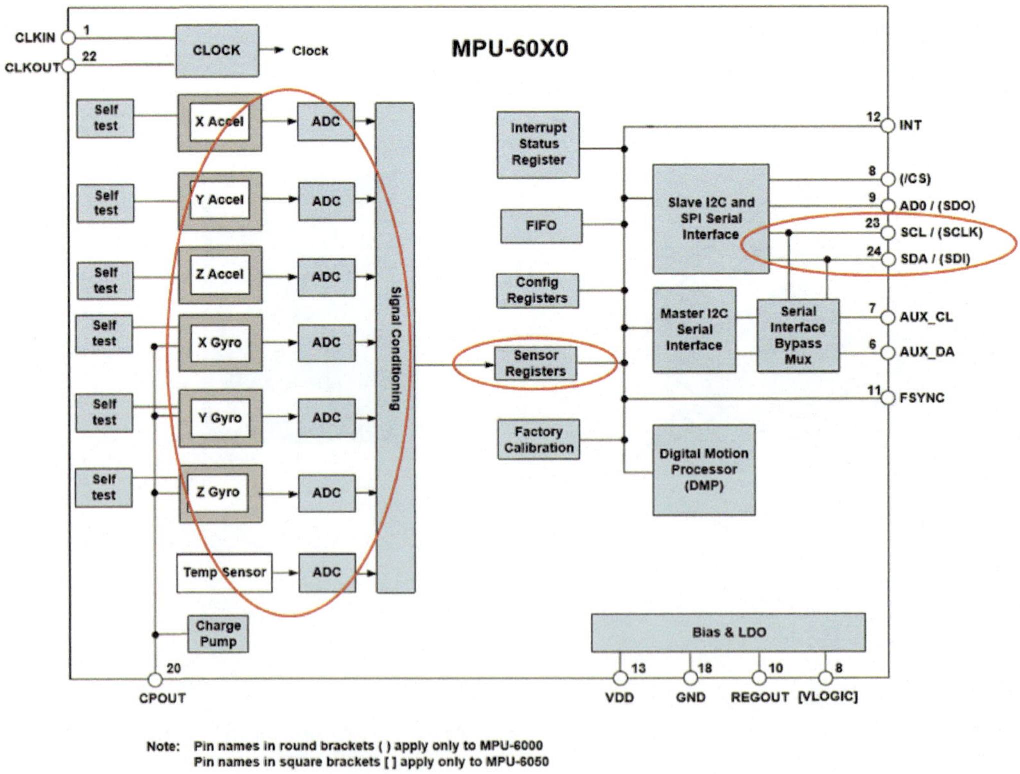

[그림 8-2] MPU6050 내부 블록도

○ I2C Interface

I2C는 직렬 데이터(SDA)와 시리얼 클럭(SCL)으로 구성된 2선 인터페이스이다. 일반적으로 선들은 오픈 드레인(open-drain)이며 양방향이다. 마스터 장치(STM32F411 프로세서)는 버스에 슬레이브 주소를 전송하고 이때 일치하는 주소를 가진 슬레이브 장치가 마스터와 통신한다. MPU-6050의 슬레이브 주소는 7비트 길이의 b-110100X이다. 7비트 주소의 LSB 비트는 AD0 핀의 논리 수준에 의해 결정된다. 두 개의 MPU-6050을 동일한 I2C 버스에 연결할 경우, 하나의 주소는 b-1101000(핀 AD0은 'LOW')이어야 하고 다른 하나의 주소는 b-1101001(핀 AD0은 'HIGH')이어야 한다. 실습에서 MPU-6050 어드레스는 b-1101000로 설정한다.

② 하드웨어 구성

[그림 8-3]은 실습보드와 MPU6050과의 연결을 나타낸다. 아래 그림과 같이 전원과 접지선을 연결하고, I2C 인터페이스에 필요한 Clock(SCL)과 Data(SDA) 선을 PB6(I2C1_SCL)과 PB7(I2C1_SDA)로 각각 연결한다. 그리고 AD0는 접지선과 연결시킨다.

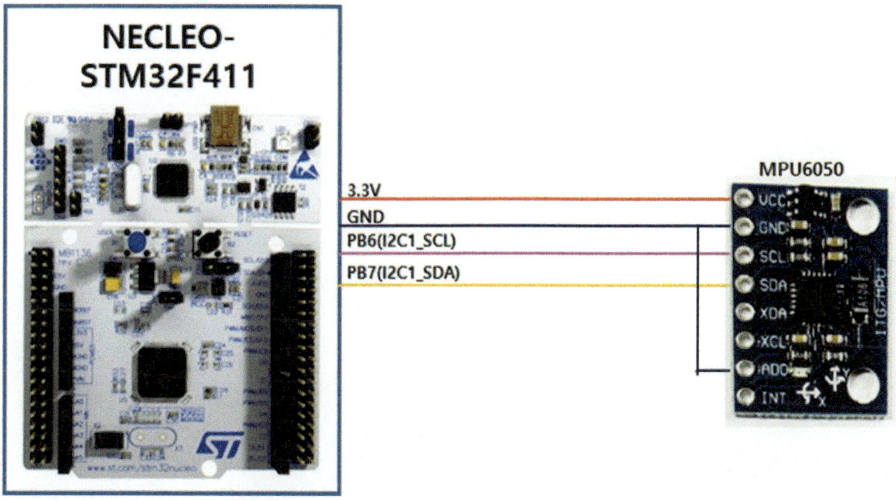

[그림 8-3] MPU6050 실습을 위한 회로도

[그림 8-4] MPU6050 실습회로 브레드 보드 구성

③ STM32CubeIDE를 사용한 프로그램 작성

○ 프로젝트 만들기

STM32CubeIDE 실행 후 File → New → STM32 Project를 실행한다.

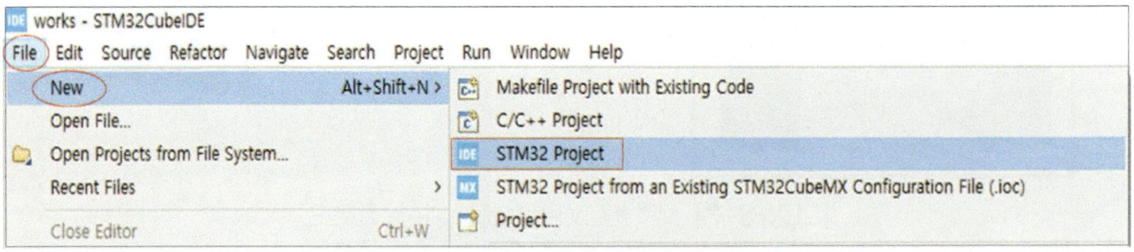

[그림 8-5] 새 프로젝트 만들기

○ 사용할 보드 선택

Target Selection 창에서 Board Selector를 선택한 후 Commercial Part Number에서 nucleo-f411re를 입력하여 선택한다.

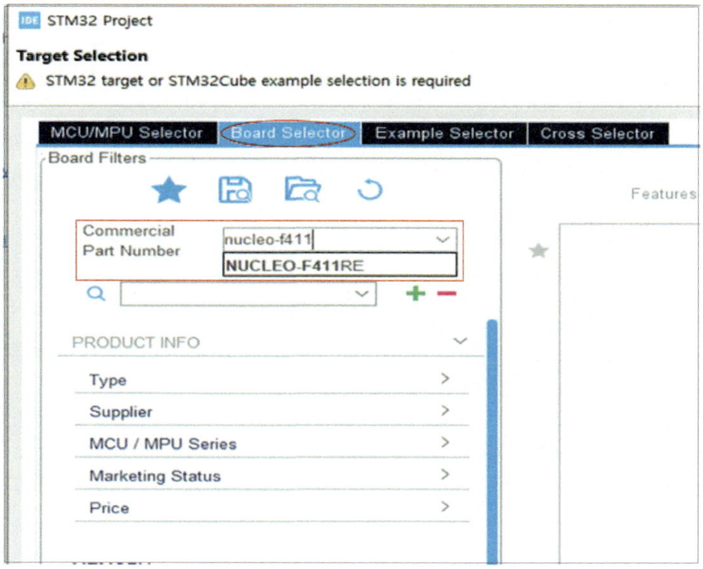

[그림 8-6] 시용할 보드 선택 ①

실습에 사용한 보드를 선택하면 [그림 8-7]과 같이 보드 리스트가 나타난다. 해당 보드를 선택한 후 NEXT를 선택한다.

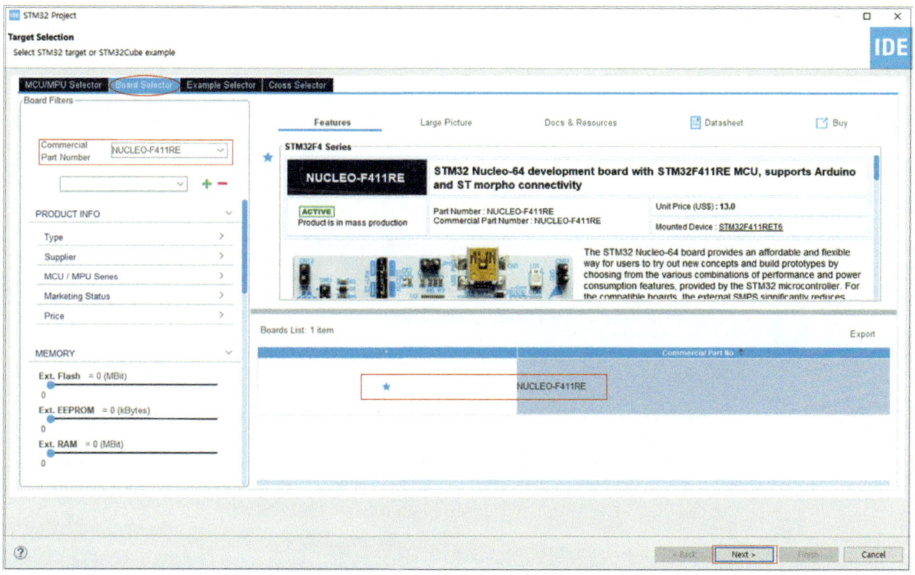

[그림 8-7] 사용할 보드 선택 ②

○ 프로젝트 이름 설정하기

Project Name을 입력한다. 본 실습에서는 [그림 8-8]과 같이 test_i2c로 하고 나머지 선택은 default값으로 한다.

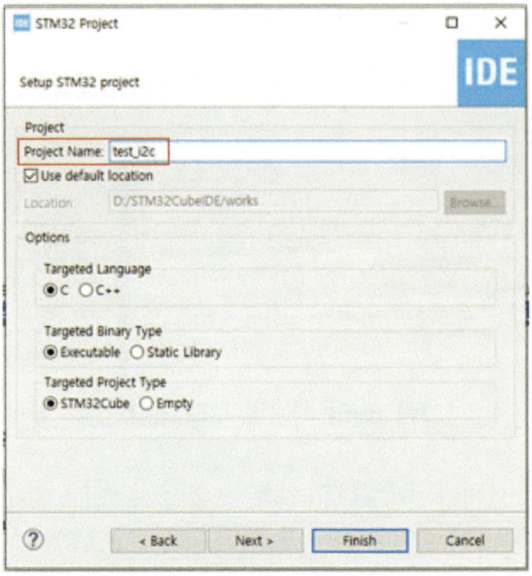

[그림 8-8] 프로젝트 이름 입력

○ Board Project Option 선택

NUCLEO-F411RE보드에 설정된 주변장치(GPIO, USART, RCC 등)의 기본설정을 불러오기 위해 Yes를 선택한다.

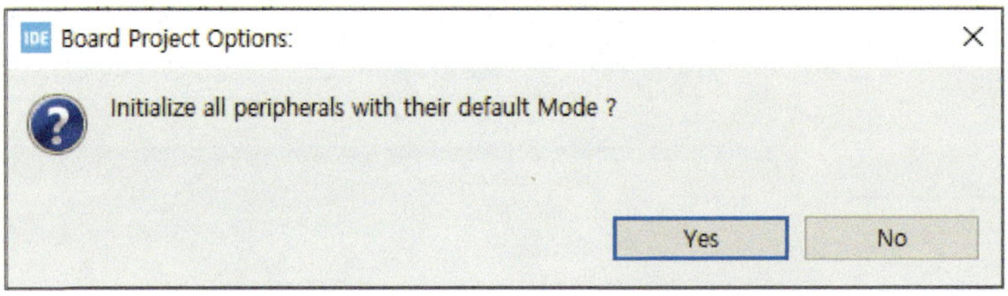

[그림 8-9] Board Project Option 선택

○ **프로젝트 생성 결과**

[그림 8-10]은 STM32CubeIDE 프로젝트 생성 결과이다. STM32CubeMx 파일은 'test_i2c.ioc'이다.

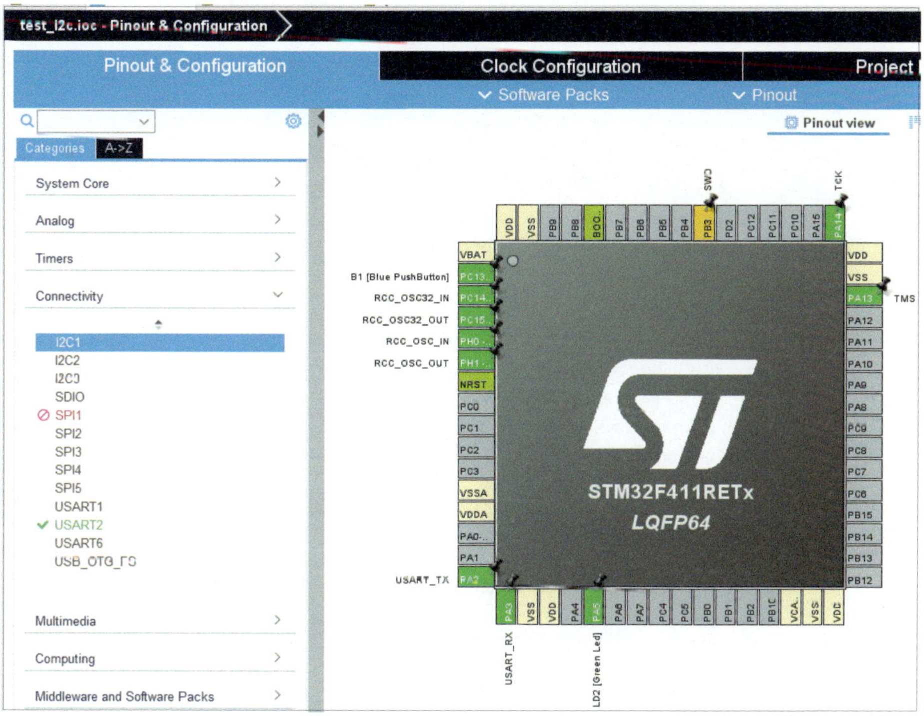

[그림 8-10] STM32CubeIDE 프로젝트 생성 결과

○ **I2C1 설정**

[그림 8-11]과 같이 I2C를 선택하고 I2C 모드에서 Clock Source로 Internal Clock을 선택한다.

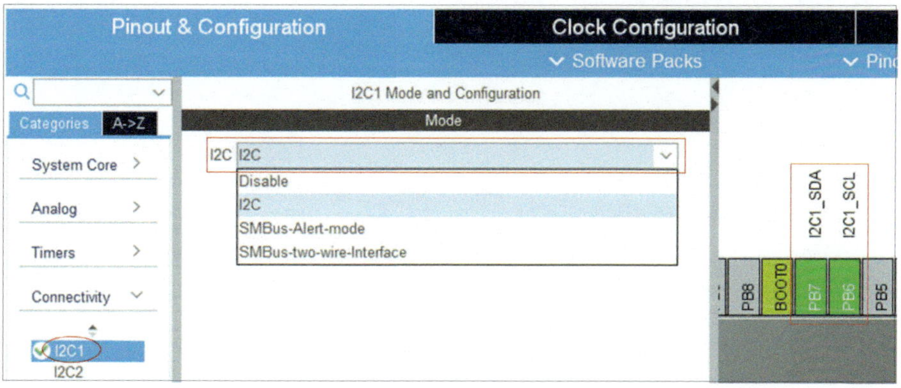

[그림 8-11] I2C1 모드 설정

I2C1 파라메타 설정에서 I2C1 Clock Speed, Primary Address Length selection 등을 [그림 8-12]와 같이 설정한다.

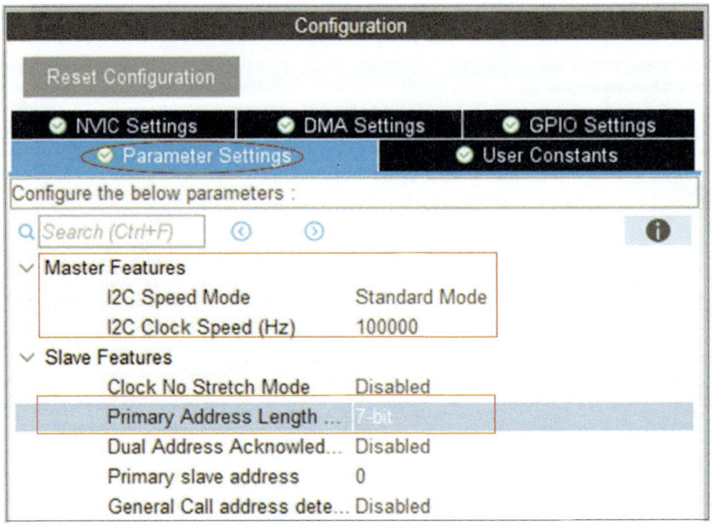

[그림 8-12] I2C1 파라메타 설정

I2C1에서 수신되는 데이터 처리를 위해 DMA1을 사용한다. [그림 8-13]과 같이 Add를 선택한 후 I2C_RX를 선택하고, Increment Address는 Memory, Data Width는 Byte를 선택한다.

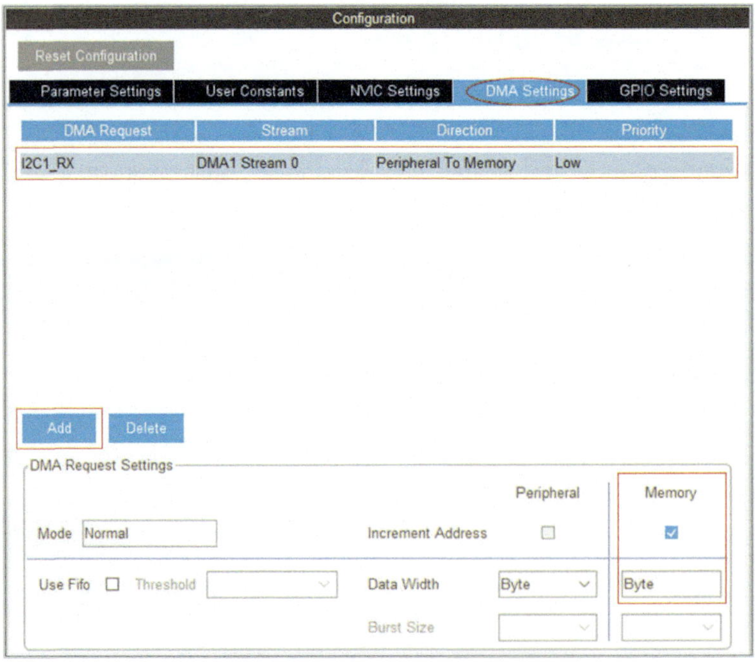

[그림 8-13] I2C1 DMA 설정

I2C1 인터럽트 사용을 위해 [그림 8-14]와 같이 설정한다.

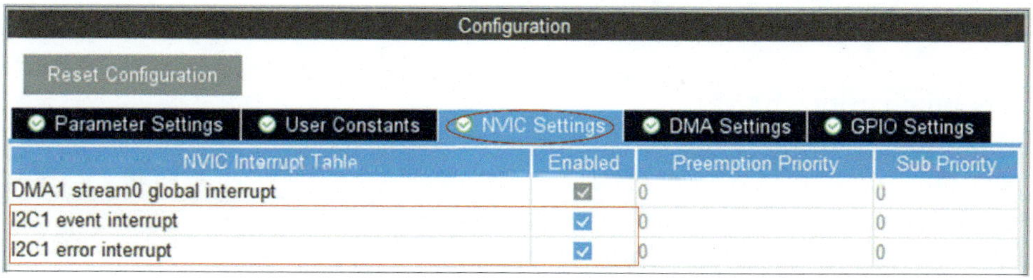

[그림 8-14] I2C1 NVIC 설정

○ 기타 설정 및 코드 생성

Build 환경설정, Build 결과파일 설정, MCU GCC Compiler 설정 등은 3장 실습과 동일하게 진행하고, printf 사용과 관련된 사항은 〈5.5 printf() 사용 실습〉을 참고하도록 한다. 그리고 Project → Generate Code를 실행한다.

○ 코드 작성하기

사용자가 코드를 작성할 때는 /* USER CODE BEGIN ~ USER CODE END */ 안에 작성한다. MPU6050과 I2C 인터페이스를 통해 3축 가속도센서 값을 측정하는 프로그램을 작성한다.

코드위치 : Project Name₩Core₩Src₩main.c

```
#include "main.h"
/* USER CODE BEGIN Includes */
#include <stdio.h>
/* USER CODE END Includes */

I2C_HandleTypeDef hi2c1;
DMA_HandleTypeDef hdma_i2c1_rx;
UART_HandleTypeDef huart2;

int16_t Accel_X, Accel_Y, Accel_Z;
int16_t Gyro_X, Gyro_Y, Gyro_Z;
uint8_t temp_reg=0;
uint8_t temp_reg1=0;
uint8_t temp_reg2=0;
uint8_t temp_reg3=0;
uint8_t device_address_temp=0;

void SystemClock_Config(void);
static void MX_GPIO_Init(void);
```

```
static void MX_DMA_Init(void);
static void MX_USART2_UART_Init(void);
static void MX_I2C1_Init(void);

int __io_putchar(int ch)
{  HAL_UART_Transmit(&huart2, (uint8_t *)&ch, 1, 0xFFFF);
  return ch;
}
#define MPU6050 0x68<<1 // 7bit Slave Address = b110100X
/* I2C 인터페이스에서 Master(STM32F411프로세서)에서 Slave(MPU6050)에 어드레스 전송
시 7bit(Slave 어드레스:0x68)+1bit('0':Write, '1':Read) 포맷으로 전송되므로 왼쪽으로
'1'bit Shift 한다. */

int __io_putchar(int ch)
{  HAL_UART_Transmit(&huart2, (uint8_t *)&ch, 1, 0xFFFF);
  return ch;
}


void MPU6050_Write(uint8_t Address, uint8_t data)
{ HAL_I2C_Mem_Write(&hi2c1,MPU6050,Address,1,(uint8_t*)&data,1,10);
}

uint8_t MPU6050_Read(uint8_t Address)
{ uint8_t data=0;
  HAL_I2C_Mem_Read(&hi2c1,MPU6050,Address,1,(uint8_t*)&data,1,10);
  return data;
}

void Init_MPU6050(void)
{ device_address_temp=MPU6050_Read(0x75);
  printf("\n\r Device Address=0x%02X",device_address_temp);
  if(device_address_temp!=0x68)
  { printf("\n\r Device Address Error! Please Reset CPU!!!!");
    while(1);
  }
  else
  {  HAL_I2C_Mem_Read(&hi2c1,MPU6050,0x6B,1,(uint8_t*)& temp_reg,1,10);
     temp_reg=temp_reg&0xb8; // bit 6, 2-0 mask
     temp_reg1=temp_reg|(0<<6|0x1);
     HAL_I2C_Mem_Write(&hi2c1,MPU6050,0x6B,1,(uint8_t*)& temp_reg1,1,10);

     HAL_I2C_Mem_Read(&hi2c1,MPU6050,0x1B,1,(uint8_t*)& temp_reg,1,10);
     temp_reg=temp_reg&0xe7; // bit 4, 3 mask
     temp_reg2=temp_reg|(0<<3|0<<4);
```

```
        HAL_I2C_Mem_Write(&hi2c1,MPU6050,0x1B,1,(uint8_t*)& temp_reg2,1,10);

        HAL_I2C_Mem_Read(&hi2c1,MPU6050,0x1C,1,(uint8_t*)& temp_reg,1,10);
        temp_reg=temp_reg&0xe7; // bit 4, 3 mask
        temp_reg3=temp_reg|(0<<3|0<<4);
        HAL_I2C_Mem_Write(&hi2c1,MPU6050,0x1C,1,(uint8_t*)& temp_reg3,1,10);

        printf("\n\r MPU6050Initialize....END.");
    }
}

void Read_MPU6050_Data(void)
{  Accel_X=(MPU6050_Read(0x3B)<<(8)|MPU6050_Read(0x3C);
   Accel_Y=(MPU6050_Read(0x3D)<<(8)|MPU6050_Read(0x3E);
   Accel_Z=(MPU6050_Read(0x3F)<<(8)|MPU6050_Read(0x40);
   Gyro_X=(MPU6050_Read(0x43)<<(8)|MPU6050_Read(0x44);
   Gyro_Y=(MPU6050_Read(0x45)<<(8)|MPU6050_Read(0x46);
   Gyro_Z=(MPU6050_Read(0x47)<<(8)|MPU6050_Read(0x48);
}

int main(void)
{
  float volt=0.0,;
  HAL_Init();
  SystemClock_Config();
  MX_GPIO_Init();
  MX_DMA_Init();
  MX_USART2_UART_Init();
  MX_I2C1_Init();

  Init_MPU6050();
  printf("\n MPU6050 test start!");

  while (1)
  {   Read_MPU6050_Data();
      printf("\n\r Accel x=%d, y=%d, z=%d, Zyro x=%d, y=%d, z=%d",
      Accel_X, Accel_Y, Accel_Z,Gyro_X,Gyro_Y,Gyro_Z);
   }
}
```

○ MX_I2C1_Init() 함수

test_i2c.ioc 파일에서 설정한 결과와 동일한 코드가 형성됨을 볼 수 있다.

코드위치 : Project Name₩Core₩Src₩main.c

```
static void MX_TIM1_Init(void)
{ -- 생략 --
  hi2c1.Instance = I2C1;
  hi2c1.Init.ClockSpeed = 100000;
  hi2c1.Init.DutyCycle = I2C_DUTYCYCLE_2;
  hi2c1.Init.OwnAddress1 = 0;
  hi2c1.Init.AddressingMode = I2C_ADDRESSINGMODE_7BIT;
  -- 생략 --
}
```

○ 실행 결과(어드

Project → Build Project를 실행하여 코딩의 오류를 확인하고 오류가 없을 경우, Run → Run을 실행하면 [그림 8-15]와 같은 3축 가속도센서와 자이로센서값이 출력된다.

※ device address 0x68 인식이 안 될 경우, 전원(MPU-6050)을 다시 연결하고 실습보드 Reset을 시킨다.

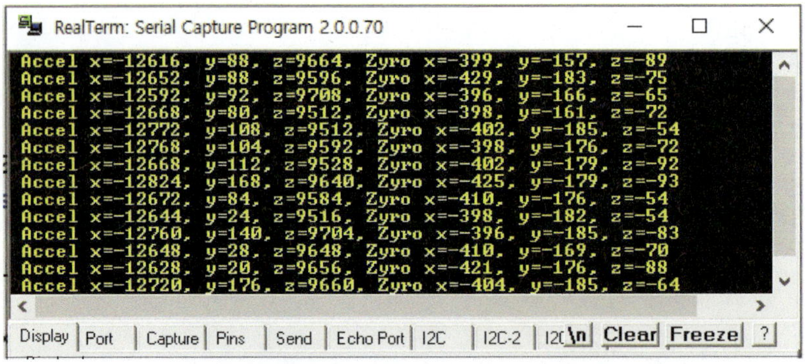

[그림 8-15] MPU-6050 실행 결과

④ MPU6050 레지스터 설정

○ MPU6050 Register 0x75

• device_address_temp=MPU6050_Read(0x75);

Register (Hex)	Register (Decimal)	Bit7	Bit6	Bit5	Bit4	Bit3	Bit2	Bit1	Bit0
75	117	-	WHO_AM_I[6:1]						-

• MPU6050 ID를 확인하는 데 사용된다. WHO_AM_I의 내용은 MPU-60X0의 7비트(주소의 상위 6 비트)이다. MPU-6050의 I2C 어드레스의 최하위 비트는 AD0 핀의 값에 의해 결정된다. 만약 AD0 핀의 값이 0이면 레지스터 값은 0x68(-110 1000)이고, AD0 핀의 값이 1이면 레지스터 값은 0x69(-110 1001)이 된다.

○ MPU6050 Register 0x6B

• 프로그램 내용

```
HAL_I2C_Mem_Read(&hi2c1,MPU6050,0x6B,1,(uint8_t*)& temp_reg,1,10);
temp_reg=temp_reg&0xb8; // bit 6, 2-0 mask
temp_reg1=temp_reg|(0<<6|0x1); // non Sleep mode, Clock selection
HAL_I2C_Mem_Write(&hi2c1,MPU6050,0x6B,1,(uint8_t*)& temp_reg1,1,10);
```

• HAL_I2C_Mem_Read/HAL_I2C_Mem_Write 함수 설명

HAL_I2C_Mem_Read(I2C_HandleTypeDef *hi2c, uint16_t DevAddress, uint16_t MemAddress, uint16_t MemAddSize, uint8_t *pData, uint16_t Size, uint32_t Timeout)

HAL_I2C_Mem_Write(I2C_HandleTypeDef *hi2c, uint16_t DevAddress, uint16_t MemAddress, uint16_t MemAddSize, uint8_t *pData, uint16_t Size, uint32_t Timeout)

- *hi2c : i2c pointer
- DevAddress : MPU6050 Device Address(0x68)
- MemAddress : MPU6050 Internal Register Address(0x6B 등)
- MemAddSize : MPU6050 Internal Register Address Size(1Byte)
- *pData : Pointer to data buffer(1 byte register address)
- Size : Size Amount of data to be sent(1byte)
- Timeout : Timeout duration(10ms)

• 레지스터 내용

Register (Hex)	Register (Decimal)	Bit7	Bit6	Bit5	Bit4	Bit3	Bit2	Bit1	Bit0
6B	107	DEVICE_RESET	SLEEP	CYCLE	-	TEMP_DIS	CLKSEL[2:0]		

<table>
<tr><td>DEVICE_RESET</td><td>1로 설정하면 MPU6050 레지스터값이 Default 값으로 설정된다.
이 비트는 Reset 후 0으로 클리어 된다.</td></tr>
<tr><td>SLEEP</td><td>1로 설정하면 MPU6050 이 Sleep 모드로 진입한다.</td></tr>
<tr><td>CLKSEL</td><td>
<table>
<tr><th>CLKSEL</th><th>Clock Source</th></tr>
<tr><td>0</td><td>Internal 8MHz oscillator</td></tr>
<tr><td>1</td><td>PLL with X axis gyroscope reference</td></tr>
<tr><td>2</td><td>PLL with Y axis gyroscope reference</td></tr>
<tr><td>3</td><td>PLL with Z axis gyroscope reference</td></tr>
<tr><td>4</td><td>PLL with external 32.768kHz reference</td></tr>
<tr><td>5</td><td>PLL with external 19.2MHz reference</td></tr>
<tr><td>6</td><td>Reserved</td></tr>
<tr><td>7</td><td>Stops the clock and keeps the timing generator in reset</td></tr>
</table>
</td></tr>
</table>

○ MPU6050 Register 0x1B

• 프로그램 내용

```
HAL_I2C_Mem_Read(&hi2c1,MPU6050,0x1B,1,(uint8_t*)& temp_reg,1,10);
temp_reg=temp_reg&0xe7; // bit 4, 3 mask
temp_reg2=temp_reg|(0<<3|0<<4);
HAL_I2C_Mem_Write(&hi2c1,MPU6050,0x1B,1,(uint8_t*)& temp_reg2,1,10);
```

• 레지스터 내용

Register (Hex)	Register (Decimal)	Bit7	Bit6	Bit5	Bit4	Bit3	Bit2	Bit1	Bit0
1B	27	XG_ST	YG_ST	ZG_ST	FS_SEL[1:0]		-	-	-

XG_ST/YG_ST/ZG_ST	X, Y, Z축 Gyroscopes selt test 설정 bit
FS_SEL[1:0]	• Full scale range of gyroscopes FS_SEL | Full Scale Range 0 | ± 250 °/s 1 | ± 500 °/s 2 | ± 1000 °/s 3 | ± 2000 °/s • Gyro X, Gyro Y, Gyro Z가 16비트 데이터이므로 최대 표현할 수 있는 값은 -32768~32767이다. • 실습에서는 FS_SEL를 '00'으로 설정하므로 가속도센서 측정 Full Scale Range 가 ±250 ° /s이다. • Gyro X, Gyro Y, Gyro Z의 -32768~32767 값은 자이로센서의 각속도 -250° /s~+250° /s 사이의 값을 나타낸다. 즉, 곡선 +Z축 회전 방향으로 일정한 회전속도로 1초 동안 250도 회전했을 때 32767값을 유지하고, 곡선 +Z축 회전 반대 방향으로 일정한 회전속도로 1초 동안 250도 회전했을 때 -32768값을 유지한다. • 자이로센서가 1초 동안 1° 회전했을 때 Gyro Z값은 131에 해당한다(32768/250 = 131). • Gyro X, Gyro Y값도 Gyro Z와 같이 측정된다.

○ MPU6050 Register 0x1C

• 프로그램 내용

```
HAL_I2C_Mem_Read(&hi2c1,MPU6050,0x1C,1,(uint8_t*)& temp_reg,1,10);
temp_reg=temp_reg&0xe7; // bit 4, 3 mask
temp_reg3=temp_reg|(0<<3|0<<4);
HAL_I2C_Mem_Write(&hi2c1,MPU6050,0x1C,1,(uint8_t*)& temp_reg3,1,10);
```

• 레지스터 내용

Register (Hex)	Register (Decimal)	Bit7	Bit6	Bit5	Bit4	Bit3	Bit2	Bit1	Bit0
1C	28	XA_ST	YA_ST	ZA_ST	AFS_SEL[1:0]		-		

<table>
<tr><td>XA_ST/YA_ST/ZA_ST</td><td>X, Y, Z축 Accelerometer selt test 설정 bit</td></tr>
<tr><td>FS_SEL[1:0]</td><td>

• Full scale range of the accelerometer output

<table>
<tr><th>AFS_SEL</th><th>Full Scale Range</th></tr>
<tr><td>0</td><td>± 2g</td></tr>
<tr><td>1</td><td>± 4g</td></tr>
<tr><td>2</td><td>± 8g</td></tr>
<tr><td>3</td><td>± 16g</td></tr>
</table>

• Accelerometer X, Accelerometer Y, Accelerometer Z가 16비트 데이터이므로 최대 표현할 수 있는 값은 -32768~32767이다.
• 실습에서는 AFS_SEL를 '00'으로 설정하므로 가속도센서 측정 Full Scale Range가 ±2g이다.
• Accelerometer X, Accelerometer Y, Accelerometer Z가 가속도 ±1g 사이이면 X, Y, Z축 가속도센서값은 -16384~+16387의 값이 측정된다.
• Z축이 중력가속도 방향과 같으면 -16384 근처값이 측정되고, 중력가속도와 반대방향이면 +16387 근처값이 측정된다.
</td></tr>
</table>

⑤ 가속도센서 값 읽기 및 데이터 특성

○ 가속도센서 16비트 값 읽기

• 프로그램 내용

```
void Read_MPU6050_Data(void)
{  Accel_X=(MPU6050_Read(0x3B)<<(8)|MPU6050_Read(0x3C);
   Accel_Y=(MPU6050_Read(0x3D)<<(8)|MPU6050_Read(0x3E);
   Accel_Z=(MPU6050_Read(0x3F)<<(8)|MPU6050_Read(0x40);
    --- 생략 ---
}
```

```
uint8_t MPU6050_Read(uint8_t Address)
{ uint8_t data=0;
  HAL_I2C_Mem_Read(&hi2c1,MPU6050,Address,1,(uint8_t*)&data,1,10);
  return data;
}
```

• 레지스터 내용

Register (Hex)	Register (Decimal)	Bit7	Bit6	Bit5	Bit4	Bit3	Bit2	Bit1	Bit0
3B	59	ACCEL_XOUT[15:8]							
3C	60	ACCEL_XOUT[7:0]							
3D	61	ACCEL_YOUT[15:8]							
3E	62	ACCEL_YOUT[7:0]							
3F	63	ACCEL_ZOUT[15:8]							
40	64	ACCEL_ZOUT[7:0]							

ACCEL_XOUT[15:8]	Accelerometer X값 상위 1BYTE 값
ACCEL_XOUT[7:0]	Accelerometer X값 하위 1BYTE 값
ACCEL_YOUT[15:8]	Accelerometer Y값 상위 1BYTE 값
ACCEL_YOUT[7:0]	Accelerometer Y값 하위 1BYTE 값
ACCEL_ZOUT[15:8]	Accelerometer Y값 상위 1BYTE 값
ACCEL_ZOUT[7:0]	Accelerometer Y값 하위 1BYTE 값

○ 가속도센서 직선 X값 측정

실제 가속도센서값을 측정해 보면, 직선 +X가 중력방향(오른쪽)으로 움직이면 가속도센서 X축 값은 음수값이 측정되고, 중력 반대방향(왼쪽)으로 움직이면 가속도센서 X축 값은 양수가 측정된다.

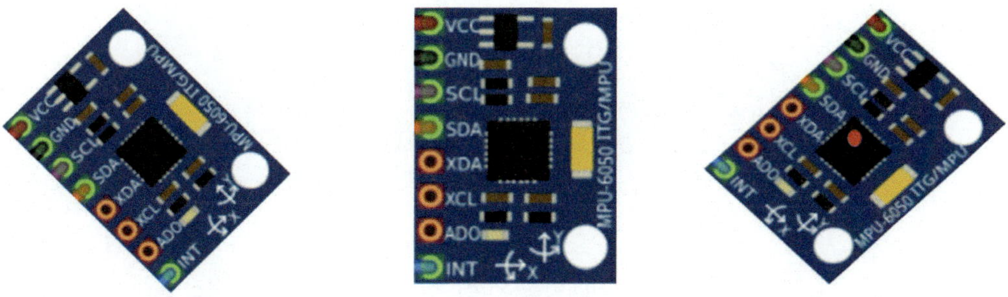

X축 중력 반대방향(왼쪽) X축 기준 X축 중력방향(오른쪽)

[그림 8-16] 가속도센서 X축 이동

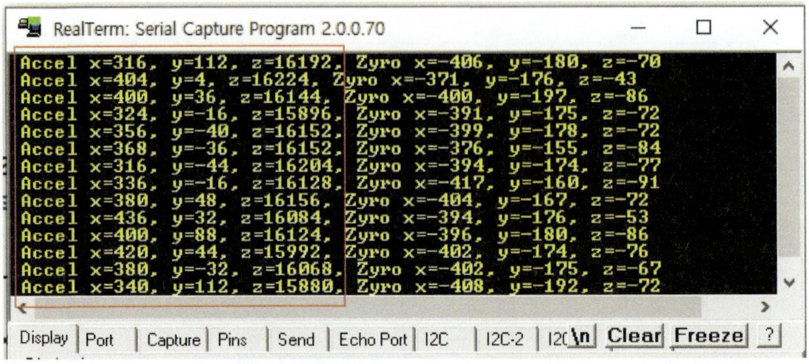

(a) 기울기가 없을 때 측정값

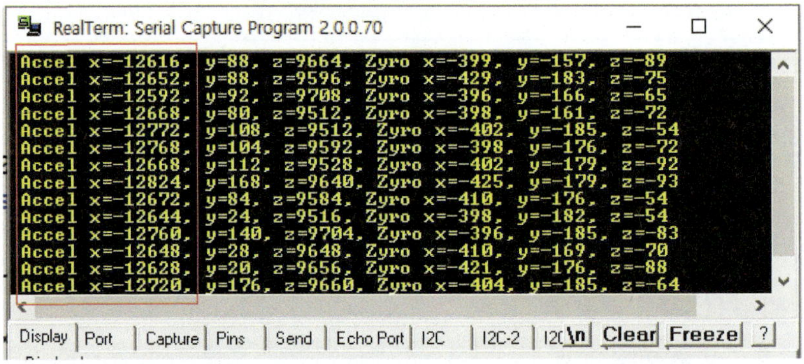

(b) 직선 X가 중력방향(오른쪽)으로 기울어질 때 측정값

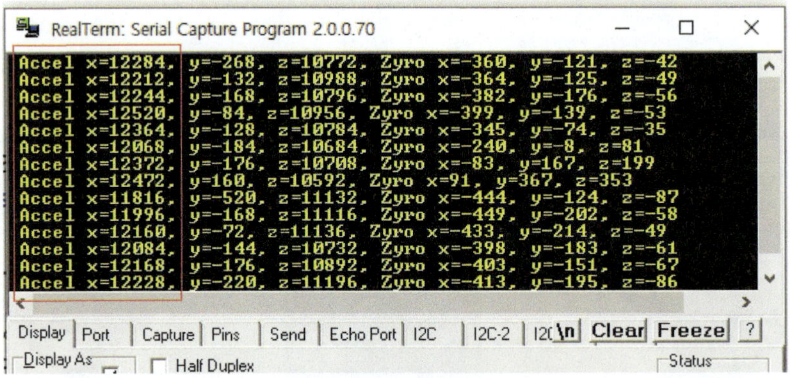

(c) 직선 X가 중력 반대방향(왼쪽)으로 기울어질 때 측정값

[그림 8-17] 가속도센서 X축 측정 결과

○ 가속도센서 직선 Y값 측정

실제 가속도센서값을 측정해 보면, 직선 +Y가 중력방향(오른쪽)으로 움직이면 가속도센서 Y축 값은 음수값이 측정되고, 중력 반대방향(왼쪽)으로 움직이면 가속도센서 Y축 값은 양수가 측정된다.

Y축 중력 반대방향(왼쪽) Y축 기준 Y축 중력방향(오른쪽)

[그림 8-18] 가속도센서 Y축 이동

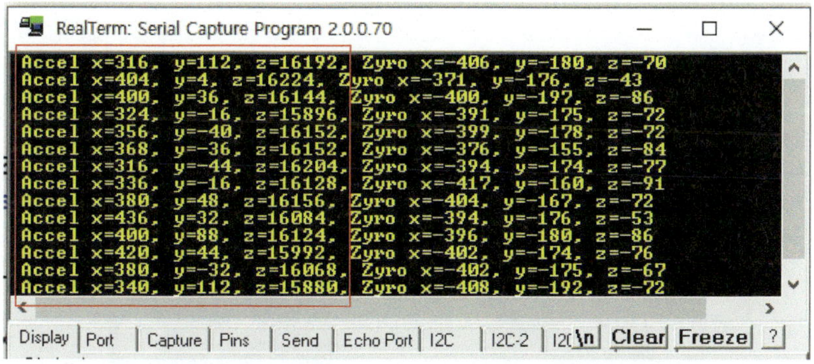

(a) 기울기가 없을 때 측정값

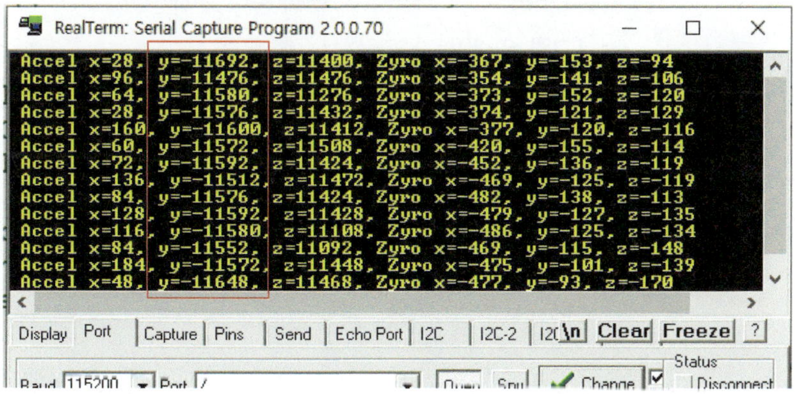

(b) 직선 Y가 중력방향(오른쪽)으로 기울어질 때 측정값

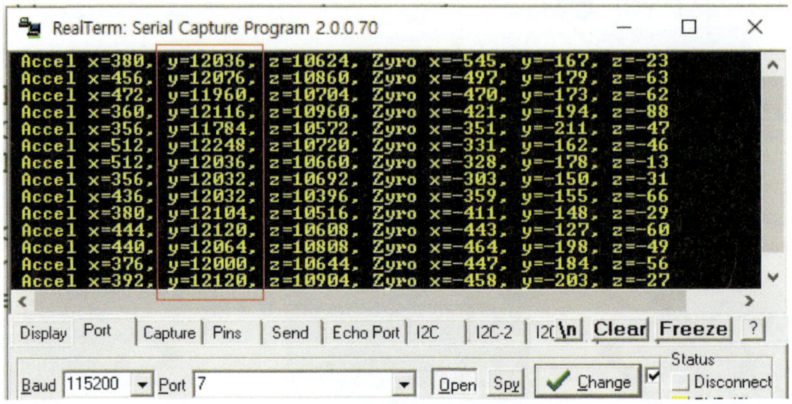

(c) 직선 Y가 중력반대(왼쪽)으로 기울어질 때 측정값

[그림 8-19] 가속도센서 Y축 측정 결과

○ 가속도센서 직선 Z값 측정

실제 가속도센서값을 측정해 보면, 직선 +Z가 중력방향이면 가속도센서 Z축 값은 음수값이 측정되고, 중력 반대방향이면 가속도센서 Z축 값은 양수값이 측정된다.

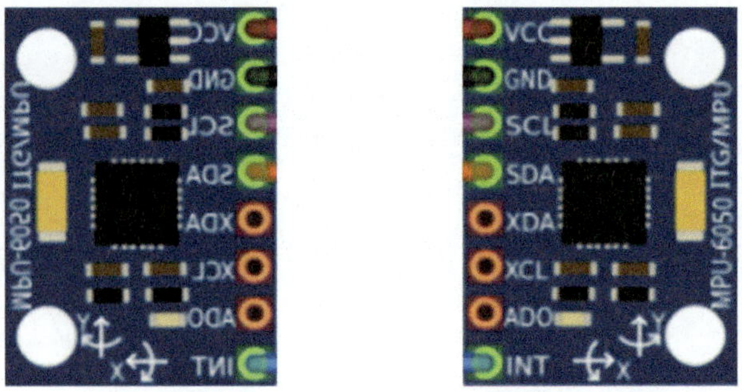

Z축(중력방향) Z축(중력 반대방향)

[그림 8-20] 가속도센서 Z축 이동

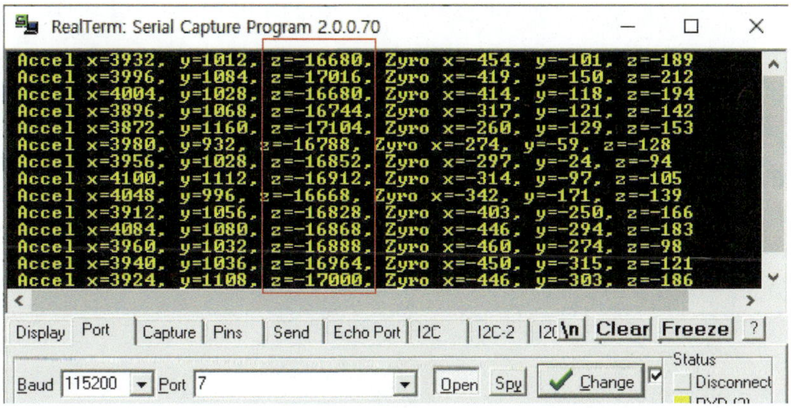

(a) 직선 Z가 중력방향일 때 측정값

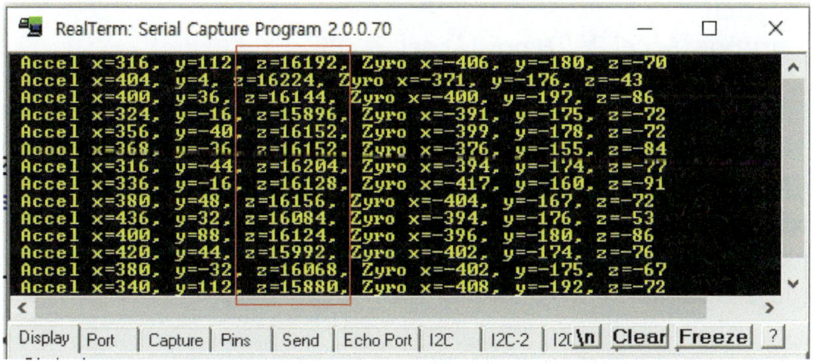

(b) 직선 Z가 중력 반대방향일 때 측정값

[그림 8-21] 가속도센서 Z축 측정결과

⑥ 가속도센서 각도 계산

지금까지 측정한 가속도센서 X, Y, Z 값을 각도로 표시하기 위해서는 아래의 각도 계산 공식을 사용한다.

- angle(X), Pitch = $\tan^{-1}\left(\frac{AcX}{\sqrt{(Ac^2Y + Ac^2Z}}\right)\times\left(\frac{180}{\pi}\right)$
- angle(Y), Roll = $\tan^{-1}\left(\frac{AcY}{\sqrt{(Ac^2X + Ac^2Z}}\right)\times\left(\frac{180}{\pi}\right)$
- angle(Z), Yaw = $\tan^{-1}\left(\frac{\sqrt{(Ac^2X + Ac^2Y}}{AcZ}\right)\times\left(\frac{180}{\pi}\right)$

• 가속도센서 각도 계산 프로그램 작성(#include 〈math.h〉를 추가할 것)

코드위치 : Project Name₩Core₩Src₩main.c

```
#include <math.h>
--- 생략 ----

float radTodeg=180/3.141592;
float accel_angle_x, accel_angle_y, accel_angle_z;

void Calc_Accelometer(void)
{ float accel_xz,  accel_yz, accel_xy;
// X-Angle, pitch
 accel_yz=sqrt(pow(Accel_Y,2)+pow(Accel_Z,2));
 accel_angle_y=atan(-Accel_X/accel_yz)*radTodeg;
  // Y-Angle, roll
 accel_xz=sqrt(pow(Accel_X,2)+pow(Accel_Z,2));
 accel_angle_x=atan(Accel_Y/accel_xz)*radTodeg;
  // Z-Angle, yaw
 accel_xy=sqrt(pow(Accel_X,2)+pow(Accel_Y,2));
 accel_angle_z=atan(accel_xy/Accel_Z)*radTodeg;
}

int main(void)
{  --- 생략
 while(1)
 {
   Read_MPU6050_Data();
   Calc_Accelometer();
   printf("\n\r Accel x_angle=%3.2f, y_angle=%3.2f, z_angle=%3.2f",
              accel_angle_x, accel_angle_y, accel_angle_z);
  }
}
```

○ 가속도센서 각도 계산 결과

각도 계산 공식을 적용한 결과는 [그림 8-22]와 같다.

※ device address 0x68 인식이 안 될 경우, 전원(MPU-6050)을 다시 연결 후 실습보드 Reset을 시킨다.

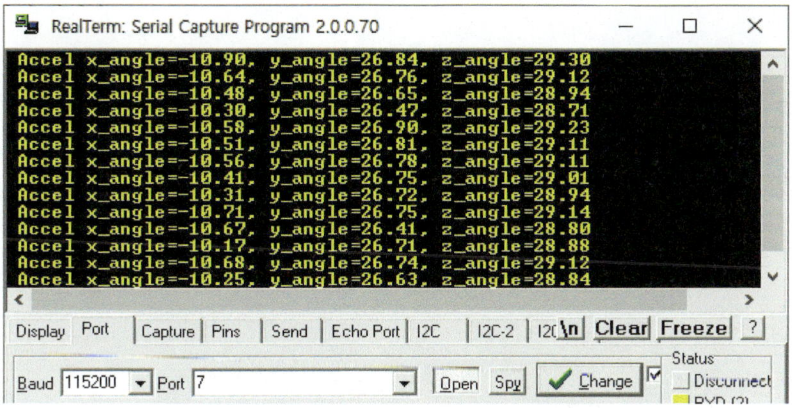

[그림 8-22] 가속도센서 각도공식 적용 결과

8.2 자이로센서 실습

MPU6050을 이용하여 3축(X, Y, Z) 자이로센서 값을 측정한다.

① 가속도센서 값 읽기 및 데이터 특성

○ 자이로센서 16비트 값 읽기

• 프로그램 내용

```
void Read_MPU6050_Data(void)
{
   --- 생략 ---
  Gyro_X=(MPU6050_Read(0x43)<<8)|MPU6050_Read(0x44);
  Gyro_Y=(MPU6050_Read(0x45)<<8)|MPU6050_Read(0x46);
  Gyro_Z=(MPU6050_Read(0x47)<<8)|MPU6050_Read(0x48);
}
```

```
uint8_t MPU6050_Read(uint8_t Address)
{ uint8_t data=0;
  HAL_I2C_Mem_Read(&hi2c1,MPU6050,Address,1,(uint8_t*)&data,1,10);
  return data;
}
```

• 레지스터 내용

Register (Hex)	Register (Decimal)	Bit7	Bit6	Bit5	Bit4	Bit3	Bit2	Bit1	Bit0
43	67	GYRO_XOUT[15:8]							
44	68	GYRO_XOUT[7:0]							
45	69	GYRO_YOUT[15:8]							
46	70	GYRO_YOUT[7:0]							
47	71	GYRO_ZOUT[15:8]							
48	72	GYRO_ZOUT[7:0]							

GYRO_XOUT[15:8]	Gyro X값 상위 1BYTE 값
GYRO_XOUT[7:0]	Gyro X값 하위 1BYTE 값
GYRO_YOUT[15:8]	Gyro Y값 상위 1BYTE 값
GYRO_YOUT[7:0]	Gyro Y값 하위 1BYTE 값
GYRO_ZOUT[15:8]	Gyro Z값 상위 1BYTE 값
GYRO_ZOUT[7:0]	Gyro Z값 하위 1BYTE 값

② 자이로센서 회전 X값 측정

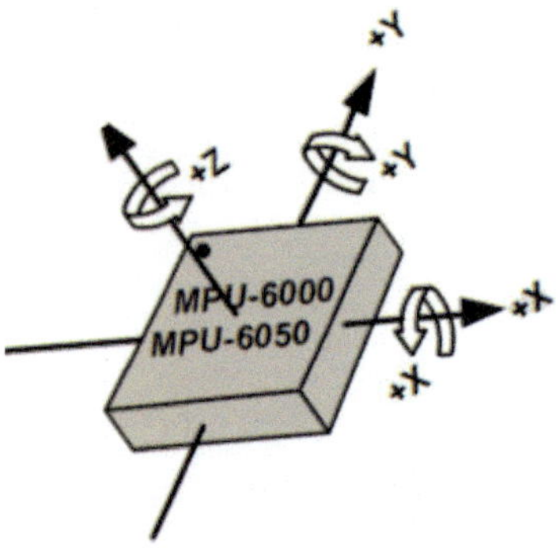

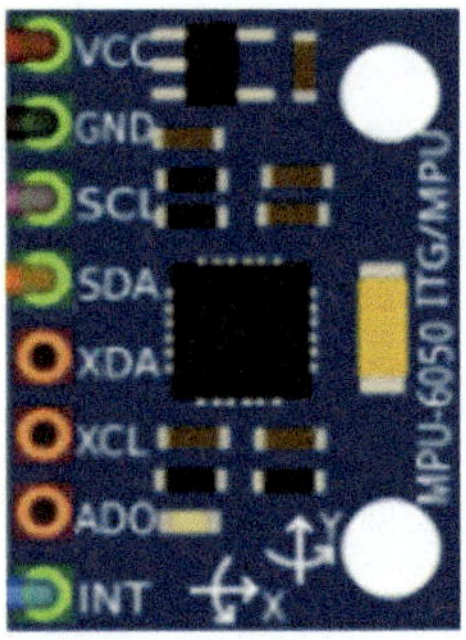

[그림 8-23] 자이로센서 회전 X값 측정

직선 +X를 엄지방향으로 한 상태에서 네 손가락을 감는 방향이 곡선 회전각속도 +X값이다. 회전각이 네 손가락을 감는 방향이면 회전각 속도 X는 양수값이 측정되고, 네 손가락을 감는 방향과 반대이면 회전각 속도 X는 음수 값이 측정된다.

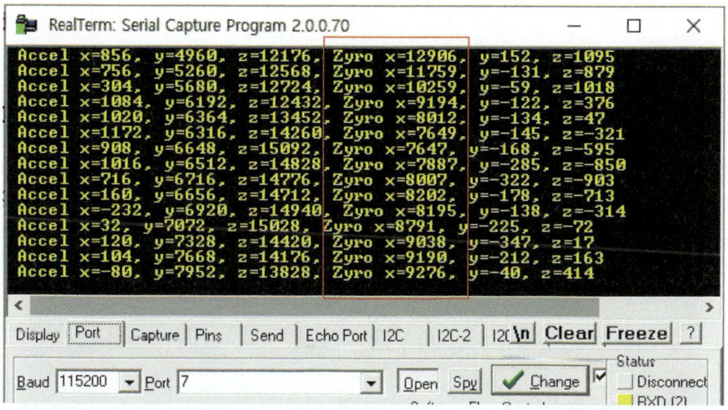

(a) X 회전각이 네 손가락을 감는 방향일 때(오른쪽 회전) 회전각 속도 측정값

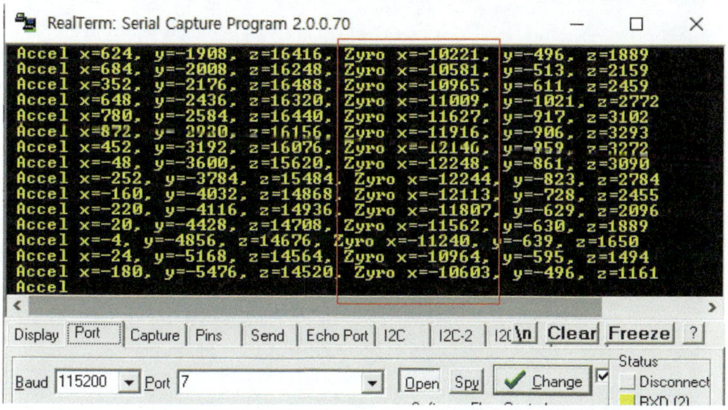

(b) X 회전각이 네 손가락을 감는 반대 방향일 때(왼쪽 회전) 회전각 속도 측정값

[그림 8-24] 자이로센서 회전 X값 측정결과

③ 자이로센서 회전 Y값 측정

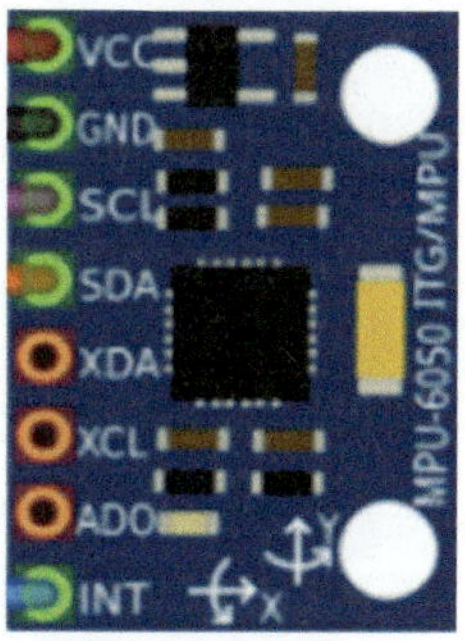

[그림 8-25] 자이로센서 회전 Y값 측정

직선 +Y를 엄지방향으로 한 상태에서 네 손가락을 감는 방향이 곡선 회전각속도 +Y값이다. 회전각이 네 손가락을 감는 방향이면 회전각 속도 Y는 양수 값이 측정되고, 네 손가락을 감는 방향과 반대이면 회전각 속도 Y는 음수 값이 측정된다.

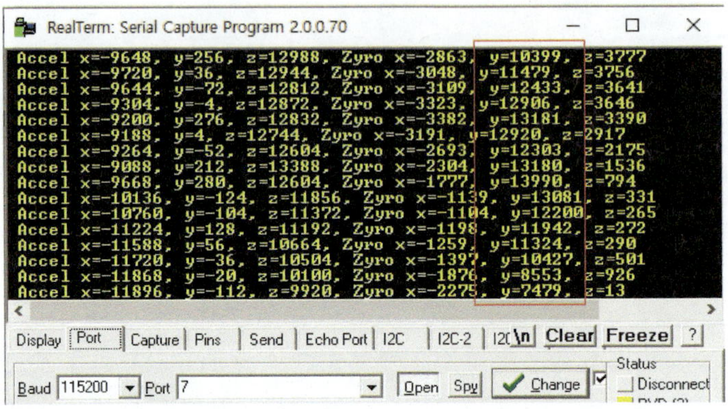

(a) Y 회전각이 네 손가락을 감는 방향일 때(오른쪽 회전) 회전각 속도 측정값

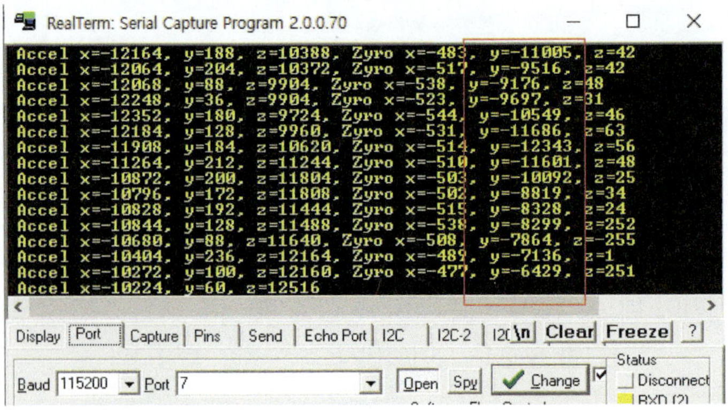

(b) Y 회전각이 네 손가락을 감는 반대 방향일 때(왼쪽 회전) 회전각 속도 측정값

[그림 8-26] 자이로센서 회전 Y값 측정결과

④ 자이로센서 회전 Z값 측정

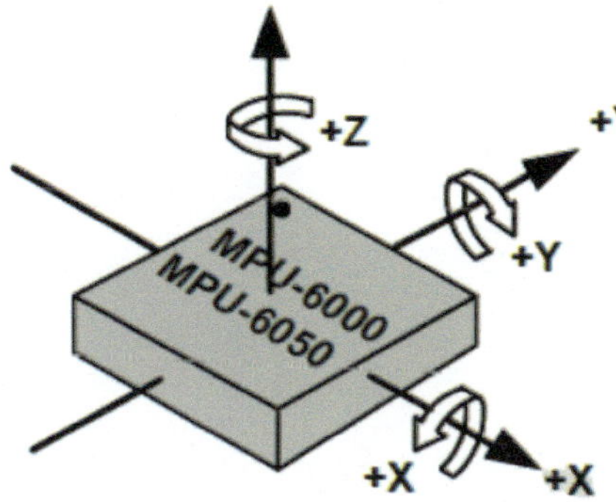

[그림 8-27] 자이로센서 회전 Z값 측정

직선 +Z를 엄지방향으로 한 상태에서 네 손가락을 감는 방향이 곡선 회전각속도 +Z값이다. 회전각이 네 손가락을 감는 방향이면 회전각 속도 Z는 양수 값이 측정되고, 네 손가락을 감는 방향과 반대이면 회전각 속도 Z는 음수 값이 측정된다.

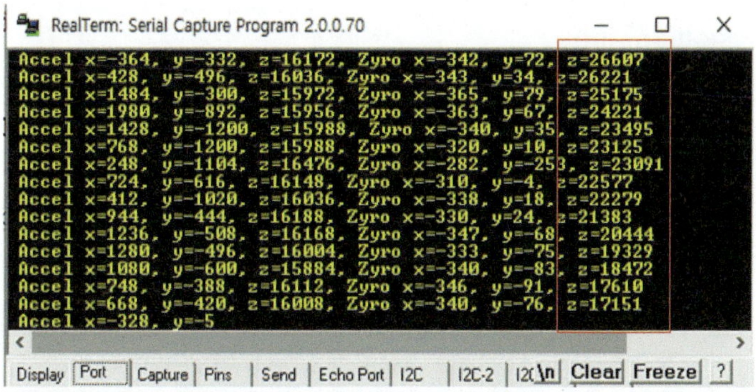

(a) Z 회전각이 네 손가락을 감는 방향일 때(오른쪽 회전) 회전각 속도 측정값

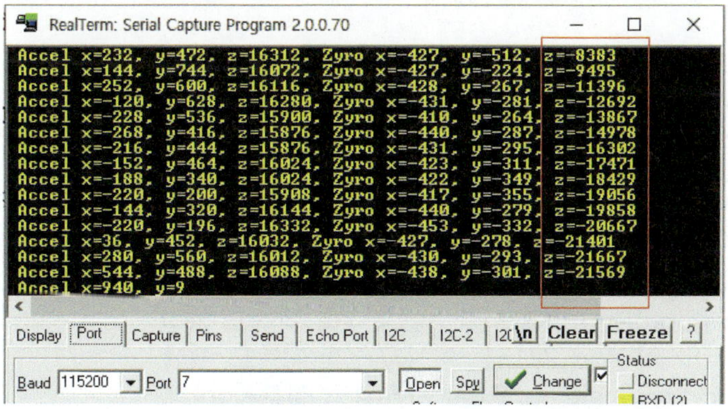

(b) Z 회전각이 네 손가락을 감는 반대 방향일 때(왼쪽 회전) 회전각 속도 측정값

[그림 8-28] 자이로센서 회전 Z값 측정

⑤ 자이로센서를 이용한 각도 계산

○ 각속도를 이용한 각도 계산 공식

자이로센서에서 측정된 값은 X, Y, Z축에 대한 회전각속도이면 각도 계산을 위해서는 아래식과 같이 측정값에 적분을 한다.

- 회전각도(X) $= \int \omega_x \cdot dt$
- 회전각도(Y) $= \int \omega_y \cdot dt$
- 회전각도(Z) $= \int \omega_z \cdot dt$

○ 시간변화(dt) 설정하기 위한 방법

적분실행을 위해서는 dt 값 설정이 필요하다. 본 교재에서는 SysTick 인터럽트를 사용하여 dt = 30[ms]로 설정하여 계산한다.

- dt 값 설정을 위한 SysTick 인터럽트 사용

코드위치 : Project Name₩Core₩Src₩stm32f4xx_it.c

```
void SysTick_Handler(void)
{  HAL_IncTick();
   HAL_SYSTICK_IRQHandler();
}
```

○ 자이로센서 각도 계산(적분) 프로그램 작성(#include 〈math.h〉를 추가할 것)

코드위치 : Project Name₩Core₩Src₩main.c

```
#include <math.h>
--- 생략 ---
float zy_angle_vx, zy_angle_vy, zy_angle_vz;
float zyro_angle_x, zyro_angle_y, zyro_angle_z;
volatile int timer_count=0;

//±32,767으로 각속도 ±250도를 표현하므로, 32,767/250=131임
void Calc_Zyro(void)
{ zy_angle_vx=(float)Gyro_X/131;       // X축 각속도 계산
   zy_angle_vy=(float)Gyro_Y/131;      // Y축 각속도 계산
   zy_angle_vz=(float)Gyro_Z/131;      // Z축 각속도 계산
   zyro_angle_x+=zy_angle_vx*0.03;  // 각도 적분계산
   zyro_angle_y+=zy_angle_vy*0.03;
   zyro_angle_z+=zy_angle_vz*0.03;
```

```
}

void HAL_SYSTICK_Callback(void)   // dt=30[ms]
{  if((timer_count %30)==0)
     {  Read_MPU6050_Data();
        Calc_Zyro();
        timer_count=0;
     }
   timer_count++;
}


int main(void)
{  -----생략 --
 Init_MPU6050();

 while(1)
 { HAL_Delay(30);
   printf("\n\r Zyro Angle x=%3.2f, y=%3.2f, z=%3.2f", zyro_angle_x, zyro_angle_y,
                zyro_angle_z);
  }
}
```

○ 각도 계산 결과

자이로센서를 이용하여 수평상태에서 초기 각도 계산값이다. 시간이 지남에 따라 적분계산에 의한 누적오차의 증가로 오차가 계속 증가한다.

※ device address 0x68 인식이 안 될 경우, 전원(MPU-6050)을 다시 연결 후 실습보드 Reset을 시킨다.

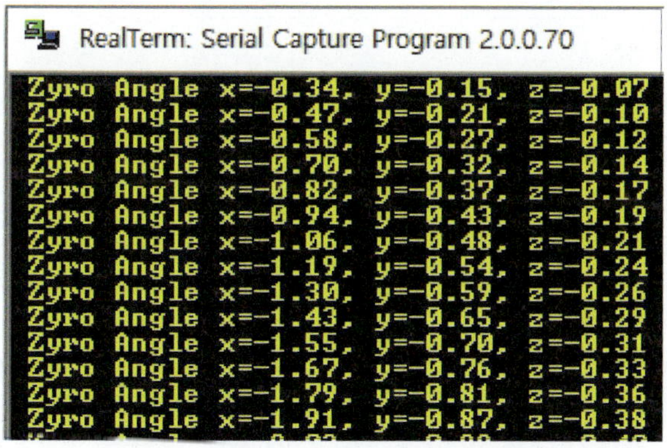

(a) 초기 수평상태 각도 계산

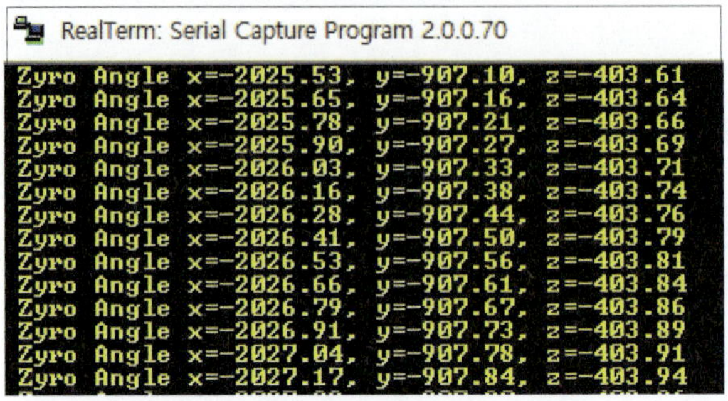

(b) 일정시간 후 각도 계산

[그림 8-29] 자이로센서 각도 계산 결과

8.3 상보필터를 이용한 보상 및 결과

가속도센서만 이용하여 각도를 측정하면 작은 충격이 발생했을 때 측정값의 변동이 크고, 자이로센서만 이용하여 각도를 측정하면 적분오차로 인해 오류가 발생한다. 이러한 문제점을 보완하기 위해 본 교재에서는 쉽게 구현이 가능한 상보필터 구현 및 적용을 한다.

① 상보필터 적용

○ 상보필터 공식

Filtered Angle = α × (Gyroscope Angle) + (1 − α) × (Accelerometer Angle)

where, $\alpha = \tau/(\tau + \Delta t)$

Gyroscope Angle = Last Measured Filtered Angle + $\omega \times \Delta t$

Δt = sampling rate,

τ = time constant greater than timescale of typical accelerometer noise

(예) I had a sampling rate of about 0.03 seconds and chose a time constant of about 1 second, giving $\alpha \approx 0.97$.

○ 상보필터 프로그램 작성

코드위치 : Project Name₩Core₩Src₩main.c

```
--- 생략 ---
void Filtered_xyz(void)
{  float temp_x, temp_y, temp_z;
   temp_x=filter_x+zy_angle_vx*0.03;
```

```
    temp_y=filter_y+zy_angle_vy*0.03;
    temp_z=filter_z+zy_angle_vz*0.03;

    filter_x=(0.97*temp_x)+((1.0-0.97)*accel_angle_x);
    filter_y=(0.97*temp_y)+((1.0-0.97)*accel_angle_y);
    filter_z=(0.97*temp_z)+((1.0-0.97)*accel_angle_z);
}

void HAL_SYSTICK_Callback(void)
{     timer_count++;

      if((timer_count % 30)==0)
        {  Read_MPU6050_Data();
           Calc_Accelometer();
           Calc_Zyro();
           Filtered_xyz();
           timer_count=0;
           // printf("\n\r systick!!");
        }
}

int main(void)
{  --- 생략 ----
  while (1)
   {
    // HAL_Delay(30);
    printf("\n\r Filter x=%3.2f, y=%3.2f, z=%3.2f", filter_x+2.7, filter_y+2.5, filter_z-0.65);
    // +2.7, _2.5, 0.65는 보정값임
   }
}
```

○ 상보필터 적용 결과

[그림 8-30]은 상보필터를 적용한 결과이다.

※ device address 0x68 인식이 안 될 경우, 전원(MPU-6050)을 다시 연결 후 실습보드 Reset을 시킨다.

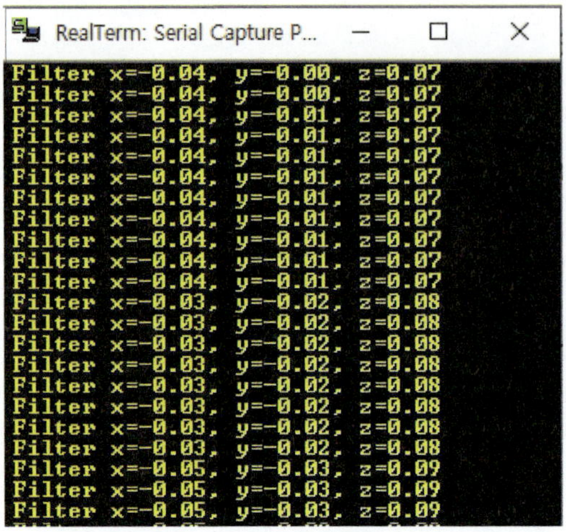

(a) 초기 수평상태 각도 계산

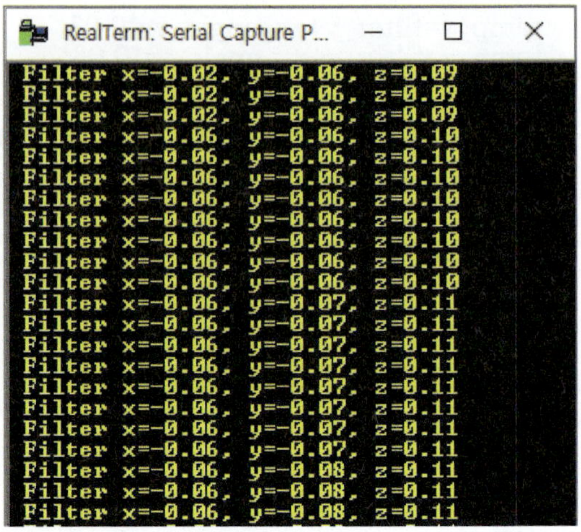

(b) 일정시간 후 수평상태 각도 계산

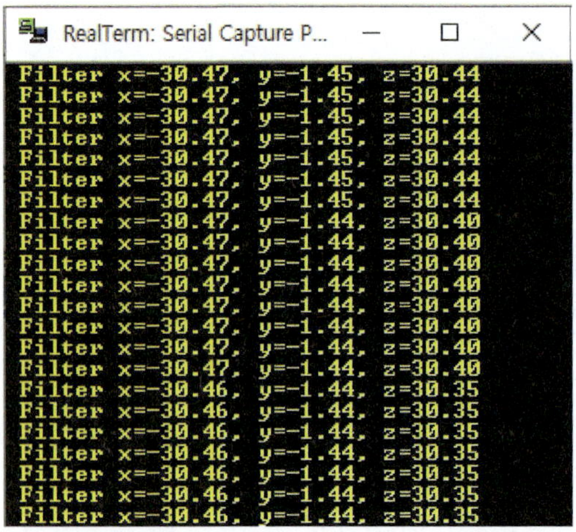

(c) X축으로 기울어질 때 각도 계산

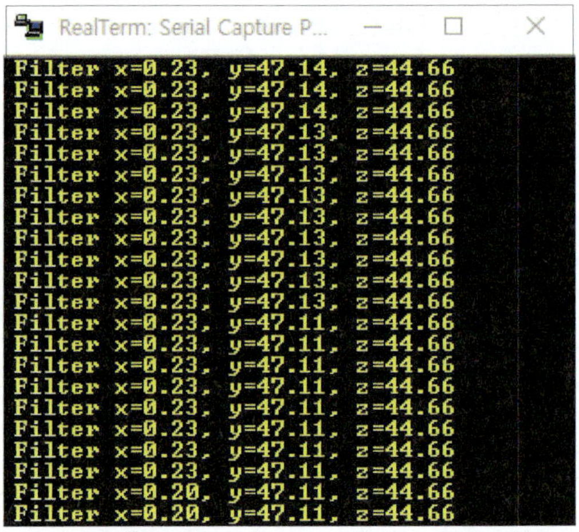

(d) Y축으로 기울어질 때 각도 계산

[그림 8-30] 상보필터 적용 결과

② Processing 프로그램을 활용한 출력결과 확인

○ Processing 프로그램 다운로드 및 설치

• https://processing.org 사이트에 접속하여 [그림 8-31]의 Download를 선택한다.

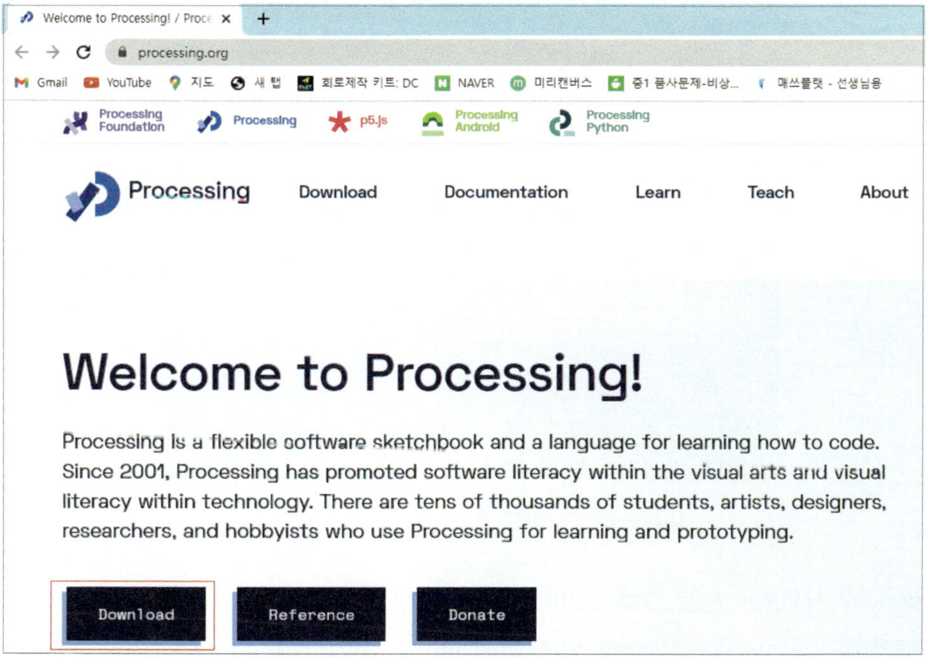

[그림 8-31] Processing 홈페이지 접속

[그림 8-32]처럼 Download Processing 4.2 for Windows를 다운로드 한 후 프로그램을 설치한다.

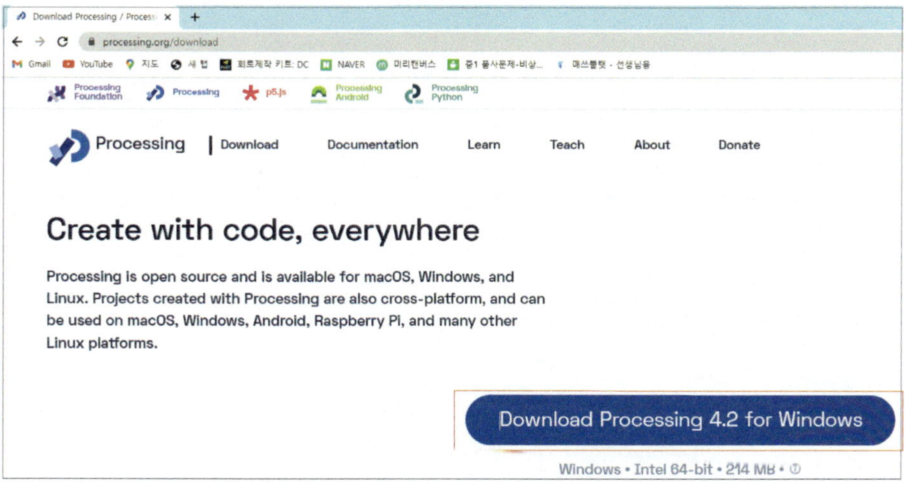

[그림 8-32] Processing 프로그램 다운로드 및 설치

다운로드 파일 중 processing.exe 파일을 실행시키면 [그림 8-33]과 같은 초기화면을 볼 수 있다.

[그림 8-33] processing 실행 초기화면

○ ShowGY521Data 프로그램 다운로드 및 파일열기

검색엔진에서 ShowGY521Data을 검색하여 https://geekmomprojects.com 홈페이지에 접속한다. [그림 8-34]와 같이 Download ShowGY521Data를 선택하여 프로그램을 다운로드한 후 압축을 푼다.

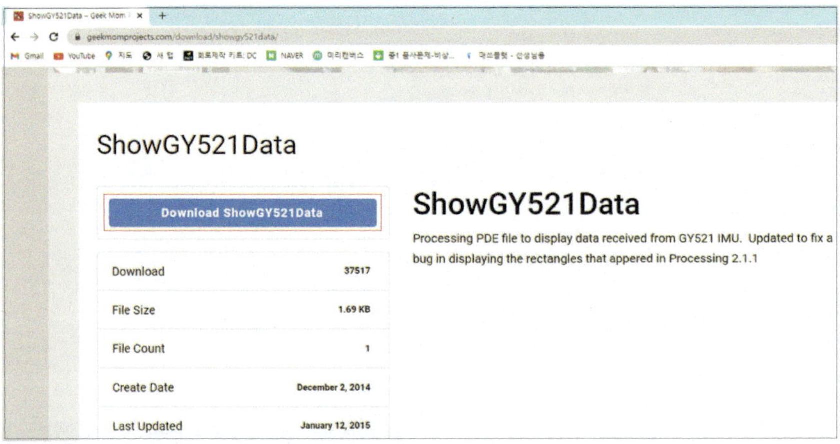

[그림 8-34] ShowGY521Data 홈페이지 접속

Processing 프로그램에서 <u>파일</u> → <u>열기</u>를 선택하고 <u>ShowGY521Data.pde</u>를 선택하여 열면 [그림 8-35]와 같다. 여기서 통신속도를 38400에서 <u>115200</u>으로 변경한다.

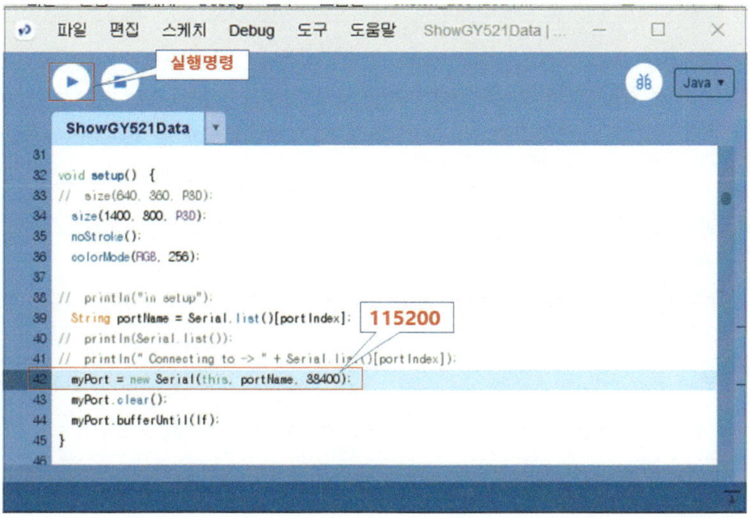

[그림 8-35] Processing에서 실행 프로그램 열기

○ Processing 활용을 위한 데이터 형식 맞추기

Processing에서 요구하는 데이터 포맷은 [그림 8-36]과 같이 Del값, 가속도 값, 자이로 값, 상보필터 값 순서이다. 여기서 '#'은 이들 값들의 분리를 나타낸다.

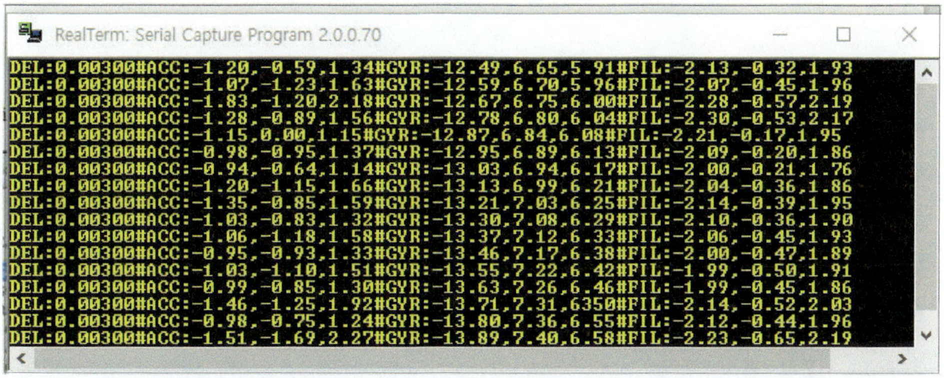

[그림 8-36] Processing에서 요구하는 데이터 형식

Processing에서 요구하는 데이터 포맷을 맞추기 위한 프로그램은 다음과 같다.

코드위치 : Project Name₩Core₩Src₩main.c

```
--- 생략 ---
int main(void)
{  --- 생략 ----
 while (1)
  {  --- 생략 ----
   printf("\n\rDEL:0.0030#ACC:%3.2f,%3.2f,%3.2f#GYR:%3.2f,%3.2f,%3.2f
               #FIL:%3.2f,%3.2f,%3.2f",
              accel_angle_x, accel_angle_y, accel_angle_z, zyro_angle_x,
              zyro_angle_y, zyro_angle_z, filter_x, filter_y, filter_z);
    --- 생략 ----
   }
```

○ Processing 출력 결과

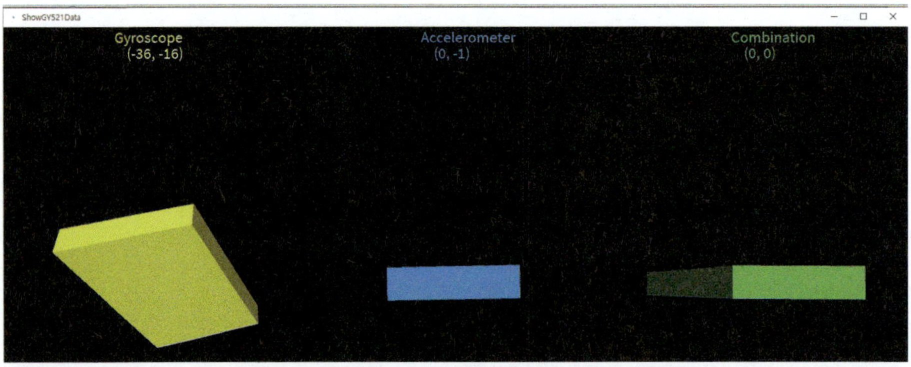

(a) 초기 수평상태

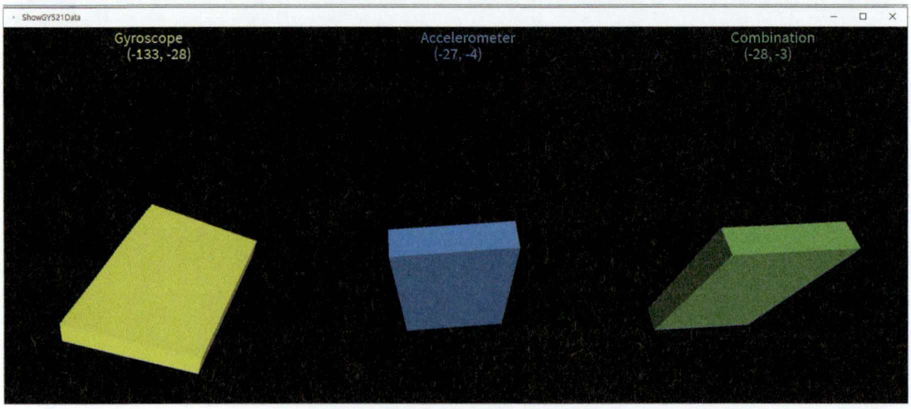

(b) X축으로 기울어질 때

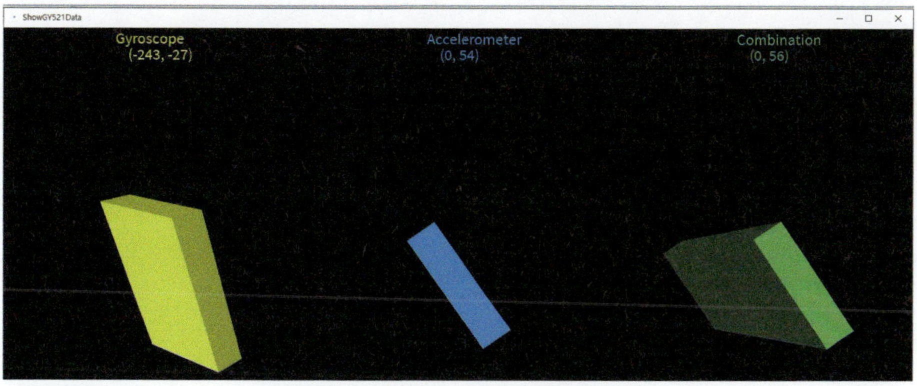

(c) Y축으로 기울어질 때

[그림 8-37] Processing 출력 결과

9장 FreeRTOS 실습

FreeRTOS는 임베디드시스템의 실시간 운영체계(RTOS : Real-Time Operating System)의 하나로 지정된 제한시간 내에 확실한 출력을 보장하는 운영체계이다.

9.1 FreeRTOS를 이용한 Multi Task 실습

FreeRTOS를 이용하여 두 개의 Task를 만들어 독립적으로 동작하는 방법을 실습한다.

① 하드웨어 구성

[그림 9-1]의 회로와 같이 PC0, PC01에 LED를 연결하여 회로를 구성한다.

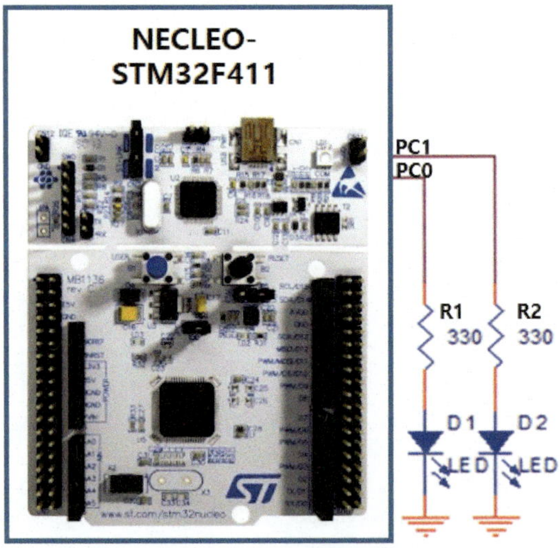

[그림 9-1] LED 제어회로도

② FreeRTOS 사용을 위한 STM32CubeIDE 설정

○ 프로젝트 만들기

STM32CubeIDE 실행 후 File → New → STM32 Project를 실행한다.

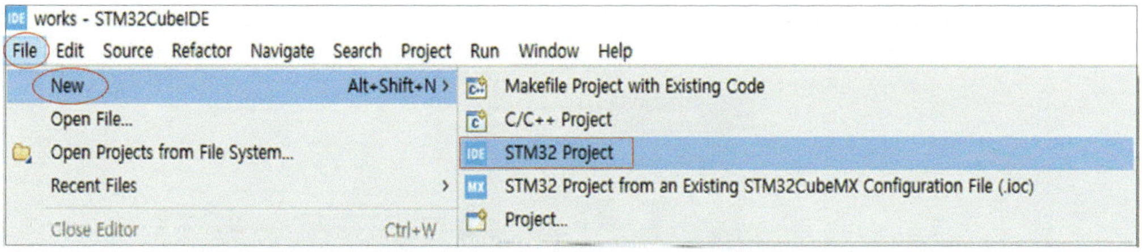

[그림 9-2] 새 프로젝트 만들기

○ 사용할 보드 선택

Target Selection 창에서 Board Selector를 선택한 후 Commercial Part Number에서 nucleo-f411re를 입력하여 선택한다.

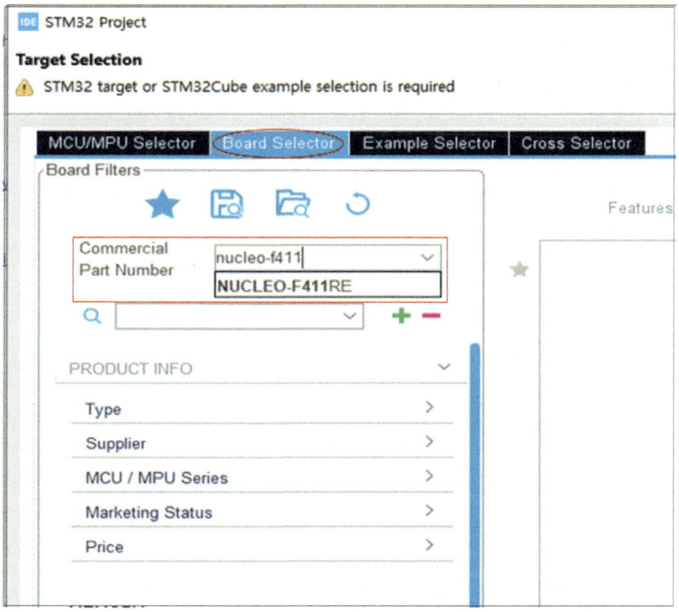

[그림 9-3] 사용할 보드 선택 ①

실습에 사용한 보드를 선택하면 [그림 9-4]와 같이 보드 리스트가 나타난다. 해당 보드를 선택한 후 NEXT를 선택한다.

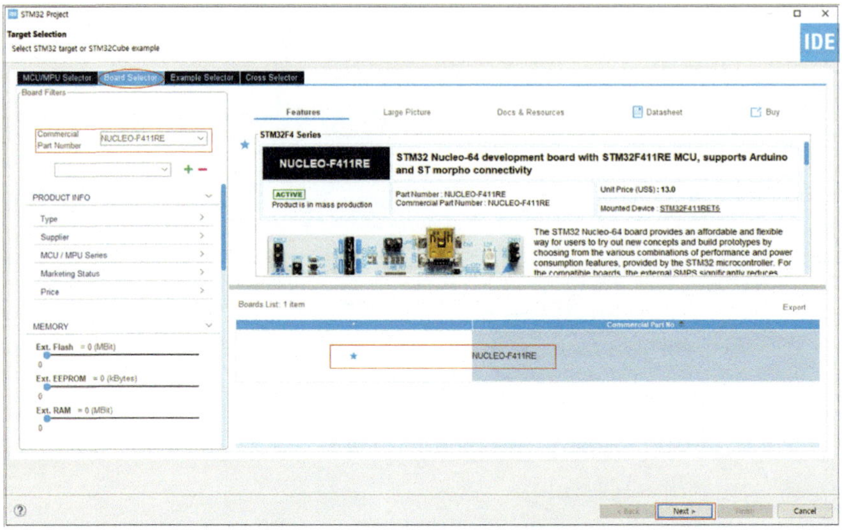

[그림 9-4] 사용할 보드 선택 ②

○ 프로젝트 이름 설정하기

Project Name을 입력한다. 본 실습에서는 [그림 9-5]와 같이 rtos_led로 하고 나머지 선택은 default값으로 한다.

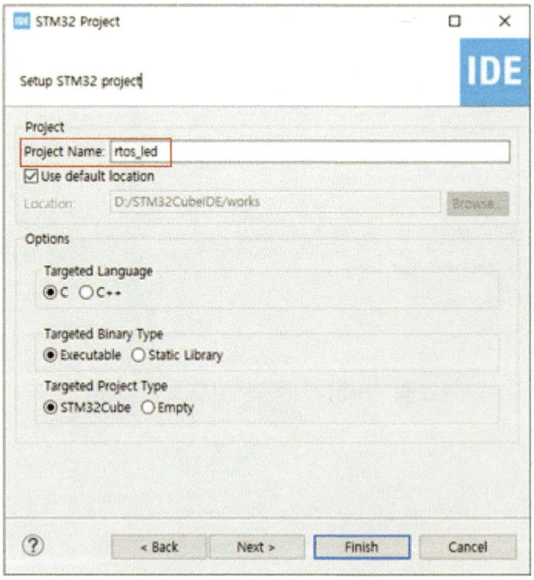

[그림 9-5] 프로젝트 이름 입력

○ Board Project Option 선택

NUCLEO-F411RE보드에 설정된 주변장치(GPIO, USART, RCC 등)의 기본설정을 불러오기 위해 Yes를 선택한다.

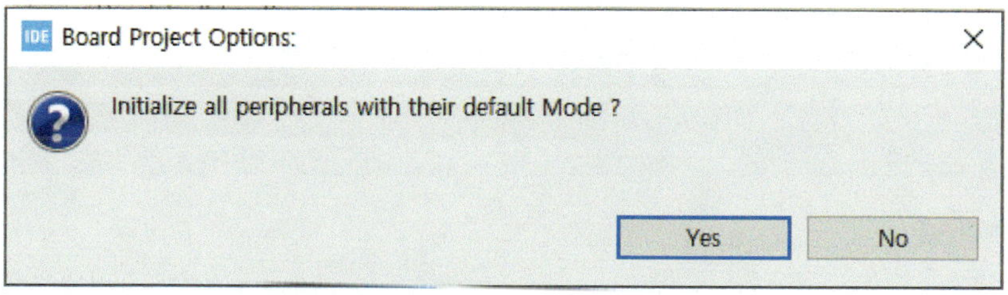

[그림 9-6] Board Project Option 선택

○ STM32CubeMx 레이아웃 뷰 실행하기

STM32CubeIDE 개발환경에 STM32CubeMx 레이아웃 뷰를 실행하기 위해 Yes를 선택한다.

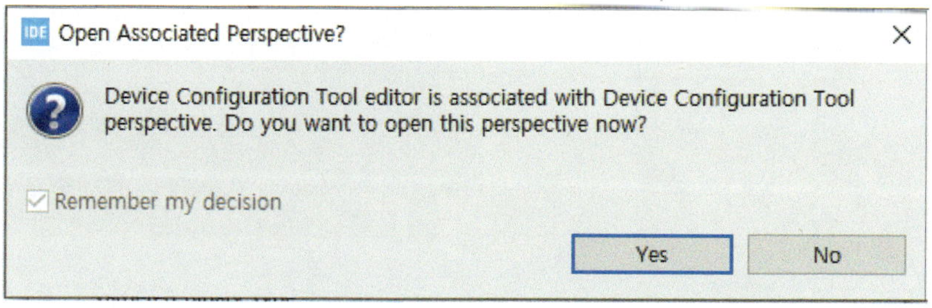

[그림 9-7] STM32CubeMx 레이아웃 뷰 실행

○ 프로젝트 생성 결과

[그림 9-8]은 STM32CubeIDE 프로젝트 생성 결과이다. STM32CubeMx 파일은 'rtos_led.ioc' 이다.

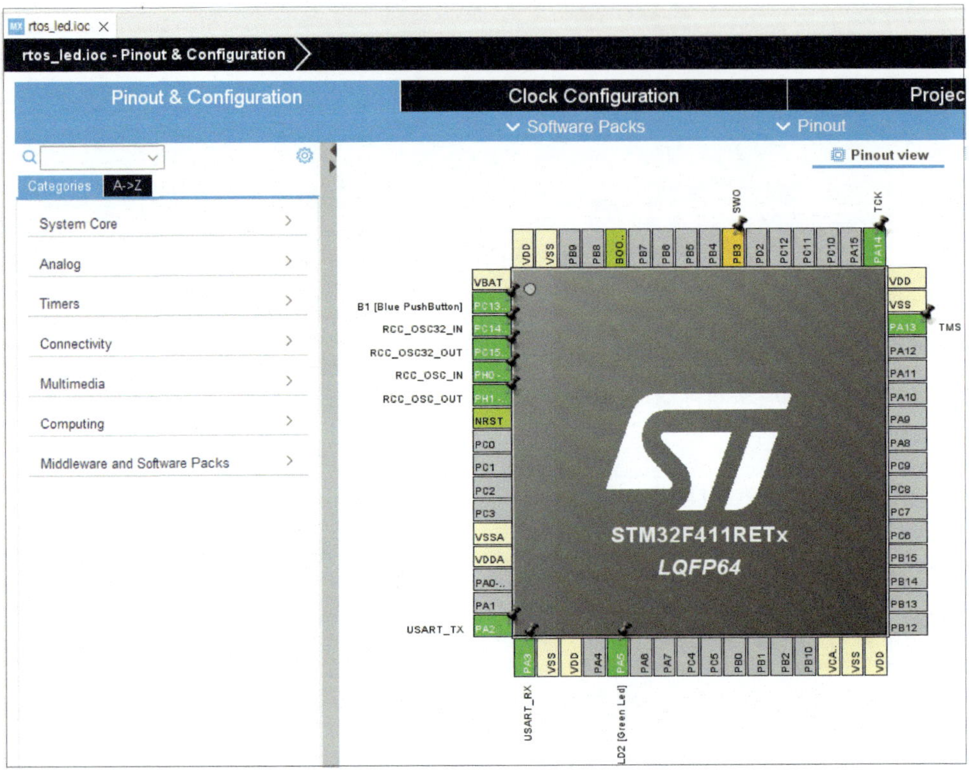

[그림 9-8] STM32CubeIDE 프로젝트 생성 결과

○ FreeRTOS 설정하기

• 모드 및 Config Parameters 설정

[그림 9-9]와 같이 FREERTOS를 선택하고, Interface로 CMSIS_V2를 선택한다. Config Parameters 설정에서 ICK_RATE_HZ는 1000, MAX_PRIORITIES는 7, MINIMAL_STACK_SIZE는 128 Words 등으로 선택한다.

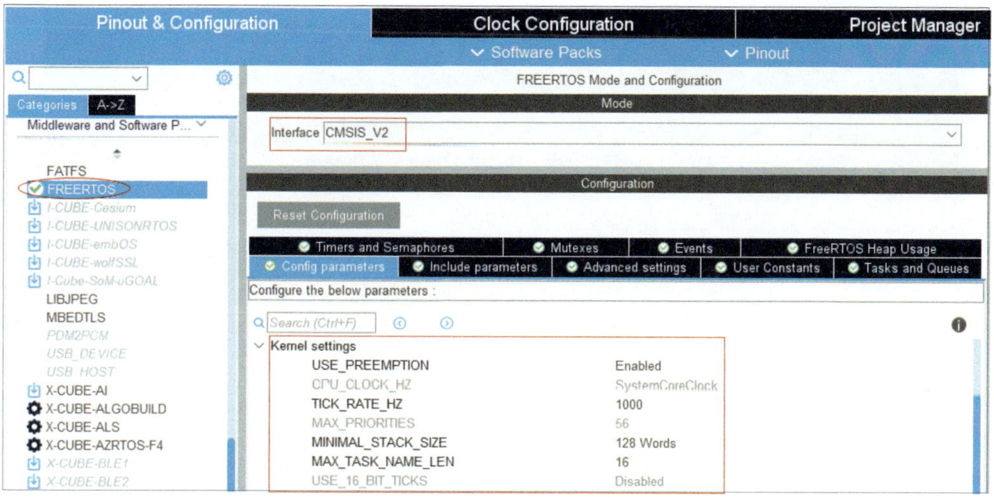

[그림 9-9] FreeRTOS Config Parameters 설정

• USE_PREEMPTION 설정

Scheduler는 어떤 Task를 실행할 것인가를 결정하는 알고리즘이다. FreeRTOS에서는 round-robin scheduling 알고리즘이 실행된다. round-robin은 preemptive 또는 cooperative 멀티태스킹이 이용된다.

[표 9-1] USE_PREEMPTION 설정

preemptive	cooperative
Task1 수행을 멈추고 Priority 높은 Task2 실행한 후 나머지 Task1 실행한다.	Task1 수행완료 후 Priority 높은 Task2 를 실행한다.
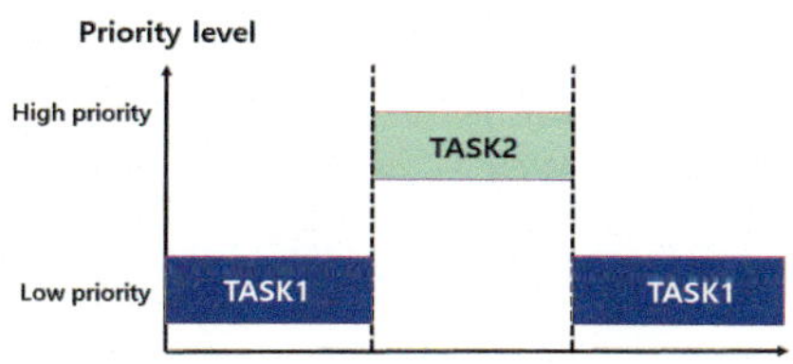	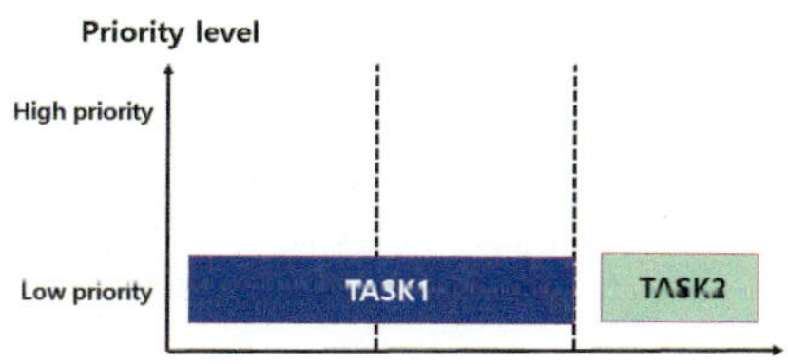

• Task 추가

Task and Queues를 선택한 후 [그림 9-10]과 같이 led1Task와 led2Task를 만든다. led1Task의 Entry Function은 sartLED1Task로 하고, led2Task의 Entry Function은 sartLED2Task로 한다.

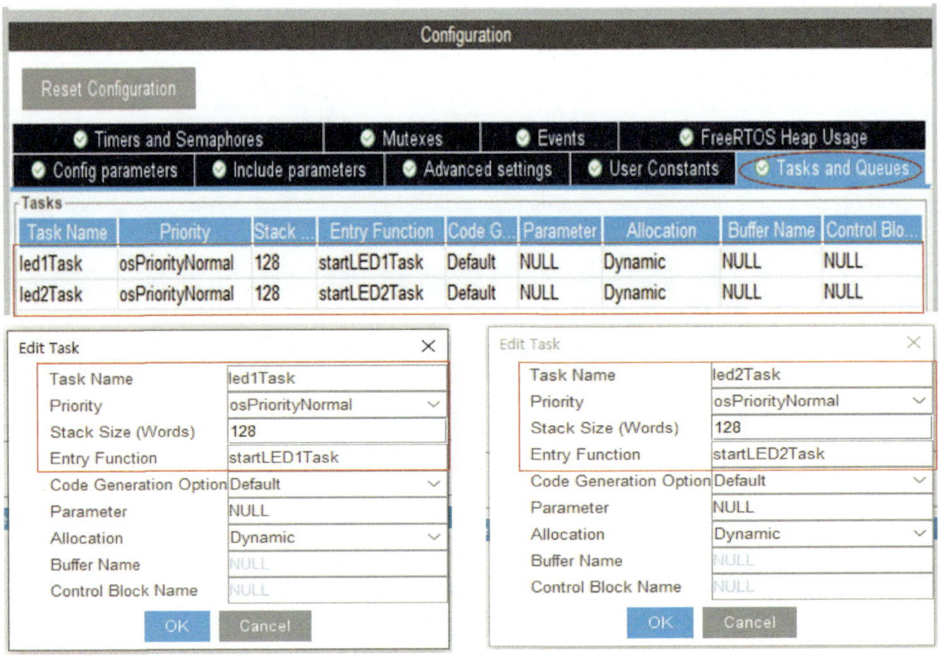

[그림 9-10] Task 생성 및 설정

• USE_NEWLIB_REENTRANT 설정

[그림 9-11]과 같이 USE_NEWLIB_REENTRANT를 Enabled로 설정한다.

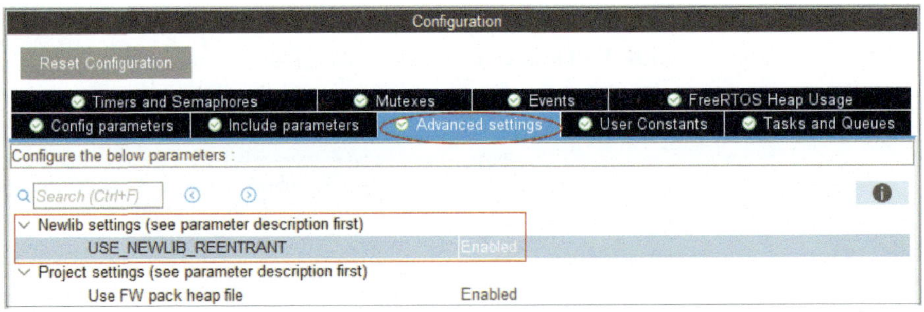

[그림 9-11] USE_NEWLIB_REENTRANT 설정

○ GPIO 설정하기

Task1은 LED1을 제어하고, Task2는 LED2를 제어하기 위해 [그림 9-12]와 같이 GPIO PC0와 PC1을 각각 디지털출력으로 설정한다.

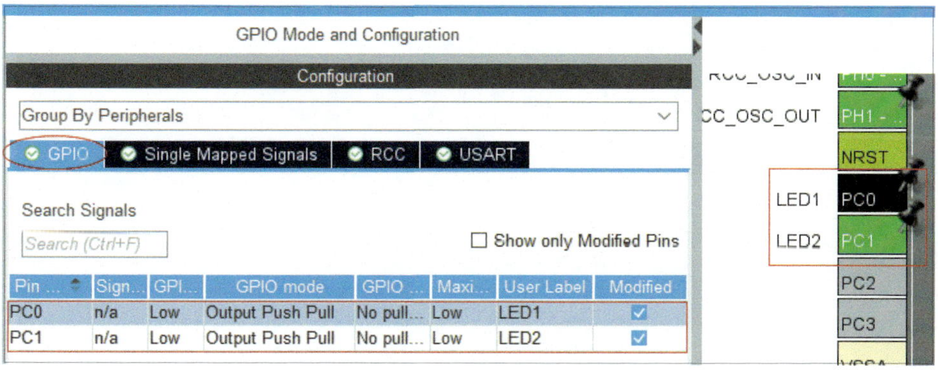

[그림 9-12] GPIO 설정

○ FreeRTOS Clock 설징하기

FreeRTOS Clock으로 SysTick을 사용하지 않고 TIM1~TIM5, TIM9~TIM11 중 하나를 사용한다. 본 교재에서는 [그림 9-13]과 같이 TIM10을 사용한다. FreeRTOS에서는 Timebase를 이용하여 Context Switching을 하여 multitasking 기능을 수행한다. FreeRTOS Clock으로 SysTick을 권장하지 않는 이유는 ARM Cortex Architecture에서의 대부분 SysTick의 우선순위를 낮게 강제로 설정되기 때문이고, HAL_Delay함수에서 사용하는 타이머(SysTick 타이머)와 FreeRTOS에서 사용하는 타이머를 다르게 하는 것을 권정하기 때문이다. 여기서 Clock의 용도를 정리하면 ① 시분할 시스템을 구현하기 위한 RTOS 커널 내부의 기준 시간이고, ② Context Switching 여부를 주기적으로 판단하기 위해 커널 Scheduler를 호출하고, ③ 시간 관리 서비스 함수 각 종류별 오브젝트의 실행 블로킹 시간 관리 등에 이용하고, ④ 시스템 성능에 따라 1ms~10ms 주기의 타이머 인터럽트로 구현되기 때문이다.

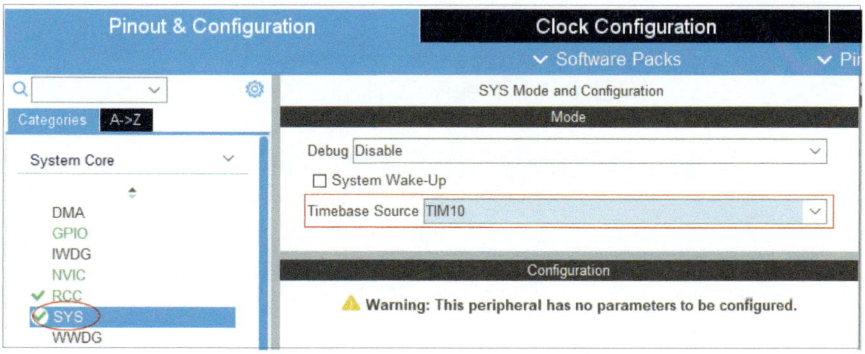

[그림 9-13] FreeRTOS Clock 설정

○ 코드 작성하기

Project → Generate Code를 실행하여 코드를 자동 생성시키면 [그림 9-14]와 같이 FreeRTOS와 관련된 파일들이 생성된다.

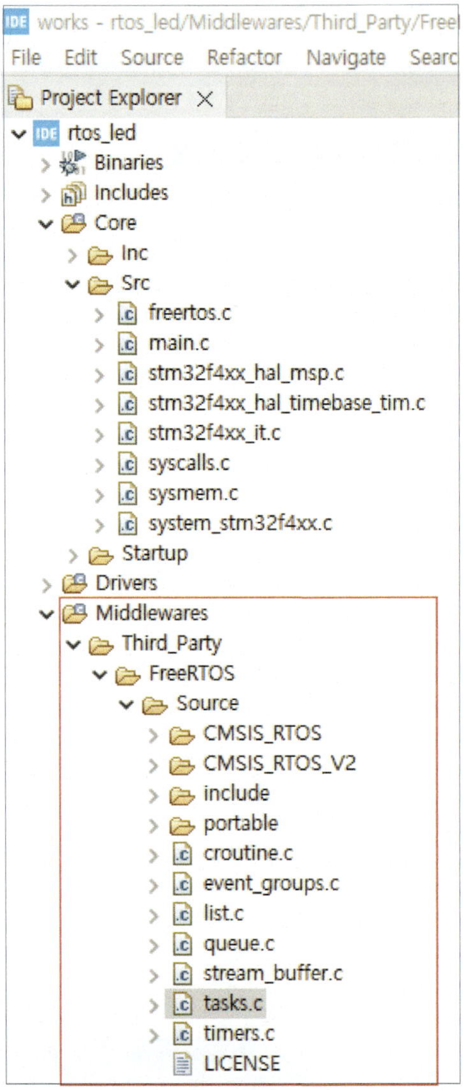

[그림 9-14] FreeRTOS와 관련된 파일

코드위치 : Project Name₩Core₩Src₩main.c

```
#include "main.h"
#include "cmsis_os.h"

UART_HandleTypeDef huart2;
```

```
/* Definitions for led1Task */
osThreadId_t led1TaskHandle;   // FreeRTOS ThreadID를 led1TaskHandle로 선언
const osThreadAttr_t led1Task_attributes = {  // led1Task 속성 설정
  .name = "led1Task",
  .stack_size = 128 * 4,
  .priority = (osPriority_t) osPriorityNormal,
};

/* Definitions for led2Task */
osThreadId_t led2TaskHandle;   // FreeRTOS ThreadID를 led2TaskHandle로 선언
const osThreadAttr_t led2Task_attributes = { // led2Task 속성 설정
  .name = "led2Task",
  .stack_size = 128 * 4,
  .priority = (osPriority_t) osPriorityLow,
};

/* Private function prototypes --------*/
void SystemClock_Config(void);
static void MX_GPIO_Init(void);
static void MX_USART2_UART_Init(void);
void startLED1Task(void *argument);
void startLED2Task(void *argument);

int main(void)
{
  HAL_Init();
  SystemClock_Config();
  MX_GPIO_Init();
  MX_USART2_UART_Init();

 /* Init scheduler */
  osKernelInitialize();
  /* Create the thread(s) */
  /* creation of led1Task */
  led1TaskHandle = osThreadNew(startLED1Task, NULL, &led1Task_attributes);
```

- Thread를 만들어 Active Thread에 추가하고 READY 상태로 만드는 함수
- 함수원형 : osThreadId_t osThreadNew (osThreadFunc_t func, void *argument, const osThreadAttr_t *attr)
· func : osThread 함수
· *argument : thread함수로 전달되는 포인터
· *attr : osThread 속성

```
  /* creation of led2Task */
  led2TaskHandle = osThreadNew(startLED2Task, NULL, &led2Task_attributes);
```

```
  /* Start scheduler */
  osKernelStart();


while (1)
  {
  }
}

// LED1 Task
void startLED1Task(void *argument)
{
  for(;;)
  {
          HAL_GPIO_TogglePin(GPIOC, LED1_Pin);
          osDelay(300);
  }
}

// LED2 Task
void startLED2Task(void *argument)
{
  for(;;)
  {
          HAL_GPIO_TogglePin(GPIOC, LED2_Pin);
          osDelay(500);
  }
}

--- 생략 ---
```

○ FreeRTOS osKernel 동작 설명

Scheduler 함수를 실행하여 Ready 상태의 task를 Running시키는 동작을 수행한다. FreeRTOS Task 상태에는 [그림 9-15]와 같이 Ready, Running, Blocked, Suspend가 있다. Running 상태에 있는 Task는 오직 한 개이므로 다수의 Task를 실행시키기 위해서는 Tick_Rate_Hz(1000Hz)에서 설정된 일정 주기로 Context Switching이 발생한다. Context Switching이 발생하면 Running 상태의 Task는 현재 상태를 Stack에 저장하고, 우선순위가 가장 높은 Ready 상태에 있는 Task가 Running 상태로 전환된다.

- Ready : Task의 우선순위가 동등하거나 더 높은 우선순위를 가진 다른 task가 실행 중이므로 실행할 준비가 되었지만 현재 실행되고 있지 않는 상태

• Running : Task가 실제 실행 중
• Blocked : Task가 임시 또는 외부 이벤트를 기다리는 상태로 osDelay() 함수가 해당된다.
• Suspend : 사용이 중지된 Task

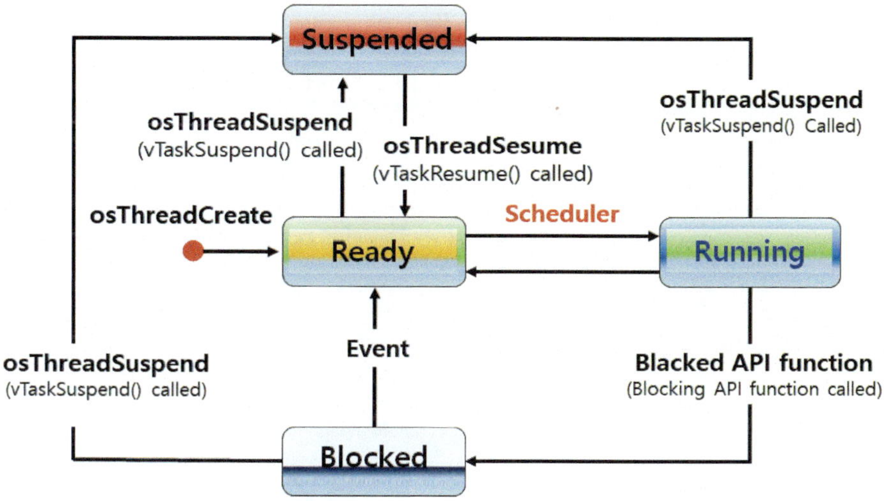

[그림 9-15] osKernel 동작

○ 코드 실행 및 Debugging 하기

Run → Run 또는 Run → Debug을 실행하여 작성한 코드 및 관련 코드를 컴파일과 링크를 실행하고, 결과를 Flash 메모리에 다운로드(rtos_led.elf) 후 실행한다. LED1은 300ms 주기로, LED2는 500ms로 Toggle된다.

9.2 FreeRTOS를 이용한 Priority 실습

FreeRTOS를 이용하여 LED 2개를 각각 제어하는 프로그램에 UART1를 추가하여 Priority 실습을 한다. 하드웨어 구성, GPIO 설정, 클럭 설정 등은 FreeRTOS를 이용한 LED 제어 실습과 동일하게 한다.

○ UART2 설정

[그림 5-9]와 같이 설정한다.

○ Task 추가

기존 led1Task, led2Task에 추가적으로 uart1Task, uart2Task를 추가한다.

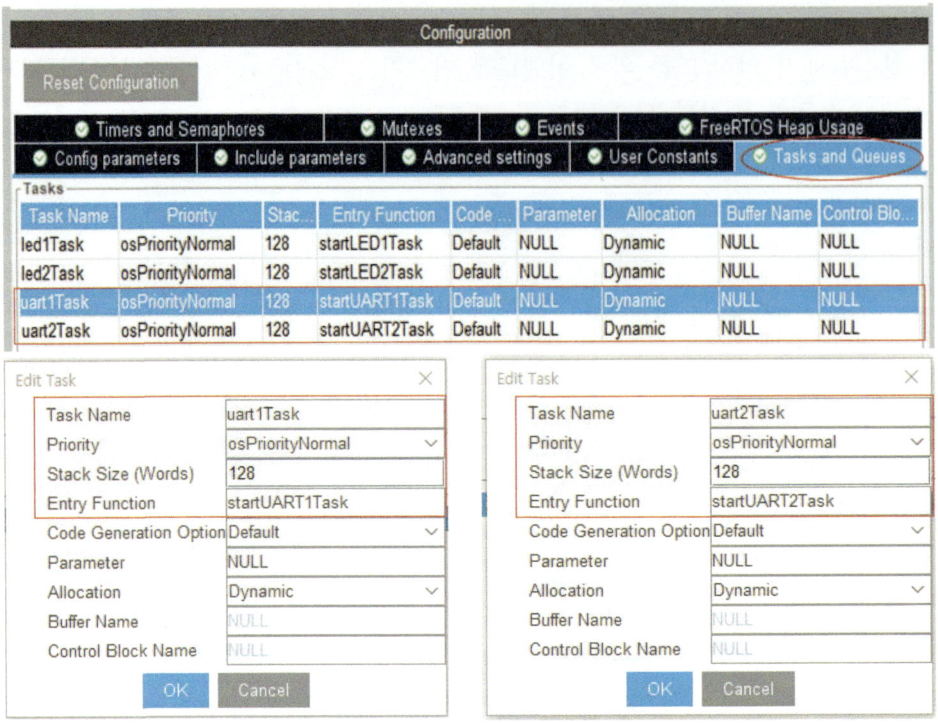

[그림 9-16] Task 생성 및 설정

○ 코드 작성하기

Project → Generate Code를 실행하여 코드를 자동 생성시키면 FreeRTOS와 관련된 파일들이 생성된다.

• 4개의 Task Priority가 동일할 경우

코드위치 : Project Name₩Core₩Src₩main.c

```
#include "main.h"
#include "cmsis_os.h"
#include <stdio.h>

UART_HandleTypeDef huart2;

/* Definitions for led1Task */
osThreadId_t led1TaskHandle;     // FreeRTOS ThreadID를 led1TaskHandle로 선언
const osThreadAttr_t led1Task_attributes = {   // led1Task 속성 설정
  .name = "led1Task",
  .stack_size = 128 * 4,
  .priority = (osPriority_t) osPriorityNormal,
};
```

```
/* Definitions for led2Task */
osThreadId_t led2TaskHandle;    // FreeRTOS ThreadID를 led2TaskHandle로 선언
const osThreadAttr_t led2Task_attributes = { // led2Task 속성 설정
  .name = "led2Task",
  .stack_size = 128 * 4,
  .priority = (osPriority_t) osPriorityLow,
};

/* Definitions for uart1Task */
osThreadId_t uart1TaskHandle;
const osThreadAttr_t uart1Task_attributes = { // uart1Task 속성 설정
  .name = "uart1Task",
  .stack_size = 128 * 4,
  .priority = (osPriority_t) osPriorityNormal,
};
/* Definitions for uart2Task */
osThreadId_t uart2TaskHandle;
const osThreadAttr_t uart2Task_attributes = {  //uart2Task 속성설정
  .name = "uart2Task",
  .stack_size = 128 * 4,
  .priority = (osPriority_t) osPriorityNormal,
};

/* Private function prototypes --------*/
void SystemClock_Config(void);
static void MX_GPIO_Init(void);
static void MX_USART2_UART_Init(void);
void startLED1Task(void *argument);
void startLED2Task(void *argument);
void startUART1Task(void *argument);
void startUART2Task(void *argument);

int __io_putchar(int ch)
{  HAL_UART_Transmit(&huart2, (uint8_t *)&ch, 1, 0xFFFF);
  return ch;
}

int main(void)
{
  HAL_Init();
  SystemClock_Config();
  MX_GPIO_Init();
  MX_USART2_UART_Init();

 /* Init scheduler */
```

```
  osKernelInitialize();
  /* Create the thread(s) */
  /* creation of led1Task */
  led1TaskHandle = osThreadNew(startLED1Task, NULL, &led1Task_attributes);

  /* creation of led2Task */
  led2TaskHandle = osThreadNew(startLED2Task, NULL, &led2Task_attributes);

 /* creation of uart1Task */
  uart1TaskHandle = osThreadNew(startUART1Task, NULL, &uart1Task_attributes);

  /* creation of uart2Task */
  uart2TaskHandle = osThreadNew(startUART2Task, NULL,
&uart2Task_attributes);

  /* Start scheduler */
  osKernelStart();


while (1)
  {
  }
}

// LED1Task
void startLED1Task(void *argument)
{
  for(;;)
  {
          HAL_GPIO_TogglePin(GPIOC, LED1_Pin);
          osDelay(300);
          //HAL_Delay(300)
  }
}


// LED2Task
void startLED2Task(void *argument)
{
  for(;;)
  {
          HAL_GPIO_TogglePin(GPIOC, LED2_Pin);
          osDelay(500);
          //HAL_Delay(500)
  }
```

```
}

 //Uart1Task
void startUART1Task(void *argument)
{
  for(;;)
  {
          printf("Task 1 is running \n\r");
          osDelay(2000);
          //HAL_Delay(2000);
  }
}

//Uart2Task
void startUART2Task(void *argument)
{
  /* USER CODE BEGIN startUART2Task */
  /* Infinite loop */
  for(;;)
  {
          printf("Task 2 is running \n\r");
          osDelay(2000);
         // HAL_Delay(2000);

  }
}

--- 생략 ---
```

○ 코드 실행 및 Debugging 하기

Run → Run 또는 Run → Debug을 실행하여 작성한 코드 및 관련코드를 컴파일과 링크를 실행하고, 결과를 Flash 메모리에 다운로드(rtos_led.elf) 후 실행한다. 실행 결과 4개의 Task가 모두 정상적으로 동작한다.

○ FreeRTOS에서 Delay() 함수 사용에 따른 동작 결과

구분	Task	Priority	동작 결과
osDelay() 사용	LED1Task	osPriorityNormal	· LED Task1, Task2 정상동작 · Uart Task 1, Task2 정상동작 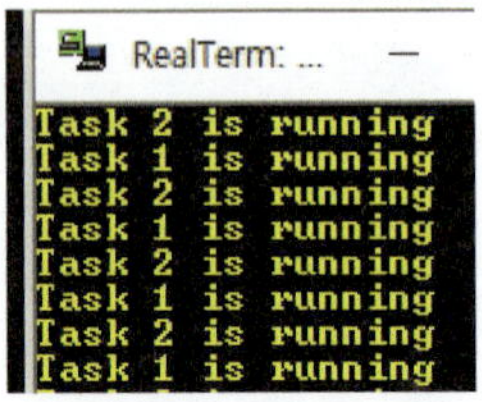
	LED2Task	osPriorityNormal	
	Uart1Task	osPriorityNormal	
	Uart2Task	osPriorityNormal	
	LED1Task	osPriorityNormal	· LED Task1, Task2 정상동작 · Uart Task 1, Task2 정상동작 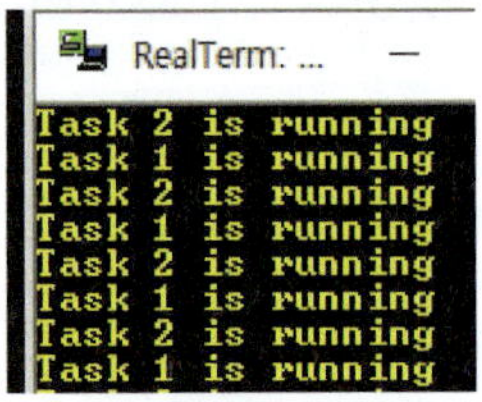
	LED2Task	osPriorityNormal	
	Uart1Task	osPriorityHigh	
	Uart2Task	osPriorityRealtime	
HAL_Delay() 사용	LED1Task	osPriorityNormal	· LED Task1, Task2 정상동작 · Uart Task 1, Task2 정상동작 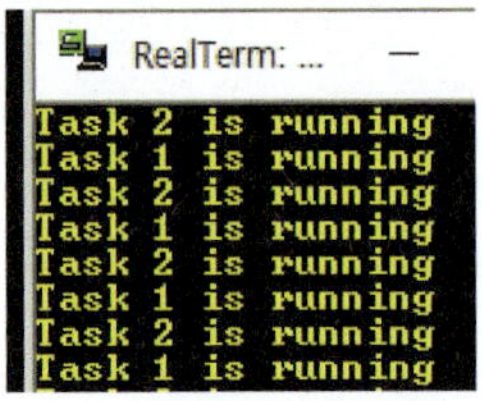
	LED2Task	osPriorityNormal	
	Uart1Task	osPriorityNormal	
	Uart2Task	osPriorityNormal	
	LED1Task	osPriorityNormal	· LED Task1, Task2 동작하지 않음 · Uart Task 1만 동작 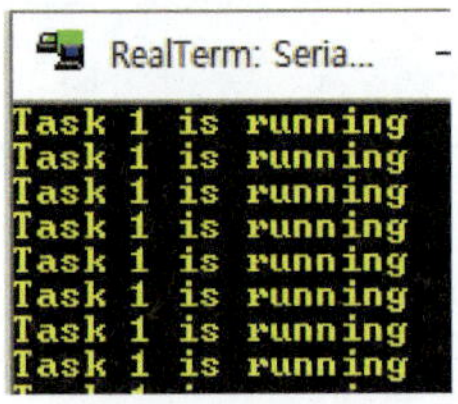
	LED2Task	osPriorityNormal	
	Uart1Task	osPriorityHigh	
	Uart2Task	oosPriorityNormal	

※ osDelay() 함수를 이용할 경우 Priority가 다르더라도 Delay 구현을 위해 vTaskDelay()를 이용하므로 멀티 Task가 동작이 가능하나, HAL_Delay()를 이용할 경우 Priority가 높은 Task가 계속 수행 중(Busy wait)이기 때문에 멀티 Task 동작이 불가능할 수 있다. 그러므로 FreeRTOS에서는 HAL_Delay() 대신 osDelay()를 사용해야 한다.

9.3 FreeRTOS에서의 Software Timer 실습

FreeRTOS에서 Timer 인터럽트를 이용하여 LED와 UART를 제어하는 프로그램에 대한 실습을 한다. 하드웨어 구성, GPIO 설정, 클럭 설정 등은 FreeRTOS를 이용한 LED 제어 실습과 동일하게 한다.

○ Software Timer 동작 설명

Software Timer는 RTOS 구성요소 중 하나로, 정확도는 떨어지지만 주기적인 반복동작이나 지연 동작 등에 사용할 수 있다. 모드에는 Periodic 모드와 One Pulse 모드가 있다. osTimerCreate() 함수로 생성하고, osTimerStart() 함수로 Software Timer가 동작을 시작한다. 그리고 osTimerStop() 함수로 Software Timer가 정지한다.

○ Software Timer 실습내용

- Task는 osTimerStart() 함수를 실행한 후 1초 간격으로 문자열을 출력한다.
- Software Timer Callback 함수는 osTimerStart() 함수에서 설정한 주기(2초)로 LED를 On/Off 시키고 동시에 문자열을 출력한다.

○ Task 추가

[그림 9-17]과 같이 Task를 추가한다.

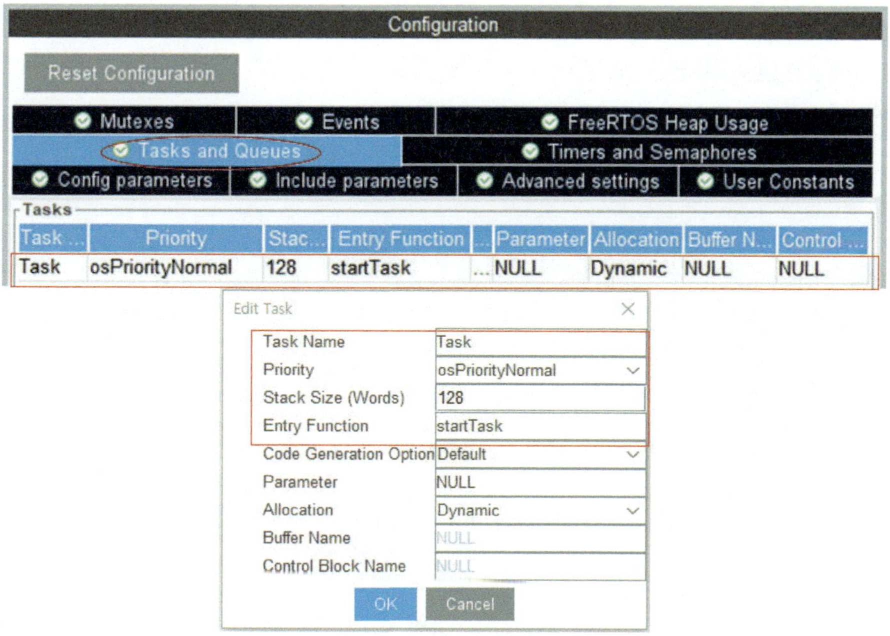

[그림 9-17] Task 생성 및 설정

○ Timer 추가

[그림 9-18]과 같이 새로운 타이머를 추가한다. 타이머 이름을 myTimer01로 하고 Callback 함수이름을 Callback01으로 설정한다. 그리고 타입은 osTimerPeriodic로 설정한다.

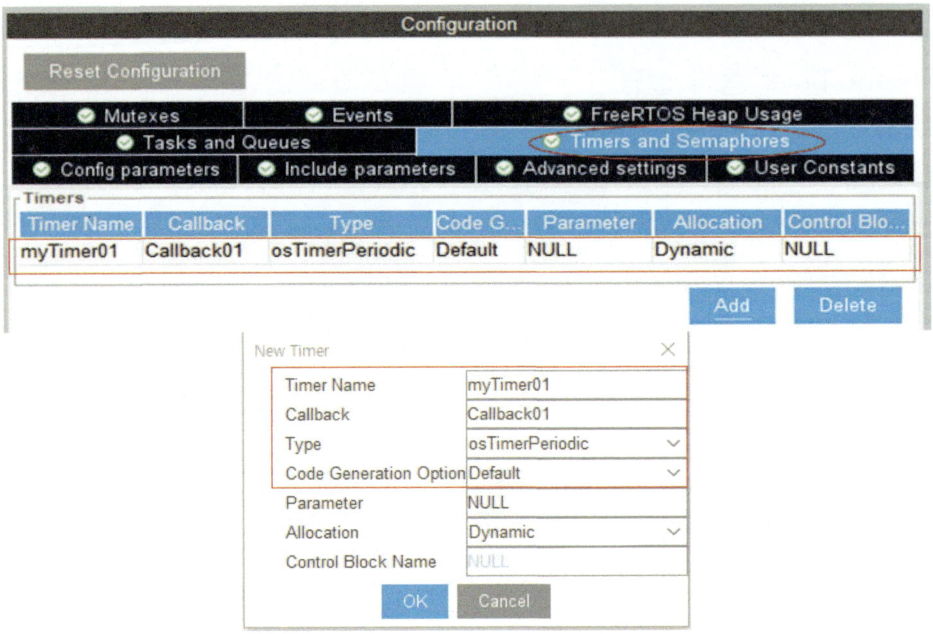

[그림 9-18] Timer 생성 및 설정

○ 코드 작성하기

Project → Generate Code를 실행하여 코드를 자동 생성시키면 [그림 9-14]와 같이 FreeRTOS와 관련된 파일들이 생성된다.

코드위치 : Project Name\Core\Src\main.c

```
#include "main.h"
#include "cmsis_os.h"
#include <stdio.h>

UART_HandleTypeDef huart2;

/* Definitions for Task */      // Task 설정
osThreadId_t TaskHandle;
const osThreadAttr_t Task_attributes = {
  .name = "Task",
  .stack_size = 128 * 4,
  .priority = (osPriority_t) osPriorityNormal,
};
```

```
/* Definitions for myTimer01 */  // Timer 설정
osTimerId_t myTimer01Handle;
const osTimerAttr_t myTimer01_attributes = {
  .name = "myTimer01"
};

/* Private function prototypes --------*/
void SystemClock_Config(void);
static void MX_GPIO_Init(void);
static void MX_USART2_UART_Init(void);
void startTask(void *argument);
void Callback01(void *argument);

int __io_putchar(int ch)
{  HAL_UART_Transmit(&huart2, (uint8_t *)&ch, 1, 0xFFFF);
  return ch;
}

int main(void)
{ HAL_Init();
  SystemClock_Config();
  MX_GPIO_Init();
  MX_USART2_UART_Init();

 /* Init scheduler */
  osKernelInitialize();

  /* Create the timer(s) */
  /* creation of myTimer01 */
  myTimer01Handle = osTimerNew(Callback01, osTimerPeriodic, NULL,
&myTimer01_attributes);

/* Create the thread(s) */  /* creation of Task */
  TaskHandle = osThreadNew(startTask, NULL, &Task_attributes);

  /* Start scheduler */
  osKernelStart();

while (1)
  {
  }
}

/* USER CODE END Header_startTask */
void startTask(void *argument)
```

```
{
    osTimerStart(myTimer01Handle, 2000); // 2주기로 Callback01 실행
        // osStatus osTimerStart (osTimerId timer_id, uint32_t millisec)
    for(;;)
      {
         printf("\n\r Task execution[1sec]!!");  // 1초 주기로 실행
         osDelay(1000);
      }
}

/* Callback01 function */
void Callback01(void *argument)
{
        HAL_GPIO_TogglePin(GPIOC, LED1_Pin|LED2_Pin);
        printf("\n\r\t\t\t Software Timer execution[LED1, LED2 Toggle(2sec)]!");
 }
--- 생략 ---
```

○ 코드 실행 및 Debugging 하기

Run → Run 또는 Run → Debug을 실행하여 작성한 코드 및 관련코드를 컴파일과 링크를 실행하고, 결과를 Flash 메모리에 다운로드(rtos_led.elf) 후 실행한다. [그림 9-19]의 실행 결과를 살펴보면 1초 주기로 Task가 실행되고, Software Timer를 이용하여 2초 주기로 Callback함수를 호출한다.

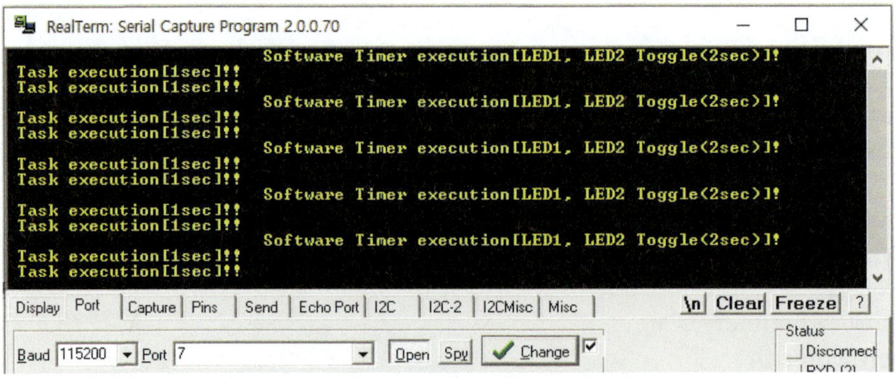

[그림 9-19] Software Timer 실행 결과

9.4 FreeRTOS에서의 Timer Interrupt 실습

FreeRTOS에서 TIM 인터럽트를 이용하여 LED와 UART를 제어하는 프로그램에 대한 실습을 한다.

○ GPIO 설정

디지털 입력신호는 NUCLEO-F411보드에 있는 PC13을 이용하고, 두 개의 LED 출력을 위해 PC0와 PC1을 사용한다. GPIO 설정은 [그림 9-20]과 같다.

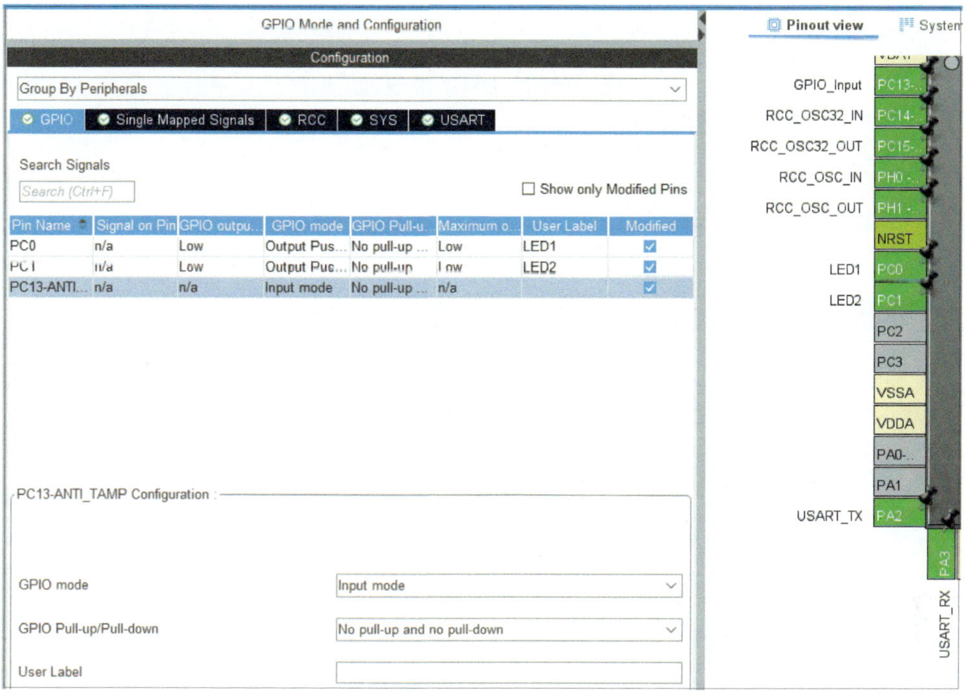

[그림 9-20] GPIO 설정

○ TIM1/TIM9 설정

실험에서 사용하는 TIM1과 TIM9는 36MHz APB2 timer clock을 사용하고, TIM1과 TIM9가 1초 주기(36,000,000/36,000 = 1,000, ARR이 1,000-1(0~999)이므로 1,000/1,000 = 1Hz)로 인터럽트 발생을 위해 [그림 9-21]과 같이 타이머 파라미터들을 설정한다.

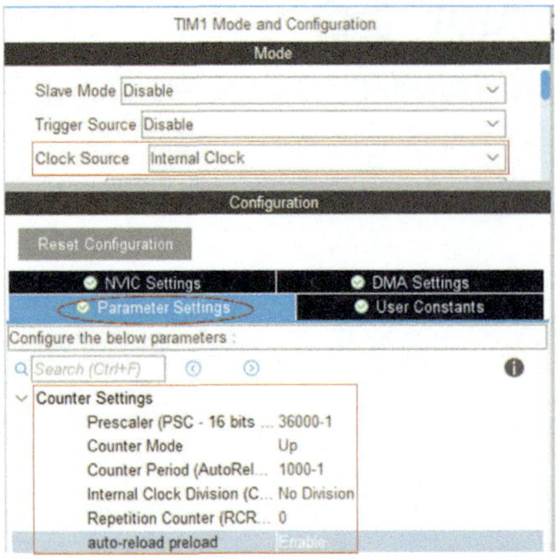

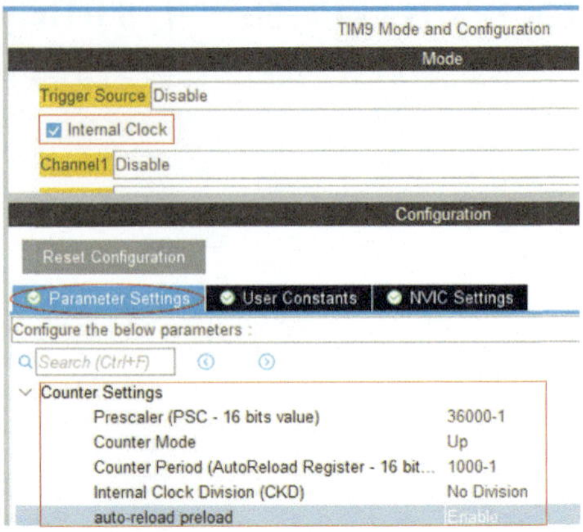

[그림 9-21] TIM1/TIM9 설정

○ Task 추가

[그림 9-22]와 같이 Task를 추가한다.

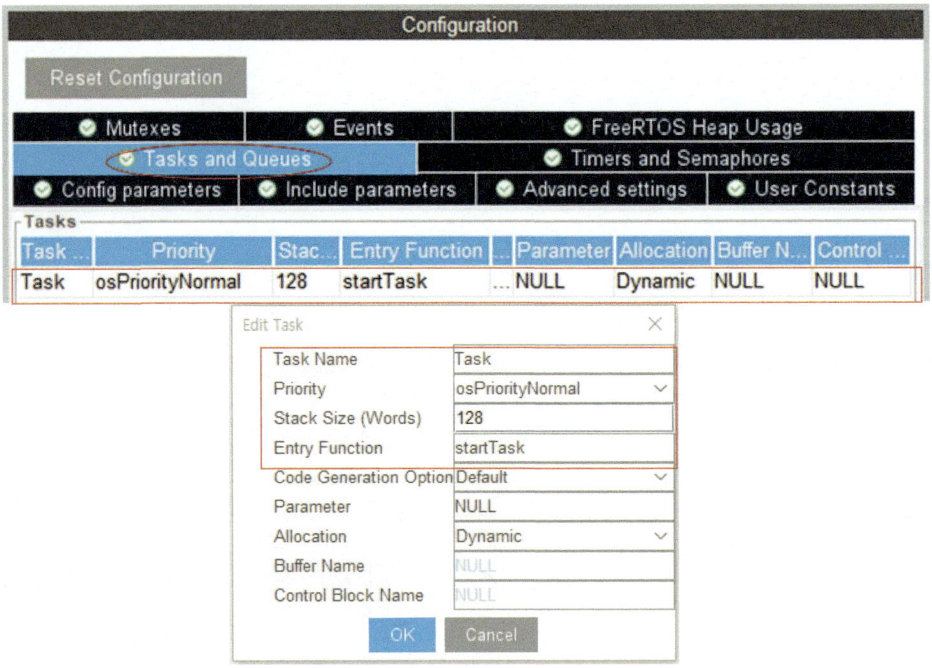

[그림 9-22] Task 생성 및 설정

○ Interrupt Priority 설정

FreeRTOS 파라미터 설정에서 Interrupt nesting behaviour configuration을 [그림 9-23]처럼 설정한다. FreeRTOS 인터럽트를 이용한 프로그램 작성 시, 여기서 설정한 값(LIBRARY_MAX_SYSCALL_INTERRUPT_PRIORITY 5)보다 낮게 설정되면 Critical Section을 사용할 수 없다.

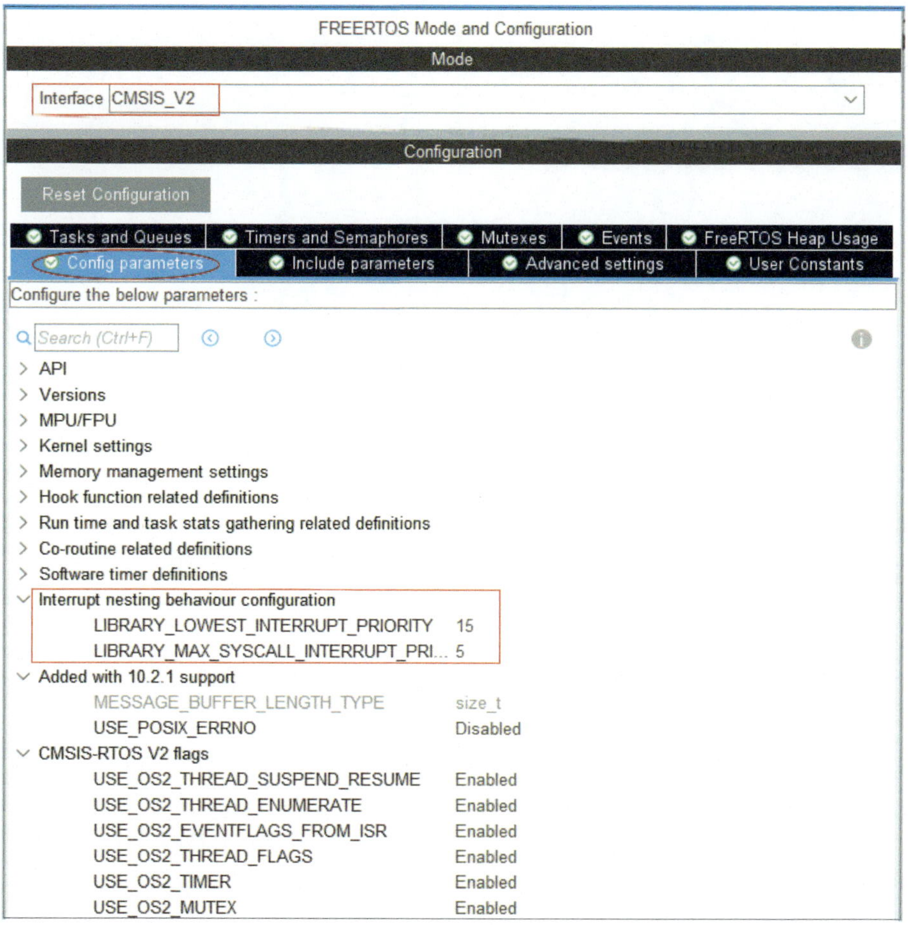

[그림 9-23] Interrupt Priority 설정

[그림 9-24]는 LIBRARY_MAX_SYSCALL_INTERRUPT_PRIORITY를 5로 설정한 후, NVIC에서 실험에 사용될 TIM1과 TIM9의 Priority를 설정한다. 하단에 'Uses FreeRTOS functions'가 선택되어서 'Preemption Priority'가 5보다 낮은 설정만 가능하다. 만약 5보다 우선순위를 높게 설정하기 위해서는 하단에 Uses FreeRTOS functions를 선택하지 않으면 설정이 가능하다.

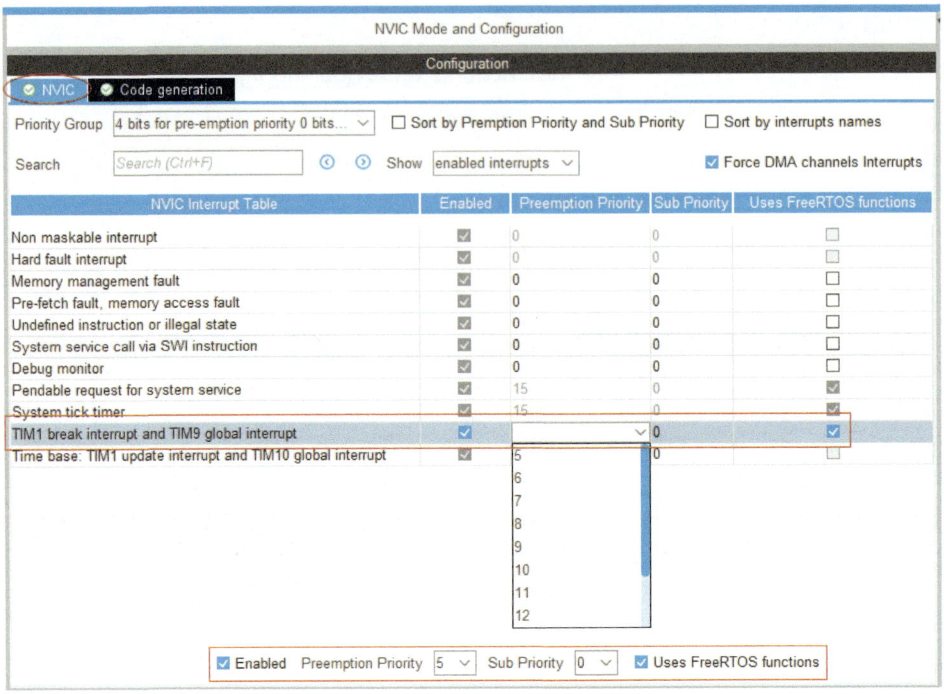

[그림 9-24] FreeRTOS에서 NVIC 설정

○ 코드 작성하기

Project → Generate Code를 실행하여 코드를 자동 생성시키면 FreeRTOS와 관련된 파일들이 생성된다.

코드위치 : Project Name₩Core₩Src₩main.c

```
#include "main.h"
#include "cmsis_os.h"
#include <stdio.h>

/* Private variables --------*/
TIM_HandleTypeDef htim1;
TIM_HandleTypeDef htim9;

UART_HandleTypeDef huart2;

/* Definitions for Task */
osThreadId_t TaskHandle;
const osThreadAttr_t Task_attributes = {
  .name = "Task",
  .stack_size = 128 * 4,
  .priority = (osPriority_t) osPriorityNormal,
};
```

```
/* Private function prototypes --------*/
void SystemClock_Config(void);
static void MX_GPIO_Init(void);
static void MX_USART2_UART_Init(void);
static void MX_TIM1_Init(void);
static void MX_TIM9_Init(void);
void startTask(void *argument);

int __io_putchar(int ch)
{  HAL_UART_Transmit(&huart2, (uint8_t *)&ch, 1, 0xFFFF);
   return ch;
}

int main(void)
{ HAL_Init();
  SystemClock_Config();
  MX_GPIO_Init();
  MX_USART2_UART_Init();
  MX_TIM1_Init();
  MX_TIM9_Init();
  HAL_TIM_Base_Start_IT(&htim1);
  HAL_TIM_Base_Start_IT(&htim9);

 /* Init scheduler */
  osKernelInitialize();

/* Create the thread(s) */  /* creation of Task */
  TaskHandle = osThreadNew(startTask, NULL, &Task_attributes);

  /* Start scheduler */
  osKernelStart();

while (1)
  { }
}

void startTask(void *argument)
{
  for(;;)
  {         // taskENTER_CRITICAL();  // Critical Section Enter
            while(HAL_GPIO_ReadPin(GPIOC,GPIO_PIN_13)==GPIO_PIN_RESET) {};
            // taskEXIT_CRITICAL();      // Critical Section Exit
            printf("\n\r Task Execution!");
            osDelay(1000);
```

```
    }
}
void HAL_TIM_PeriodElapsedCallback(TIM_HandleTypeDef *htim)
{
    if (htim->Instance == TIM10) {
        HAL_IncTick();
    }
    if(htim->Instance ==TIM1)    // 1초주기 TIM1 인터럽트 처리루틴
      {
              HAL_GPIO_TogglePin(GPIOC, LED1_Pin);
              printf("\n\r\t\t TIM1 Execution!");
      }

    if(htim->Instance ==TIM9)    // 1초주기 TIM9 인터럽트 처리루틴
      {       HAL_GPIO_TogglePin(GPIOC, LED2_Pin);
              printf("\n\r\t\t TIM9 Execution!");
      }
}
 --- 생략 ---
```

○ 코드 실행 및 Debugging 하기

Run → Run 또는 Run → Debug을 실행하여 작성한 코드 및 관련 코드를 컴파일과 링크를 실행하고, 결과를 Flash 메모리에 다운로드(rtos_interrpt.elf) 후 실행한다. 스위치 입력과 Critical Section 설정에 따른 결과는 [표 9-2], [표 9-3]과 같다.

• Critical Section 설정하지 않을 경우(// taskENTER_CRITICAL(), // taskEXIT_CRITICAL())

[표 9-2] Critical Section을 설정하지 않을 경우 동작 결과

<table>
<tr><th>스위치 상태</th><th colspan="2">동작 결과</th></tr>
<tr><td>USER 버튼이 눌리지 않을 때 (GPIO_PIN_13 = 'HIGH')</td><td>Task가 실행되면서 문자열이 출력되고, TIM1, TIM9가 1초 주기로 인터럽트를 발생하여 LED가 Toggle되고 해당 문자열이 출력된다.</td><td>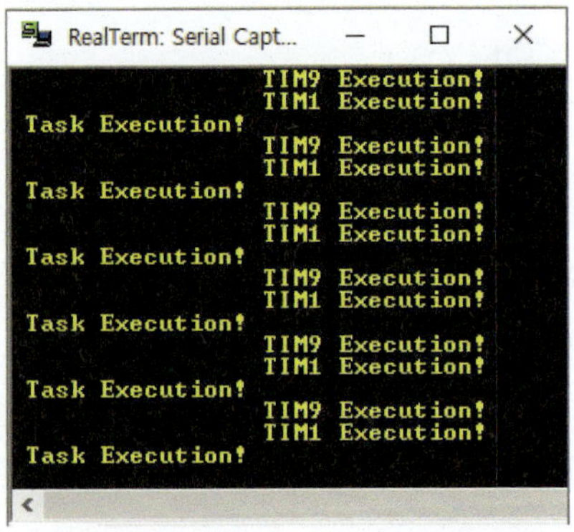
</td></tr>
</table>

USER 버튼이 눌렸을 때 (GPIO_PIN_13 = 'LOW')	Task와 TIM1, TIM9가 1초 주기로 인터럽트를 발생하여 LED가 Toggle되고 해당 문자열이 출력된다.	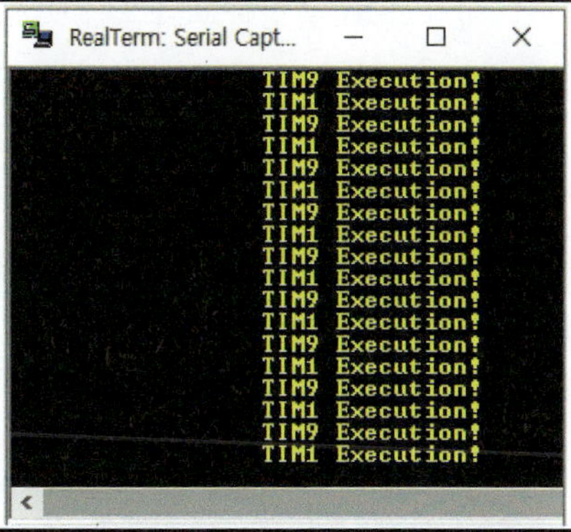

• Critical Section 설정할 경우(taskENTER_CRITICAL(), taskEXIT_CRITICAL())

Critical Section이란 공유되는 자원에 동시접근 하려고 할 때 독점을 보장해주는 영역으로 Critical Section 내에서는 하나의 프로세스만 수행되므로 다른 동작이 금지된다.

[표 9-3] Critical Section을 설정할 경우 동작 결과

스위치 상태	동작 결과	
USER 버튼이 눌러지지 않을 때 (GPIO_PIN_13 = 'HIGH')	Task가 실행되면서 문자열이 출력되고, TIM1, TIM9가 1초 주기로 인터럽트를 발생하여 LED가 Toggle되고 해당 문자열이 출력된다.	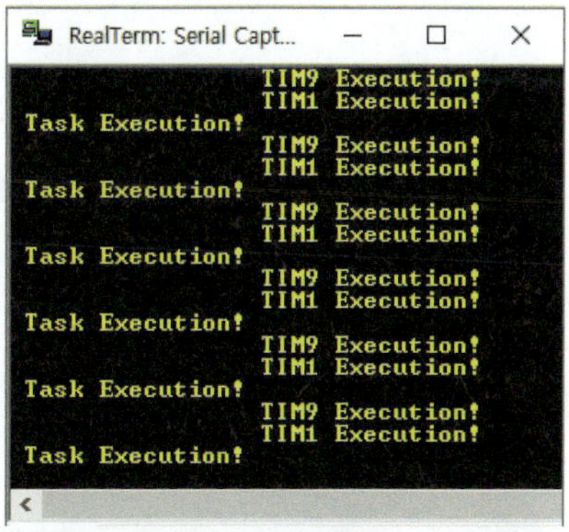
USER 버튼이 눌렸을 때 (GPIO_PIN_13 = 'LOW')	Task와 TIM1, TIM9가 동작되지 않는다.	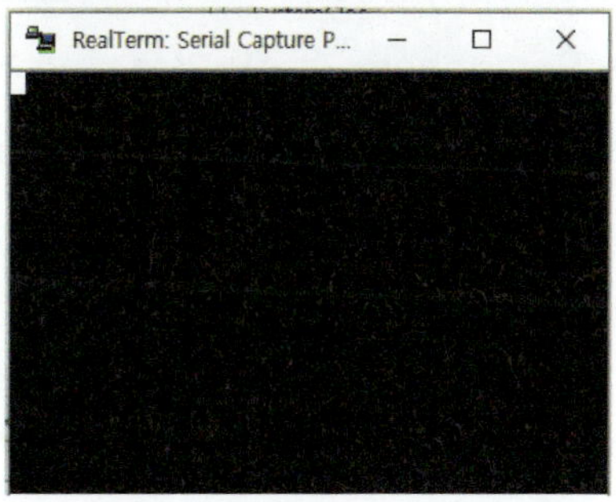

• Critical Section 설정하고, [그림 9-25]와 같이 TIM1, TIM9의 Preemption Priority를 5보다 강제로 높게 4로 설정할 경우의 동작은 [표 9-2]와 같은 결과가 나타난다.

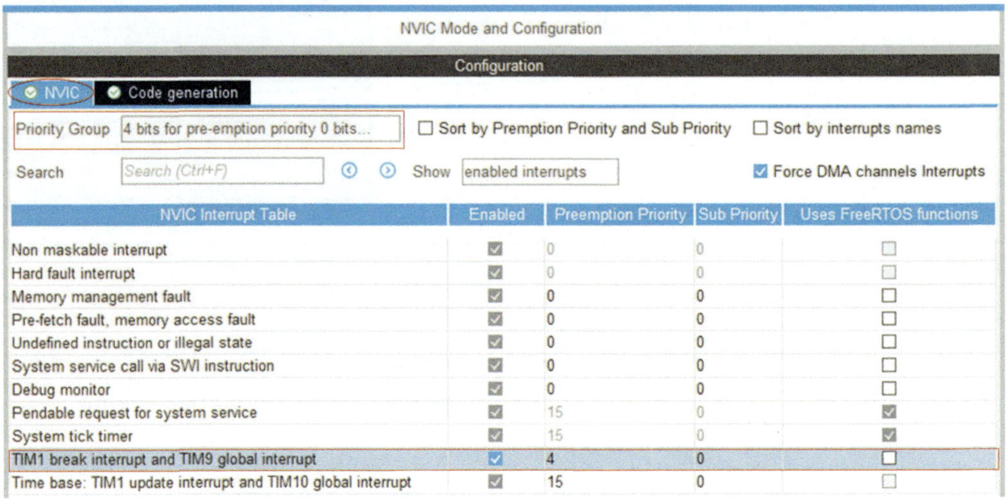

[그림 9-25] TIM1, TIM9의 Preemption Priority 설정

9.5 FreeRTOS에서의 Semaphore 실습

FreeRTOS에서 LED와 UART의 제어를 활용하여 Semaphore에 대한 실습을 한다. 본 교재에서 Binary Semaphore, 외부인터럽트를 이용한 Semaphore, Counting Semaphore에 대해 실습한다.

① Binary Semaphore 실습

○ Semaphore 동작 과정

Semaphore는 Task 사이 또는 Task와 Interrupt 사이의 동기화에 사용된다. [그림 9-26]은 Semaphore 동작 과정을 나타낸다.

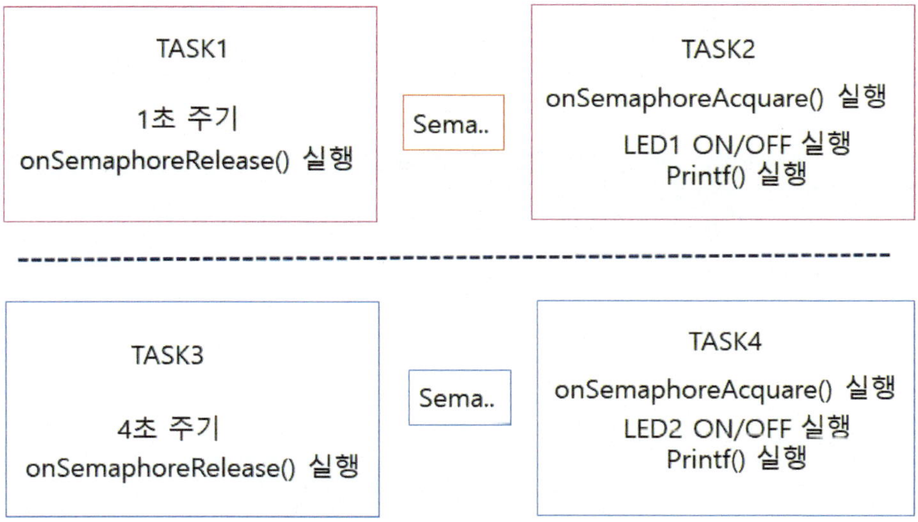

[그림 9-26] Semaphore 동작 과정

- Task1이 1초 간격으로 Semaphore를 release 할 때, Task2는 Semaphore를 wait하고 있다가 Semaphore를 획득하면 Task2의 내용(LED1 토글출력과 메시지 출력)을 실행한다.
- Task3이 4초 간격으로 Semaphore를 release 할 때, Task4는 Semaphore를 wait하고 있다가 Semaphore를 획득하면 Task2의 내용(LED2) 토글출력과 메시지 출력)을 실행한다.

○ GPIO 및 USART2 설정

LED1는 PC0, LED2는 PC1을 각각 사용한다. USART2는 NUCLEO-F411보드와 연결된 직렬통신을 사용한다.

○ Task 추가 및 설정

4개의 Task를 생성한다. 생성된 결과는 [그림 9-27]과 같다.

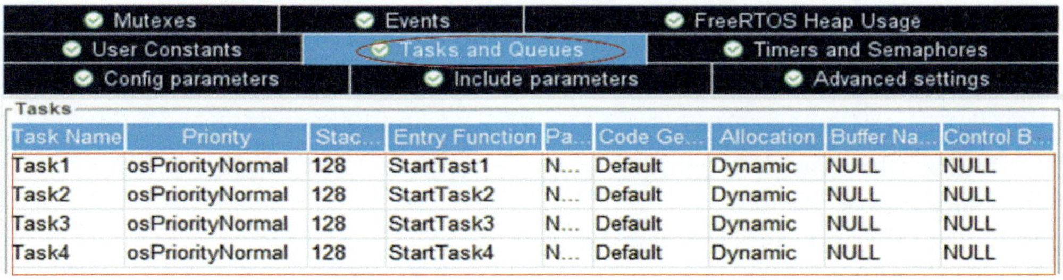

Task Name	Priority	Stac...	Entry Function	Pa...	Code Ge...	Allocation	Buffer Na...	Control B...
Task1	osPriorityNormal	128	StartTast1	N...	Default	Dynamic	NULL	NULL
Task2	osPriorityNormal	128	StartTask2	N...	Default	Dynamic	NULL	NULL
Task3	osPriorityNormal	128	StartTask3	N...	Default	Dynamic	NULL	NULL
Task4	osPriorityNormal	128	StartTask4	N...	Default	Dynamic	NULL	NULL

[그림 9-27] Task 생성 및 설정

○ Semaphore 추가 및 설정

[그림 9-28]과 같이 2개의 Semaphore(myBinarySem01, myBinarySem02)를 각각 생성한다.

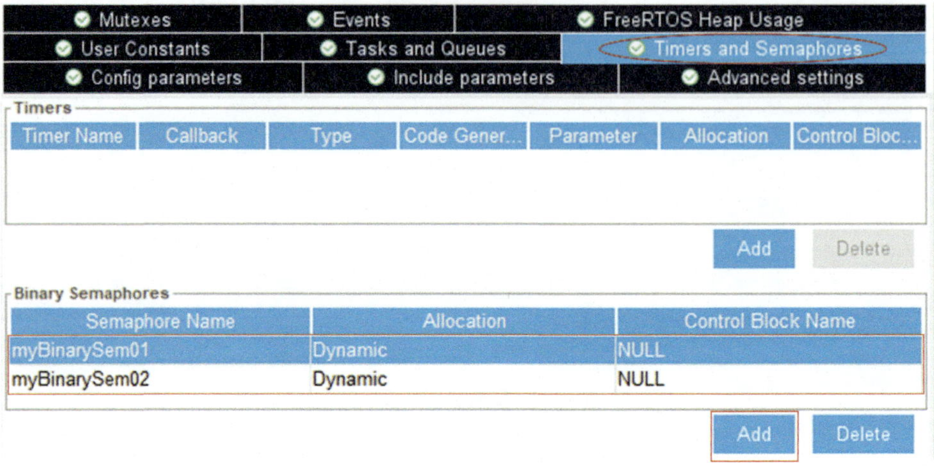

[그림 9-28] Semaphore 설정

○ 코드 작성하기

Project → Generate Code를 실행하여 코드를 자동 생성시키면 [그림 9-14]와 같이 FreeRTOS와 관련된 파일들이 생성된다.

코드위치 : Project Name₩Core₩Src₩main.c

```
#include "main.h"
#include "cmsis_os.h"
#include <stdio.h>

/* Private variables --------*/
TIM_HandleTypeDef htim1;
TIM_HandleTypeDef htim9;

UART_HandleTypeDef huart2;

/* Definitions for Task1 */
osThreadId_t Task1Handle;
const osThreadAttr_t Task1_attributes = {
  .name = "Task1",
  .stack_size = 128 * 4,
  .priority = (osPriority_t) osPriorityNormal,
};
/* Definitions for Task2 */
osThreadId_t Task2Handle;
```

```
const osThreadAttr_t Task2_attributes = {
  .name = "Task2",
  .stack_size = 128 * 4,
  .priority = (osPriority_t) osPriorityNormal,
};
/* Definitions for Task3 */
osThreadId_t Task3Handle;
const osThreadAttr_t Task3_attributes = {
  .name = "Task3",
  .stack_size = 128 * 4,
  .priority = (osPriority_t) osPriorityNormal,
};
/* Definitions for Task4 */
osThreadId_t Task4Handle;
const osThreadAttr_t Task4_attributes = {
  .name = "Task4",
  .stack_size = 128 * 4,
  .priority = (osPriority_t) osPriorityNormal,
};
/* Definitions for myBinarySem01 */
osSemaphoreId_t myBinarySem01Handle;
const osSemaphoreAttr_t myBinarySem01_attributes = {
  .name = "myBinarySem01"
};
/* Definitions for myBinarySem02 */
osSemaphoreId_t myBinarySem02Handle;
const osSemaphoreAttr_t myBinarySem02_attributes = {
  .name = "myBinarySem02"
};

/* Private function prototypes --------*/
void SystemClock_Config(void);
static void MX_GPIO_Init(void);
static void MX_USART2_UART_Init(void);
void StartTast1(void *argument);
void StartTask2(void *argument);
void StartTask3(void *argument);
void StartTask4(void *argument);

int __io_putchar(int ch)
{  HAL_UART_Transmit(&huart2, (uint8_t *)&ch, 1, 0xFFFF);
   return ch;
}

int main(void)
```

```
{ HAL_Init();
  SystemClock_Config();
  MX_GPIO_Init();
  MX_USART2_UART_Init();

 /* Init scheduler */
  osKernelInitialize();

/* Create the semaphores(s) */
  /* creation of myBinarySem01 */
  myBinarySem01Handle = osSemaphoreNew(1, 1, &myBinarySem01_attributes);

  /* creation of myBinarySem02 */
  myBinarySem02Handle = osSemaphoreNew(1, 1, &myBinarySem02_attributes);


/* Create the thread(s) */
  /* creation of Task1 */
  Task1Handle = osThreadNew(StartTast1, NULL, &Task1_attributes);

  /* creation of Task2 */
  Task2Handle = osThreadNew(StartTask2, NULL, &Task2_attributes);

  /* creation of Task3 */
  Task3Handle = osThreadNew(StartTask3, NULL, &Task3_attributes);

  /* creation of Task4 */
  Task4Handle = osThreadNew(StartTask4, NULL, &Task4_attributes);

  /* Start scheduler */
  osKernelStart();

 while (1)
  { }
}

void StartTast1(void *argument)
{
  for(;;)
  {          // 1초주기로 Task1이 수행되면서 Semaphore가 Release된다.
               osDelay(1000);
               printf("\n\r Task1 Release semaphore");
               osSemaphoreRelease(myBinarySem01Handle);
  }
}
```

```
void StartTask2(void *argument)
{
  for(;;)
  {        // 1초 주기로 Semaphore가 획득시 동작
           if(osSemaphoreAcquire(myBinarySem01Handle, 2000)==osOK)
              {
                printf("\t\t\t Task2 LED1 ON/OFF Working");
                HAL_GPIO_TogglePin(GPIOC, LED1_Pin);
              }
  }
}


void StartTask3(void *argument)
{
  for(;;)
  {
           // 4초주기로 Task3이 수행되면서 Semaphore가 Release된다.
               printf("\n\r Task3 Release semaphore");
               osSemaphoreRelease(myBinarySem02Handle);
               osDelay(4000);
  }
}

void StartTask4(void *argument)
{
  for(;;)
  {        // 4초 주기로 Semaphore가 획득시 동작
           if(osSemaphoreAcquire(myBinarySem02Handle, 5000)==osOK)
           {
                 printf("\t\t\t Task4 LED2 ON/OFF Working");
                 HAL_GPIO_TogglePin(GPIOC, LED2_Pin);
           }
  }
}
--- 생략 ---
```

○ 코드 실행 및 Debugging 하기

Run → Run 또는 Run → Debug을 실행하여 작성한 코드 및 관련코드를 컴파일과 링크를 실행하고, 결과를 Flash 메모리에 다운로드 후 실행한다. 실행 결과는 [그림 9-29]와 같다.

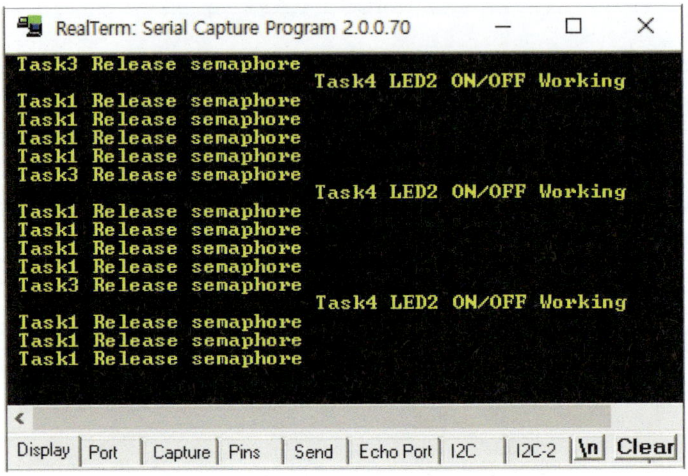

[그림 9-29] Binary Semaphore 실행 결과

② 외부인터럽트를 이용한 Semaphore 실습

외부인터럽트를 이용하여 Task와 동기화하는 실습으로서, 별도의 하드웨어 추가 없이 NUCLEO-F411보드에 내장된 GPIO 입력과 출력, USART2를 사용한다.

○ Semaphore 동작 과정

1개의 Task를 생성한 후, 외부인터럽트를 발생시켜 osSemaphoreRelese(osSemaphoreId_t) 함수를 실행하고, Task에서는 osSemaphoreAcquire(osSemaphoreId_t, timeout) 함수를 통해 수신된 state값을 받아 일치하면 LED Toggle과 문자열 출력을 실행한다.

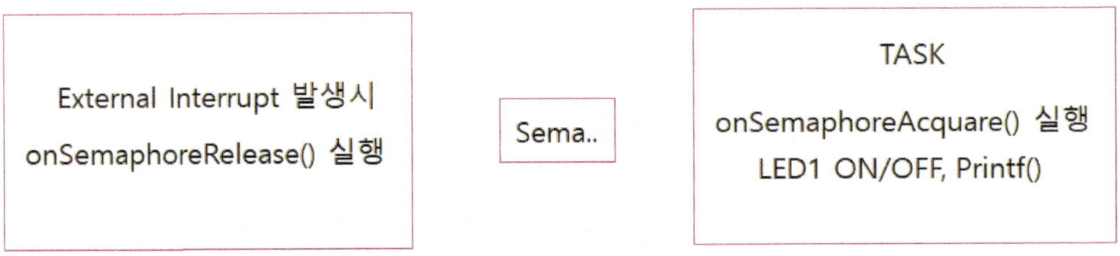

[그림 9-30] Semaphore 동작 과정

○ GPIO 및 USART2 설정

LED는 PA5, EXTI13은 PC13에 연결되고, USART2는 NUCLE0-F411보드와 연결된 직렬통신을 사용한다.

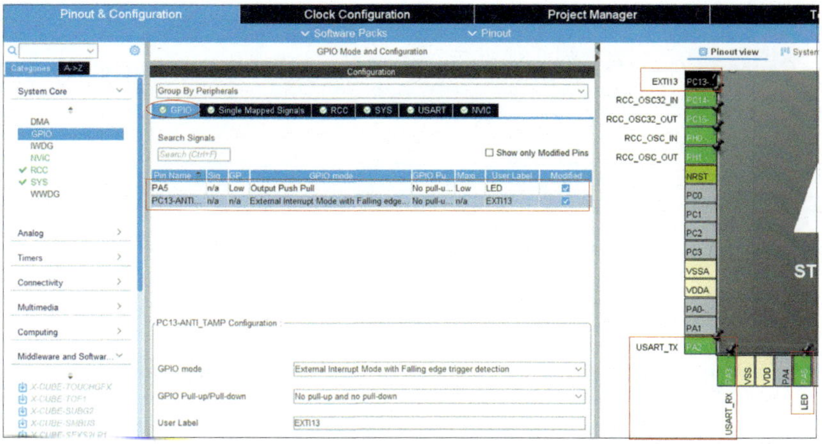

[그림 9-31] GPIO 및 UART2 설정

○ Task 추가 및 설정

1개의 Task를 생성한다. 생성된 결과는 [그림 9-32]와 같다.

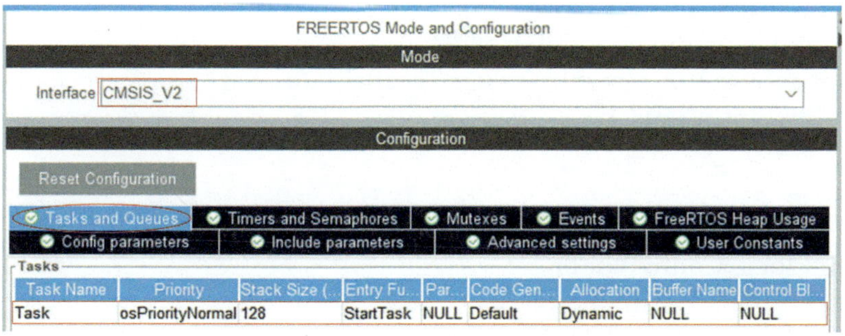

[그림 9-32] Task 생성 및 설정

○ Semaphore 추가 및 설정

[그림 9-33]과 같이 Binary Semaphore(myBinarySem01)를 생성한다.

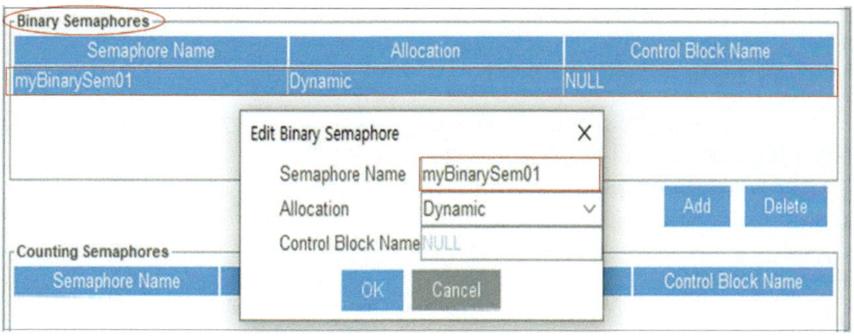

[그림 9-33] Semaphore 설정

○ 코드 작성하기

Project → Generate Code를 실행하여 코드를 자동 생성시키면 FreeRTOS와 관련된 파일들이 생성된다.

코드위치 : Project Name₩Core₩Src₩main.c

```
#include "main.h"
#include "cmsis_os.h"
#include <stdio.h>

UART_HandleTypeDef huart2;

/* Definitions for Task */
osThreadId_t TaskHandle;
const osThreadAttr_t Task_attributes = {
  .name = "Task",
  .stack_size = 128 * 4,
  .priority = (osPriority_t) osPriorityNormal,
};
/* Definitions for myBinarySem01 */
osSemaphoreId_t myBinarySem01Handle;
const osSemaphoreAttr_t myBinarySem01_attributes = {
  .name = "myBinarySem01"
};

/* Private function prototypes --------*/
void SystemClock_Config(void);
static void MX_GPIO_Init(void);
static void MX_USART2_UART_Init(void);
void StartTast(void *argument);

int __io_putchar(int ch)
{  HAL_UART_Transmit(&huart2, (uint8_t *)&ch, 1, 0xFFFF);
   return ch;
}

// 외부인터럽트 발생시 Semaphore가 Release된다.
void HAL_GPIO_EXTI_Callback(uint16_t GPIO_Pin)
{
        if(GPIO_Pin==EXTI13_Pin)
        { osSemaphoreRelease(myBinarySem01Handle);
        }
}

int main(void)
{ HAL_Init();
```

```
  SystemClock_Config();
  MX_GPIO_Init();
  MX_USART2_UART_Init();

 /* Init scheduler */
  osKernelInitialize();

  /* Create the semaphores(s) */
  /* creation of myBinarySem01 */
  myBinarySem01Handle = osSemaphoreNew(1, 1, &myBinarySem01_attributes);

   /* creation of Task */
  TaskHandle = osThreadNew(StartTask, NULL, &Task_attributes);

 /* Start scheduler */
  osKernelStart();

while (1)
  { }
}

void StartTast(void *argument)
{
  for(;;)
  {           if(myBinarySem01Handle != NULL) {
                    //외부인터럽트에 의한 Semaphore 획득시 동작한다.
                 if(osSemaphoreAcquire(myBinarySem01Handle,10) == osOK)
                      {
                      HAL_GPIO_TogglePin(GPIOA, LED_Pin);
                      osDelay(100);
                      printf("\n\r Semaphore Synchronized!");
                 }
              }
  }
}

--- 생략 ---
```

○ 코드 실행 및 Debugging 하기

Run → Run 또는 Run → Debug을 실행하여 작성한 코드 및 관련코드를 컴파일과 링크를 실행하고, 결과를 Flash 메모리에 다운로드 후 실행한다. 실행 결과는 [그림 9-34]와 같다.

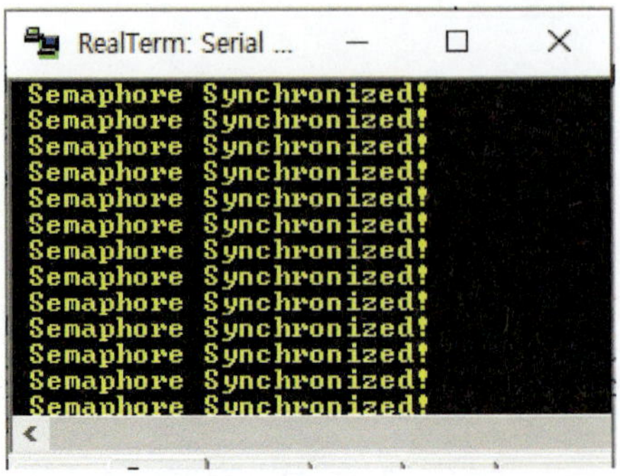

[그림 9-34] 실행 결과

③ Counting semaphore 실습

Counting semaphore 실습으로 별도의 하드웨어 추가 없이 NUCLEO-F411보드에 내장된 GPIO 입력, USART2를 사용한다.

○ Semaphore 동작과정

Task1, Task2, 외부인터럽트를 이용하여 semaphore를 생성하고, semaphore count값이 2일 때 Task3에서 문자열 출력을 실행한다.

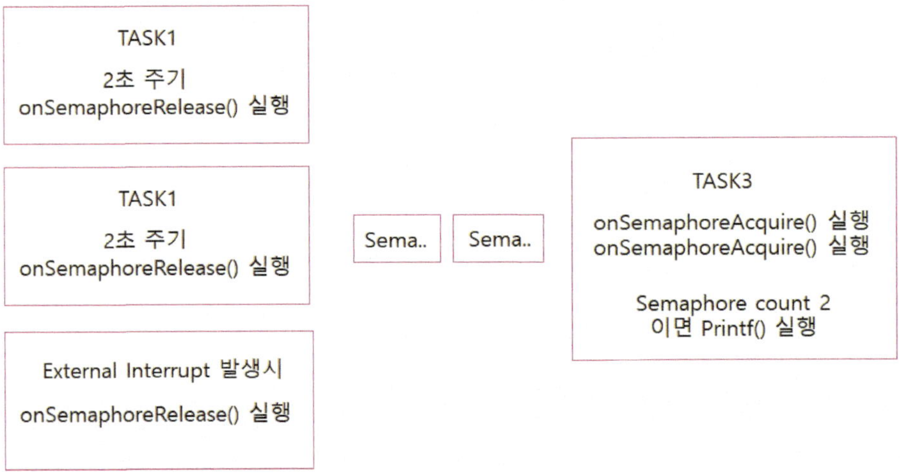

[그림 9-35] Counting semaphore 동작 과정

○ GPIO 및 USART2 설정

EXTI13은 PC13에 연결되고, USART2는 NUCLE0-F411보드와 연결된 직렬통신을 사용한다.

○ Task 추가 및 설정

3개의 Task를 생성한다. 생성된 결과는 [그림 9-36]과 같다.

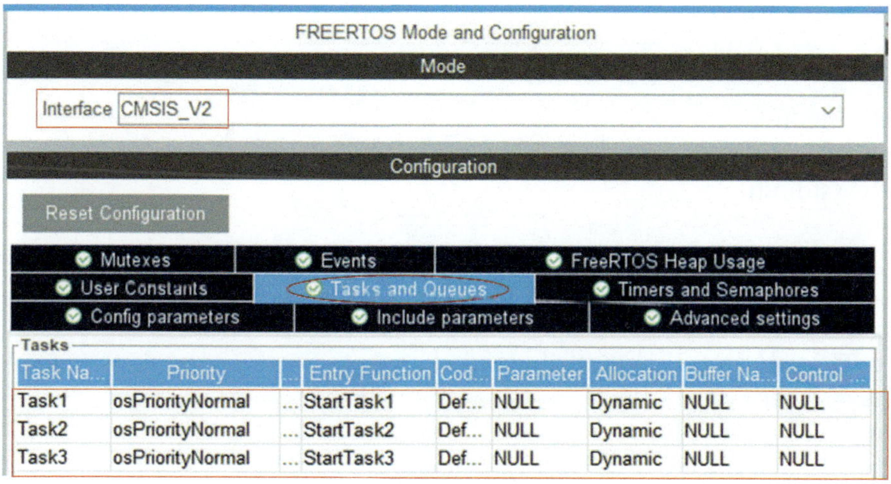

[그림 9-36] Task 생성 및 설정

○ Semaphore 추가 및 설정

[그림 9-37]과 같이 Counting Semaphore(myCountingSem01)를 생성하고 Count값을 2로 설정한다.

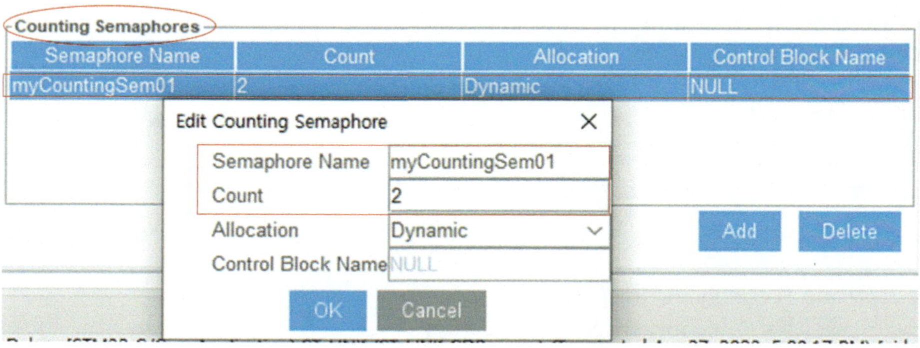

[그림 9-37] Semaphore 설정

○ 코드 작성하기

Project → Generate Code를 실행하여 코드를 자동 생성시키면 [그림 9-14]와 같이 FreeRTOS와 관련된 파일들이 생성된다.

코드위치 : Project Name₩Core₩Src₩main.c

```
#include "main.h"
#include "cmsis_os.h"
#include <stdio.h>

UART_HandleTypeDef huart2;
/* Definitions for Task1 */
osThreadId_t Task1Handle;
const osThreadAttr_t Task1_attributes = {
  .name = "Task1",
  .stack_size = 128 * 4,
  .priority = (osPriority_t) osPriorityNormal,
};
/* Definitions for Task2 */
osThreadId_t Task2Handle;
const osThreadAttr_t Task2_attributes = {
  .name = "Task2",
  .stack_size = 128 * 4,
  .priority = (osPriority_t) osPriorityNormal,
};
/* Definitions for Task3 */
osThreadId_t Task3Handle;
const osThreadAttr_t Task3_attributes = {
  .name = "Task3",
  .stack_size = 128 * 4,
  .priority = (osPriority_t) osPriorityNormal,
};

/* Definitions for myCountingSem01 */
osSemaphoreId_t myCountingSem01Handle;
const osSemaphoreAttr_t myCountingSem01_attributes = {
  .name = "myCountingSem01"
};
/* Private function prototypes --------*/
void SystemClock_Config(void);
static void MX_GPIO_Init(void);
static void MX_USART2_UART_Init(void);
void StartTask1(void *argument);
void StartTask2(void *argument);
void StartTask3(void *argument);
```

```
int __io_putchar(int ch)
{  HAL_UART_Transmit(&huart2, (uint8_t *)&ch, 1, 0xFFFF);
   return ch;
}

// 외부인터럽트에 의한 Semaphore가 Release 된다.
void HAL_GPIO_EXTI_Callback(uint16_t GPIO_Pin)
{         if(GPIO_Pin==EXTI13_Pin)
          {  osSemaphoreRelease(myCountingSem01Handle);
             printf("\n\rEXTI");
          }
}

int main(void)
{ HAL_Init();
   SystemClock_Config();
   MX_GPIO_Init();
   MX_USART2_UART_Init();

  /* Init scheduler */
   osKernelInitialize();

    /* Create the semaphores(s) */
   /* creation of myCountingSem01 */
   myCountingSem01Handle = osSemaphoreNew(2, 2,
&myCountingSem01_attributes);

   /* Create the thread(s) */
   /* creation of Task1 */
   Task1Handle = osThreadNew(StartTask1, NULL, &Task1_attributes);

   /* creation of Task2 */
   Task2Handle = osThreadNew(StartTask2, NULL, &Task2_attributes);

   /* creation of Task3 */
   Task3Handle = osThreadNew(StartTask3, NULL, &Task3_attributes);

  /* Start scheduler */
   osKernelStart();

while (1)
   {  }
}
// 2초 주기로 Semaphore가 Release된다.
```

```
void StartTask1(void *argument)
{ for(;;)
  {         osSemaphoreRelease(myCountingSem01Handle);
            printf("\n\rTask1");
                    osDelay(2000);
  }
}
// 2초 주기로 Semaphore가 Release된다.
void StartTask2(void *argument)
{ for(;;)
  {         osSemaphoreRelease(myCountingSem01Handle);
            printf("\n\rTask2");
            osDelay(2000);
  }
}

void StartTask3(void *argument)
{ for(;;)  // Semaphore가 2개 획득될 때 동작한다.
  {  if(osSemaphoreAcquire(myCountingSem01Handle, 4000)==osOK) //Semaphore
1
       { if(osSemaphoreAcquire(myCountingSem01Handle, 4000)==osOK) //Semaphore
2
            { printf("\n\r\tTask3"); }
       }
  }
}
--- 생략 ---
```

○ 코드 실행 및 Debugging 하기

Run → Run 또는 Run → Debug을 실행하여 작성한 코드 및 관련코드를 컴파일과 링크를 실행하고, 결과를 Flash 메모리에 다운로드 후 실행한다. 실행 결과는 [그림 9-38]과 같다. Task1, Task2가 실행되고 난 뒤 Task3가 실행되고, Task1 실행 후 외부인터럽트가 실행되면 Task3가 실행된다. 그리고 외부인터럽트가 2번 연속 실행되면 Task3가 실행된다.

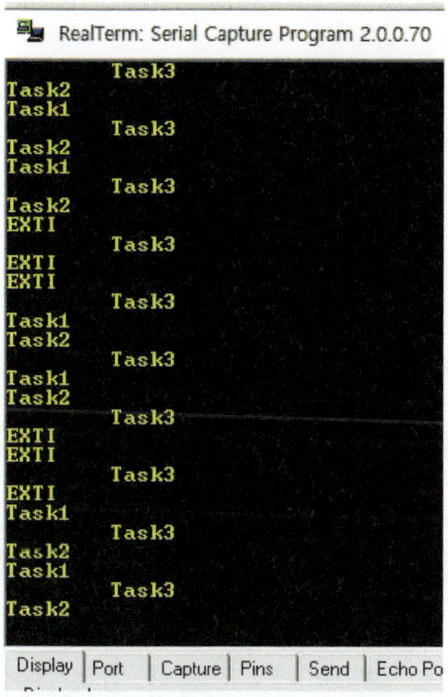

[그림 9-38] Counting semaphore 실행 결과

③ Counting semaphore 실습

Counting semaphore 실습으로 별도의 하드웨어 추가 없이 NUCLEO-F411보드에 내장된 GPIO 입력, USART2를 사용한다.

○ Semaphore 동작 과정

Task1, Task2, 외부인터럽트를 이용하여 semaphore를 생성하고, semaphore count값이 2일 때 Task3에서 문자열 출력을 실행한다.

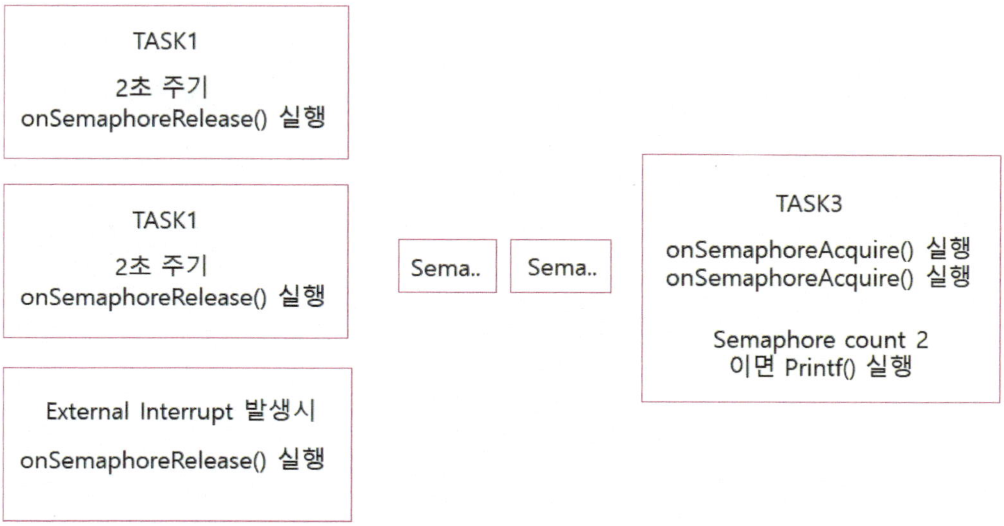

[그림 9-39] Counting semaphore 동작 과정

○ GPIO 및 USART2 설정

EXTI13은 PC13에 연결되고, USART2는 NUCLE0-F411보드와 연결된 직렬통신을 사용한다.

○ Task 추가 및 설정

3개의 Task를 생성한다. 생성된 결과는 [그림 9-40]과 같다.

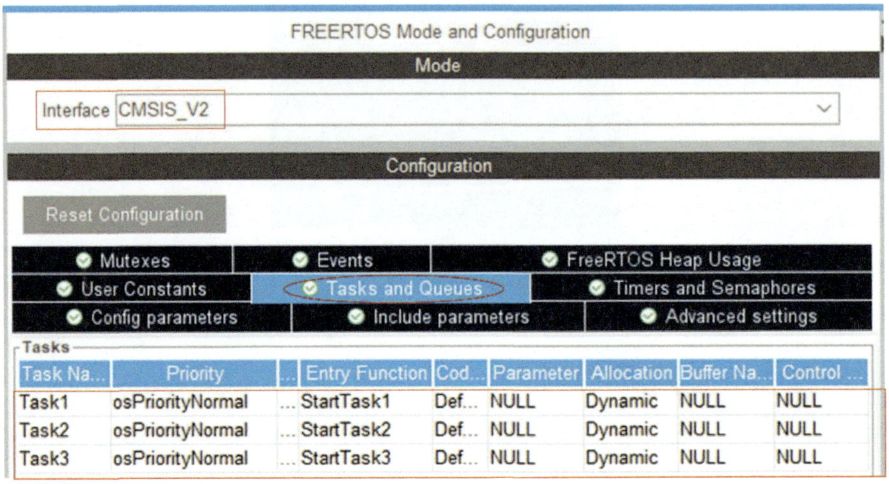

[그림 9-40] Task 생성 및 설정

○ Semaphore 추가 및 설정

[그림 9-41]과 같이 Counting Semaphore(myCountingSem01)를 생성하고 Count값을 2로 설정한다.

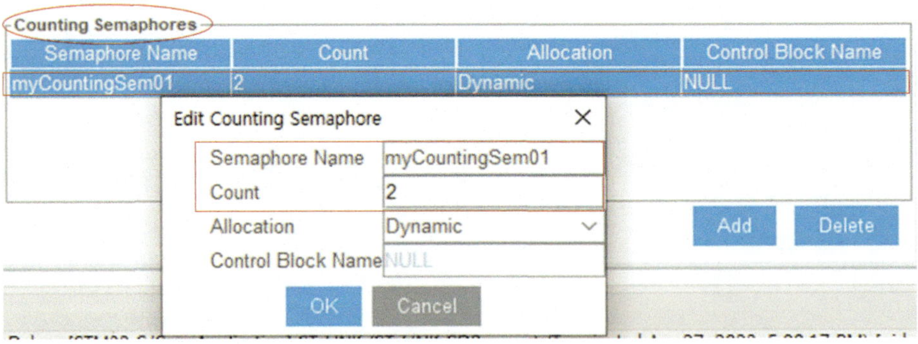

[그림 9-41] Semaphore 설정

○ 코드 작성하기

Project → Generate Code를 실행하여 코드를 자동 생성시키면 [그림 9-14]와 같이 FreeRTOS와 관련된 파일들이 생성된다.

코드위치 : Project Name₩Core₩Src₩main.c

```
#include "main.h"
#include "cmsis_os.h"
#include <stdio.h>

UART_HandleTypeDef huart2;
/* Definitions for Task1 */
osThreadId_t Task1Handle;
const osThreadAttr_t Task1_attributes = {
  .name = "Task1",
  .stack_size = 128 * 4,
  .priority = (osPriority_t) osPriorityNormal,
};
/* Definitions for Task2 */
osThreadId_t Task2Handle;
const osThreadAttr_t Task2_attributes = {
  .name = "Task2",
  .stack_size = 128 * 4,
  .priority = (osPriority_t) osPriorityNormal,
};
/* Definitions for Task3 */
osThreadId_t Task3Handle;
const osThreadAttr_t Task3_attributes = {
  .name = "Task3",
  .stack_size = 128 * 4,
  .priority = (osPriority_t) osPriorityNormal,
};
/* Definitions for myCountingSem01 */
osSemaphoreId_t myCountingSem01Handle;
const osSemaphoreAttr_t myCountingSem01_attributes = {
  .name = "myCountingSem01"
};
/* Private function prototypes --------*/
void SystemClock_Config(void);
static void MX_GPIO_Init(void);
static void MX_USART2_UART_Init(void);
void StartTask1(void *argument);
void StartTask2(void *argument);
void StartTask3(void *argument);

int __io_putchar(int ch)
{  HAL_UART_Transmit(&huart2, (uint8_t *)&ch, 1, 0xFFFF);
  return ch;
```

```
}

void HAL_GPIO_EXTI_Callback(uint16_t GPIO_Pin)
{         if(GPIO_Pin==EXTI13_Pin)
          {  osSemaphoreRelease(myCountingSem01Handle);
             printf("\n\rEXTI");
          }
}

int main(void)
{ HAL_Init();
  SystemClock_Config();
  MX_GPIO_Init();
  MX_USART2_UART_Init();
   /* Init scheduler */
  osKernelInitialize();

   /* Create the semaphores(s) */
  /* creation of myCountingSem01 */
  myCountingSem01Handle = osSemaphoreNew(2, 2,
&myCountingSem01_attributes);

  /* Create the thread(s) */
  /* creation of Task1 */
  Task1Handle = osThreadNew(StartTask1, NULL, &Task1_attributes);

  /* creation of Task2 */
  Task2Handle = osThreadNew(StartTask2, NULL, &Task2_attributes);

  /* creation of Task3 */
  Task3Handle = osThreadNew(StartTask3, NULL, &Task3_attributes);

 /* Start scheduler */
  osKernelStart();

while (1)
  { }
}

void StartTask1(void *argument)
{ for(;;)
  {         osSemaphoreRelease(myCountingSem01Handle);
            printf("\n\rTask1");
                      osDelay(2000);
  }
}

void StartTask2(void *argument)
{ for(;;)
```

```
  {        osSemaphoreRelease(myCountingSem01Handle);
           printf("\n\rTask2");
           osDelay(2000);
  }
}

void StartTask3(void *argument)
{ for(;;)  // Semaphore Count == 2일 때 동작
  {  if(osSemaphoreAcquire(myCountingSem01Handle, 4000)==osOK)
       { if(osSemaphoreAcquire(myCountingSem01Handle, 4000)==osOK)
          { printf("\n\r\tTask3"); }
       }
  }
}
--- 생략 ---
```

○ 코드 실행 및 Debugging 하기

Run → Run 또는 Run → Debug을 실행하여 작성한 코드 및 관련코드를 컴파일과 링크를 실행하고, 결과를 Flash 메모리에 다운로드 후 실행한다. 실행 결과는 [그림 9-42]와 같다. Task1, Task2가 실행되고 난 뒤 Task3가 실행되고, Task1 실행 후 외부인터럽트가 실행되면 Task3가 실행된다. 그리고 외부인터럽트가 2번 연속 실행되면 Task3가 실행된다.

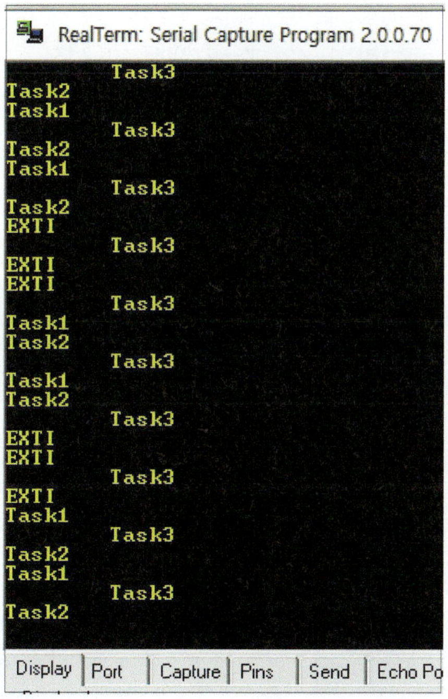

[그림 9-42] Counting semaphore 실행 결과

9.6 FreeRTOS에서의 Mutex 실습

일종의 Semaphore로 하나의 자원을 여러 개의 Task가 공유하여 사용할 때 사용된다. 별도의 추가적인 하드웨어 없이 NUCLEO-F411 보드 내의 UART2를 이용한다. 공유할 Task를 콘솔출력으로 설정한다.

○ Task 추가 및 설정

2개의 Task를 생성한다. 생성된 결과는 [그림 9-43]과 같다.

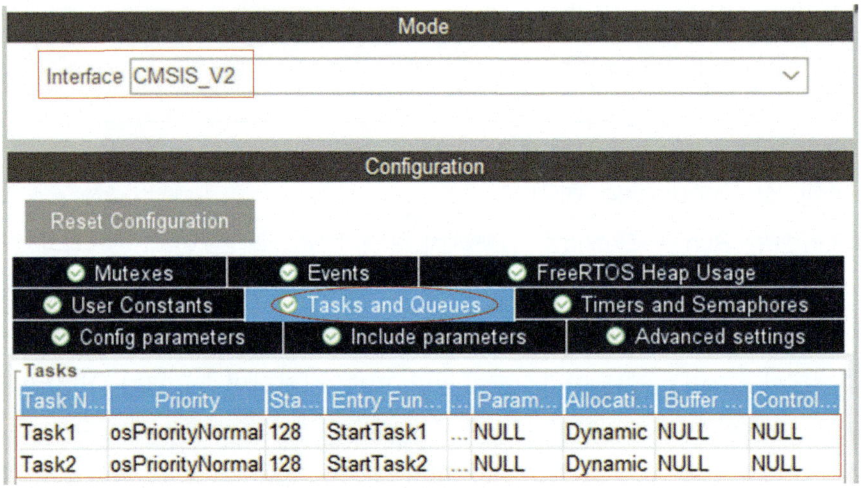

[그림 9-43] Task 생성 및 설정

○ Mutex 추가 및 설정

[그림 9-44]와 같이 1개의 Mutex(myMutex01)를 생성한다.

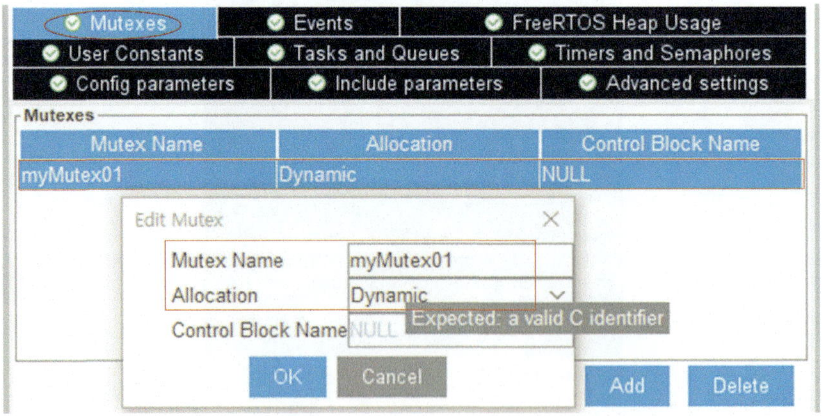

[그림 9-44] Semaphore 설정

○ 코드 작성하기

Project → Generate Code를 실행하여 코드를 자동 생성시키면 FreeRTOS와 관련된 파일들이 생성된다.

코드위치 : Project Name₩Core₩Src₩main.c

```
#include "main.h"
#include "cmsis_os.h"
#include <stdio.h>

UART_HandleTypeDef huart2;

/* Definitions for Task1 */
osThreadId_t Task1Handle;
const osThreadAttr_t Task1_attributes = {
  .name = "Task1",
  .stack_size = 128 * 4,
  .priority = (osPriority_t) osPriorityNormal,
};
/* Definitions for Task2 */
osThreadId_t Task2Handle;
const osThreadAttr_t Task2_attributes = {
  .name = "Task2",
  .stack_size = 128 * 4,
  .priority = (osPriority_t) osPriorityNormal,
};
/* Definitions for myMutex01 */
osMutexId_t myMutex01Handle;
const osMutexAttr_t myMutex01_attributes = {
  .name = "myMutex01"
};

/* Private function prototypes --------*/
void SystemClock_Config(void);
static void MX_GPIO_Init(void);
static void MX_USART2_UART_Init(void);
void StartTask1(void *argument);
void StartTask2(void *argument);
void LedTask(uint16_t m);  // Shared Task

int __io_putchar(int ch)
{  HAL_UART_Transmit(&huart2, (uint8_t *)&ch, 1, 0xFFFF);
  return ch;
}
```

```
int main(void)
{ HAL_Init();
  SystemClock_Config();
  MX_GPIO_Init();
  MX_USART2_UART_Init();

 /* Init scheduler */
  osKernelInitialize();

//* Create the mutex(es) */
  /* creation of myMutex01 */
  myMutex01Handle = osMutexNew(&myMutex01_attributes);

/* Create the thread(s) */
  /* creation of Task1 */
  Task1Handle = osThreadNew(StartTask1, NULL, &Task1_attributes);

  /* creation of Task2 */
  Task2Handle = osThreadNew(StartTask2, NULL, &Task2_attributes);

  /* Start scheduler */
  osKernelStart();

while (1)
  { }
}

// Mutex에서 공유할 Task
void LedTask(uint16_t m)
{
   printf("\n\r Task%d", m);
          osDelay(500);
}

void StartTask1(void *argument)
{
  for(;;)
  {
    osDelay(100);
    // 공유할 자원을 사용가능할 때까지 기다리는 함수
    osMutexAcquire(myMutex01Handle,osWaitForever);
    LedTask(1);  // Shared Task
    osMutexRelease(myMutex01Handle);
    // 공유할 자원을 해제시키는 함수
  }
```

```
}

void StartTask2(void *argument)
{
  for(;;)
  {
        osDelay(100);
        // 공유할 자원을 사용가능할 때까지 기다리는 함수
        osMutexAcquire(myMutex01Handle,osWaitForever);
        LedTask(2); // Shared Task
        osMutexRelease(myMutex01Handle);
        // 공유할 자원을 해제시키는 함수
  }
}
--- 생략 ---
```

○ 코드 실행 및 Debugging 하기

Run → Run 또는 Run → Debug을 실행하여 작성한 코드 및 관련코드를 컴파일과 링크를 실행하고, 결과를 Flash 메모리에 다운로드 후 실행한다. 실행 결과는 [그림 9-45]와 같다.

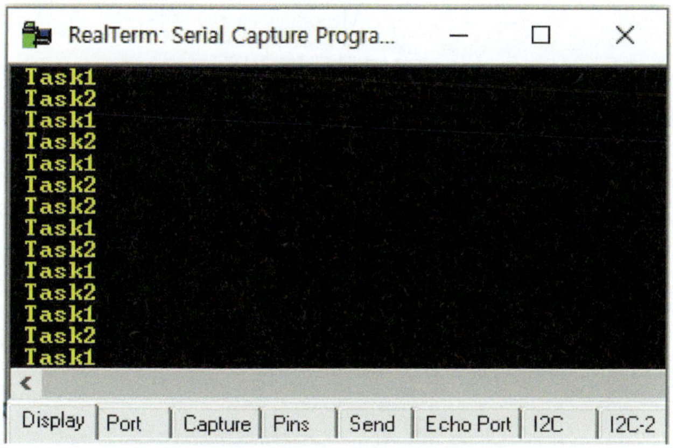

[그림 9-45] Mutex 실행 결과

9.7 FreeRTOS에서의 Queue 실습

Task간 동기화와 함께 데이터를 공유하는 기능으로 사용된다. 별도의 추가적인 하드웨어 없이 NUCLEO-F411 보드 내의 UART2를 이용한다. 공유된 데이터는 콘솔출력으로 확인한다.

○ Queue 동작

Queue는 [그림 9-46]과 같이 Task간 동기화와 함께 데이터를 공유하는 기능으로 사용한다. osMessagePut() 함수로 Queue에 데이터를 전달하고, osMessageGet() 함수로 Queue에서 데이터를 수신한다.

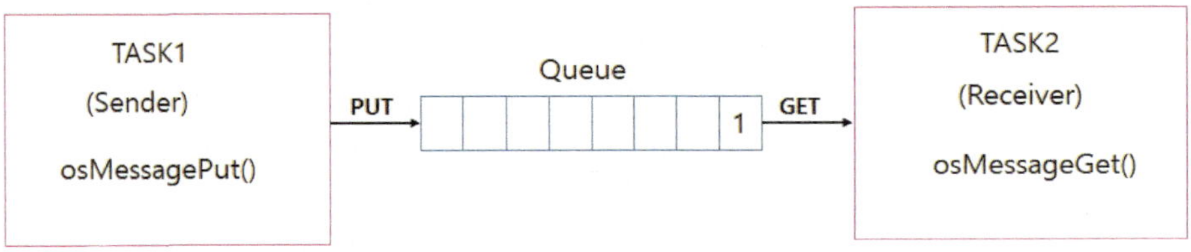

[그림 9-46] Queue 동작

- 동작과정
  - SenderTask()는 정해진 시간간격으로 osMessagePut() 함수를 이용하여 Queue에 1Byte 데이터를 전송하면, ReceiveTask는 루프에서 지속적으로 osMessageGet() 함수를 이용해서 데이터를 수신한다.
  - ReceiveTask()가 osMessageGet() 함수를 호출할 때 Queue에 데이터가 없는 경우에는 blocked 상태로 전환되고, contex switching이 발생한다.

○ Task 추가 및 설정

2개의 Task를 생성한다. 생성된 결과는 [그림 9-47]과 같다.

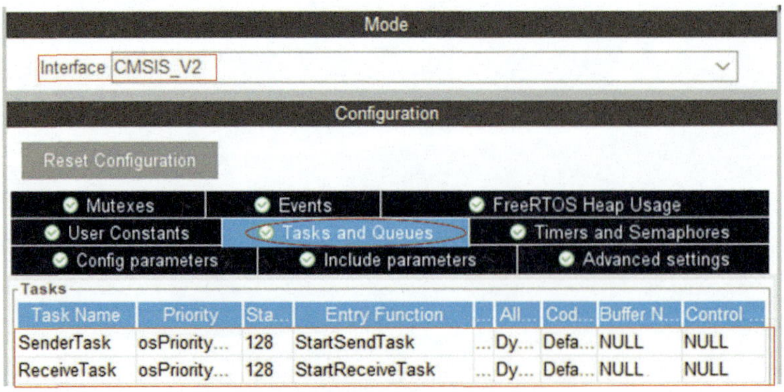

[그림 9-47] Task 생성 및 설정

○ Queues 추가 및 설정

[그림 9-48]과 같이 1개의 Queues(myQueue01)를 생성한다.

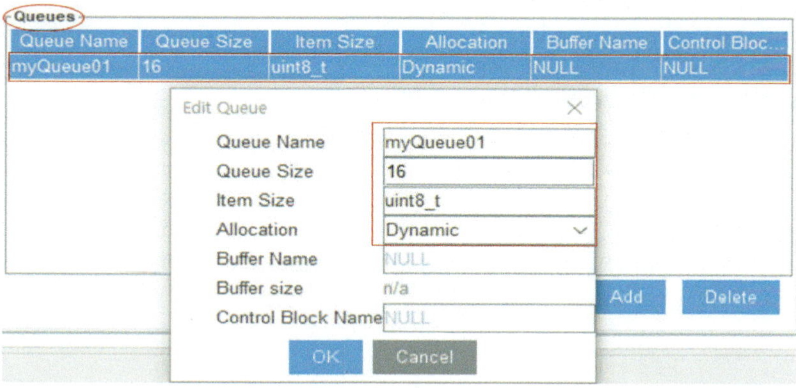

[그림 9-48] Queue 추가 및 설정

○ 코드 작성하기

Project → Generate Code를 실행하여 코드를 자동 생성시킨 후 코드를 추가한다.

코드위치 : Project Name₩Core₩Src₩main.c

```
#include "main.h"
#include "cmsis_os.h“
#include <stdio.h>

UART_HandleTypeDef huart2;

/* Definitions for SenderTask */
osThreadId_t SenderTaskHandle;
const osThreadAttr_t SenderTask_attributes = {
  .name = "SenderTask",
  .stack_size = 128 * 4,
  .priority = (osPriority_t) osPriorityNormal,
};
/* Definitions for ReceiveTask */
osThreadId_t ReceiveTaskHandle;
const osThreadAttr_t ReceiveTask_attributes = {
  .name = "ReceiveTask",
  .stack_size = 128 * 4,
  .priority = (osPriority_t) osPriorityNormal,
};
/* Definitions for myQueue01 */
osMessageQueueId_t myQueue01Handle;
const osMessageQueueAttr_t myQueue01_attributes = {
```

```
  .name = "myQueue01"
};

/* Private function prototypes --------*/
void SystemClock_Config(void);
static void MX_GPIO_Init(void);
static void MX_USART2_UART_Init(void);
void StartSendTask(void *argument);
void StartReceiveTask(void *argument);

int __io_putchar(int ch)
{  HAL_UART_Transmit(&huart2, (uint8_t *)&ch, 1, 0xFFFF);
   return ch;
}

int main(void)
{ HAL_Init();
   SystemClock_Config();
   MX_GPIO_Init();
   MX_USART2_UART_Init();

 /* Init scheduler */
   osKernelInitialize();

   /* Create the queue(s) */
   /* creation of myQueue01 */
   myQueue01Handle = osMessageQueueNew (16, sizeof(uint8_t),
&myQueue01_attributes);

   /* Create the thread(s) */
   /* creation of SenderTask */
   SenderTaskHandle = osThreadNew(StartSendTask, NULL,
&SenderTask_attributes);

   /* creation of ReceiveTask */
   ReceiveTaskHandle = osThreadNew(StartReceiveTask, NULL,
&ReceiveTask_attributes);
   /* Start scheduler */
   osKernelStart();

while (1)
   {  }
}

void StartSendTask(void *argument)
{ uint32_t x=1;
   for(;;)
```

```
  {
    printf("\n\r SenderTask!");
          osMessageQueuePut(myQueue01Handle, &x, 0, 200);
          if(++x>10)
                  x=0;
          osDelay(1000);
  }
 }
void StartReceiveTask(void *argument)
{ uint32_t    receive=0;
  osStatus_t status;
  for(;;)
  {
          printf("\n\r ReceiveTask!");
          status=osMessageQueueGet(myQueue01Handle, &receive, NULL, 2000);
          if(status == osOK)
             {   printf("\t Received Value=%d", receive);
             }
          else
             {   printf("\n\r Receiver error");
             }

  }
 }
--- 생략 ---
```

○ 코드 실행 및 Debugging 하기

Run → Run 또는 Run → Debug을 실행하여 작성한 코드 및 관련코드를 컴파일과 링크를 실행하고, 결과를 Flash 메모리에 다운로드 후 실행한다. 실행 결과는 [그림 9-49]와 같다.

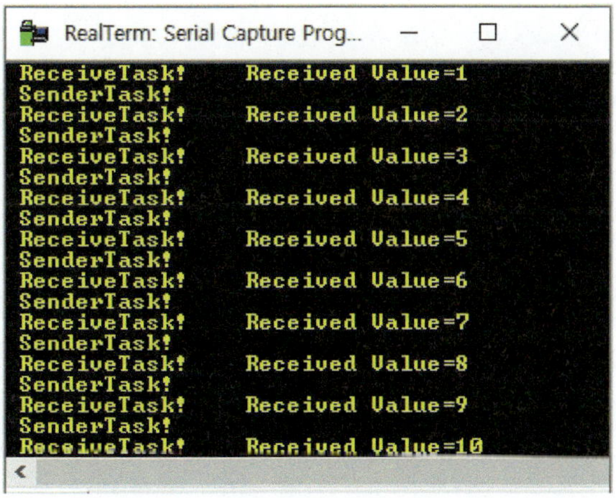

[그림 9-49] Queue 실행 결과

10장 AI 실습

10.1 인공신경망

인공신경망(artificial neural network)은 사람의 두뇌의 기능 중 뉴런의 세포체, 수상돌기, 시냅스를 모방한 것으로, 인공신경회로망에서는 각각 노드(node), 연결가중치(weight), 입력(input)으로 구현된다.

○ 퍼셉트론(Perceptron)

최초의 인공 신경망 모델은 1943년 Warren McCulloch와 Walter Pitts에 의해 제안되었으며, 1958년 Frank Rosenblatt는 Supervised Learning이 가능한 Perceptron 모델을 개발하였다. [그림 10-1]은 Perceptron을 나타낸다. 여러 개의 신호를 받아 한 개의 출력신호로 출력된다.

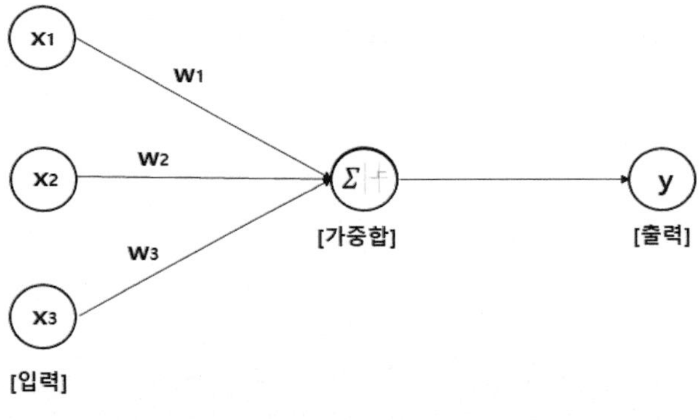

[그림 10-1] Perceptron

○ 다층 인공신경망

Perceptron은 XOR와 같은 비선형 영역분리는 표현이 불가능하였으나, 1986년 Multi-Layer Perceptron의 지도 학습을 위한 Back-propagation Algorithm 발견으로 해결되었다. [그림 10-2]는 다층 인공신경망을 나타낸다. 입력과 출력층 사이에 은닉층(hidden layer)이 존재한다. 오차 역전파법(back-propagation)이란 신경망의 출력층에서 발생한 오차값을 입력층 방향으로 전달하면서 오차 수정을 통해 신경망의 가중치를 재조정하는 과정을 말한다.

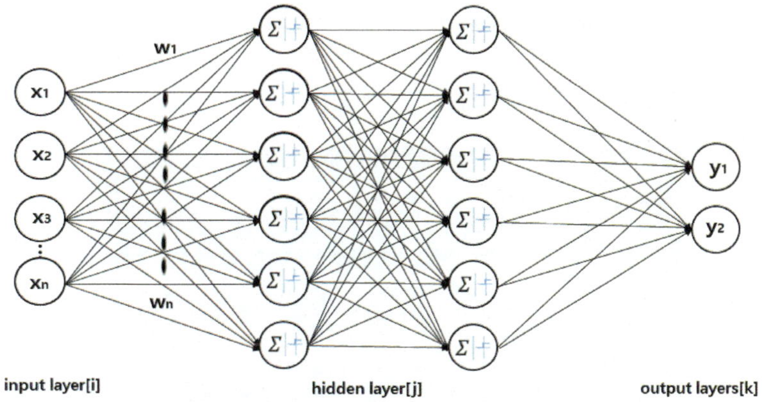

[그림 10-2] 다층 인공신경망 구조

○ 신경망 구현

본 교재에서는 다층 인공신경망을 이용한 실습을 위해 구글에서 만든 딥러닝 전용 라이브러리인 TensorFlow, Keras를 사용하여 인공신경망을 설계하고, 설계된 인공신경망을 STM32CubeIDE에서 X-CUBE-AI를 이용하여 Nucleo-F411보드에 구현한다.

10.2 프로그램 설치

① ANACONDA 설치

Anaconda 설치를 위해 홈페이지(www.anaconda.com)에 접속한 후 [그림 10-3]에서와 같이 하단의 윈도우 아이콘을 선택한다.

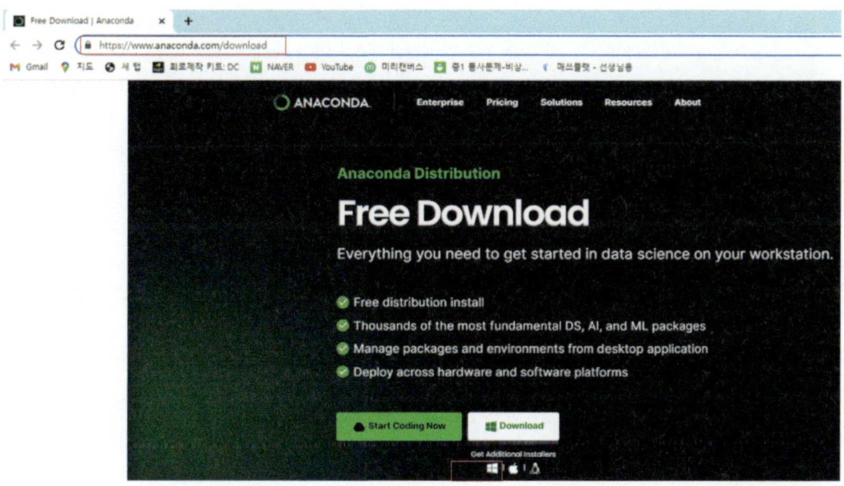

[그림 10-3] ANACONDA 홈페이지

[그림 10-4]와 같이 Windows용 Anaconda Installers(Python 3.10, 64-Bit Graphical Installer)를 다운로드 한다.

[그림 10-4] Anaconda Installers(Python 3.10) 다운로드

다운로드한 <u>Anconda3 2023.03-1-Windows-x86_64.exe</u> 파일을 설치한다. 설치 진행 과정은 [그림 10-5]와 같다.

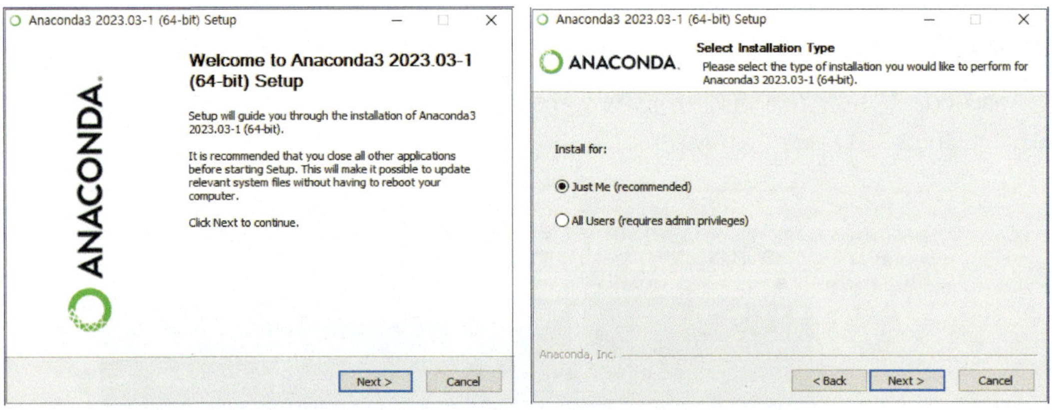

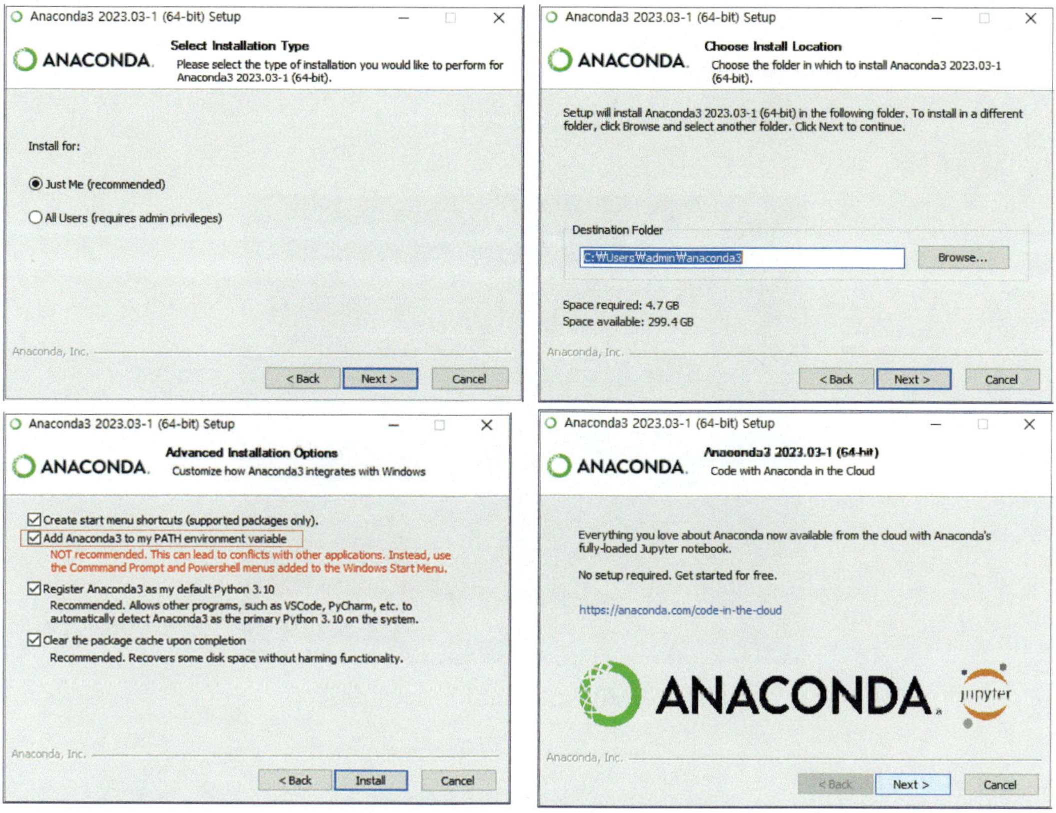

[그림 10-5] Anaconda 설치 과정

② TensorFlow 설치

[그림 10-6]에서 Anaconda Prompt를 선택한 후 아래와 같이 'pip install TensorFlow' 명령을 이용하여 TensorFlow를 설치한다. TensorFlow는 X-CUBE-AI와의 호환을 위해 반드시 2.10.0 이하 버전을 설치한다.

TensorFlow 설치 명령
(base) c:\Users\admin>pip install TensorFlow==2.10.0

③ Jupyter Notebook 설치

○ Anaconda Navigator 실행

[그림 10-6]에서 Anaconda Navigator를 실행한다.

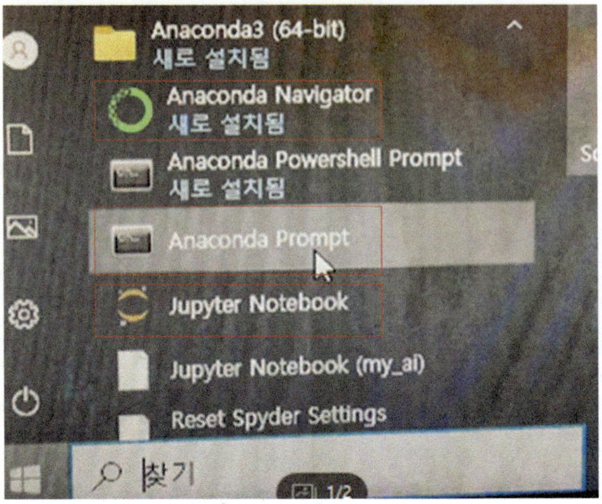

[그림 10-6] Anaconda Prompt 실행

○ Jupyter 설치

[그림 10-7]에서와 같이 Not installed를 선택한 후 Jupyter를 찾아서 선택한 후 설치한다.

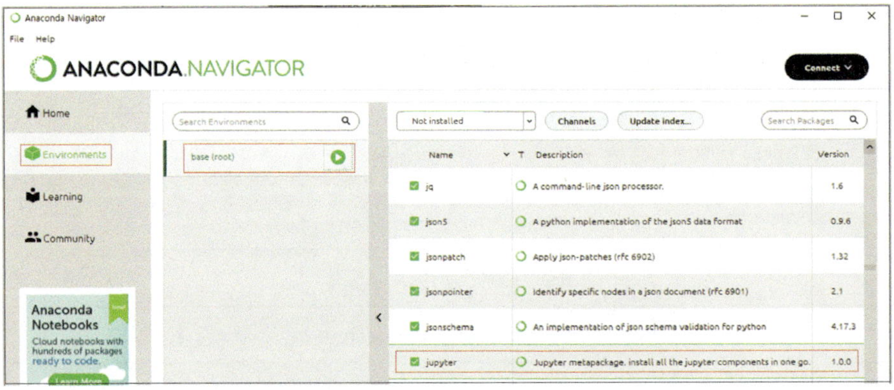

[그림 10-7] Jupyter Notebook 설치하기

○ Jupyter 실행

Jupyter Notebook이 정상적으로 설치되면 [그림 10-8]과 같고, 선택하면 Jupyter가 실행된다.

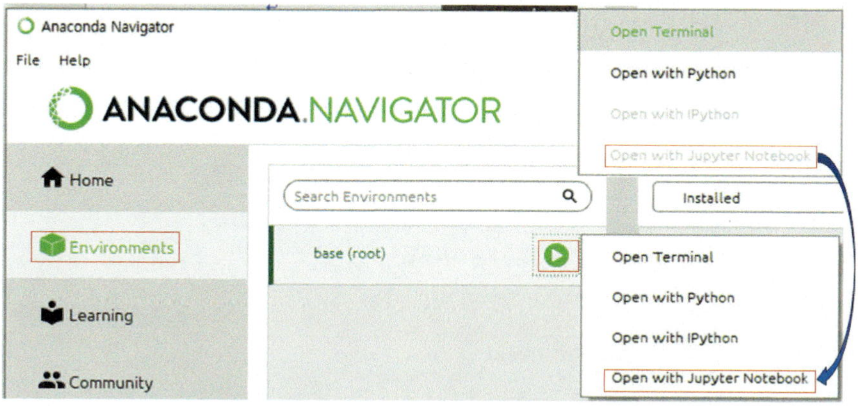

[그림 10-8] Jupyter Notebook 설치결과 확인

○ Jupyter 폴더 생성

[그림 10-9]와 같이 New에서 Folder를 선택한다.

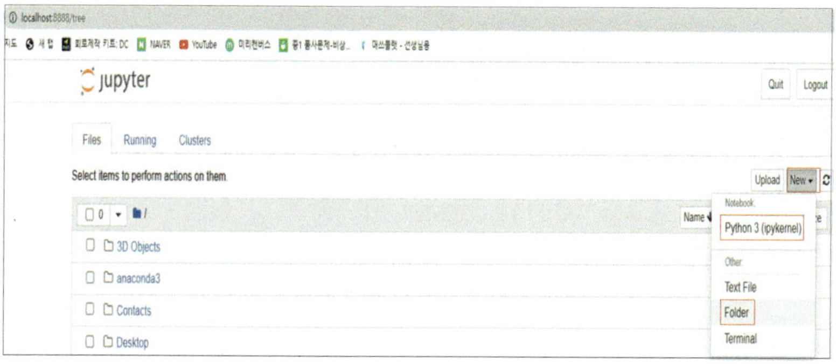

[그림 10-9] Jupyter 폴더 생성

폴더 이름을 [그림 10-10]과 같이 stm32ai_work로 한다.

[그림 10-10] stm32ai_work 폴더 생성

○ Jupyter 코드 입력 및 실행

①과 같이 코드를 선택하고, ②와 같이 코드를 입력하고, ③ RUN을 실행하면 ④와 같이 결과를 확인할 수 있다. 그리고 주석은 Code 대신 Markdown을 선택하고 입력한 후 실행한다. 교재실습을 위해 설치된 Python은 3.10.9 버전을 사용하였고, Tensroflow는 반드시 2.10.0 버전을 사용한다. Jupyter의 사용법은 관련 자료를 참조하여 익혀두어야 한다.

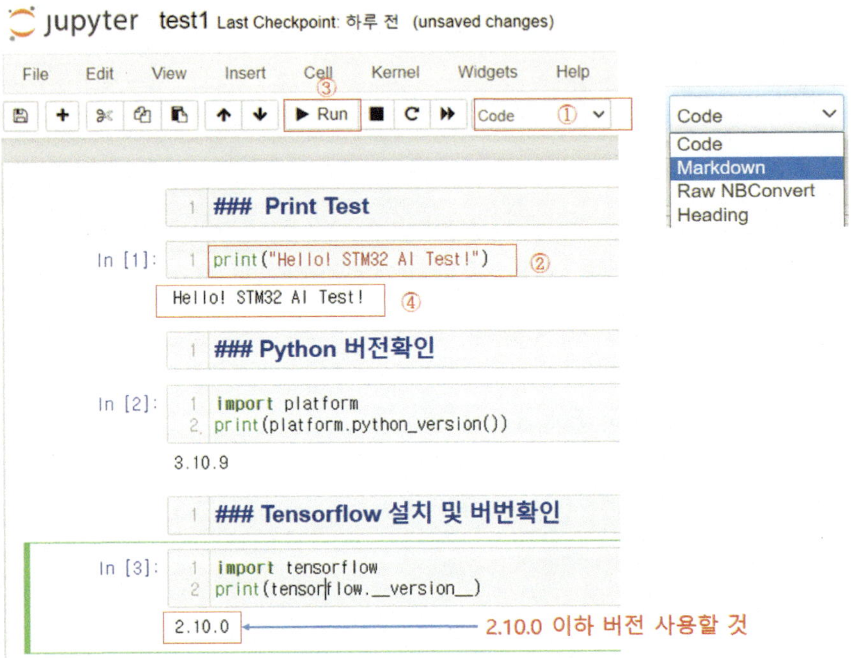

[그림 10-11] Jupyter 코드입력 및 실행

10.3 XOR 인공신경망 설계

XOR 연산을 TensorFlow를 이용하여 인공신경망을 설계하고, 설계된 데이터를 X-CUBE-AI를 이용하여 Nucleo-F411보드에 적용한다.

① 학습데이터 결정

먼저 학습하고자 하는 데이터는 엑셀을 이용하여 [그림 10-12]와 같이 xor.csv파일로 저장한다.

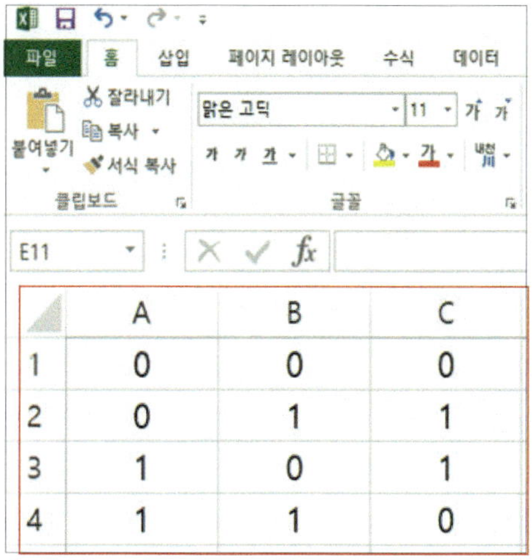

(a) xor.csv 파일내용

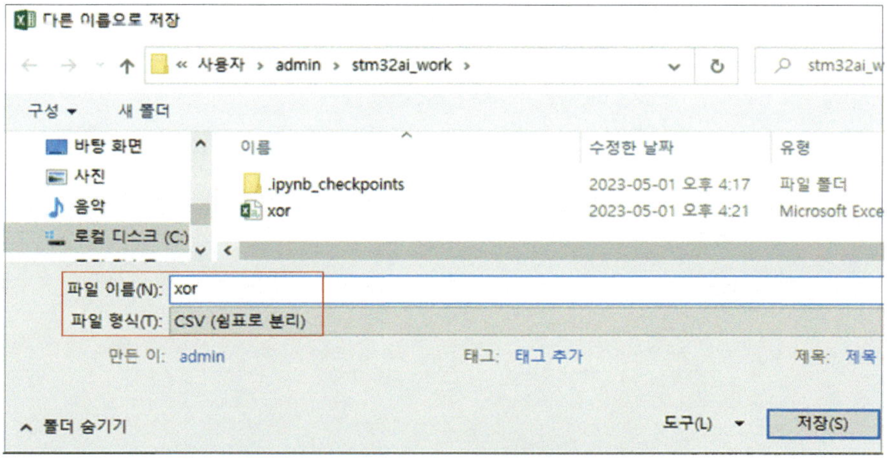

(b) xor.csv 파일 저장

[그림 10-12] 신경망 학습데이터

② 학습데이터 불러오기

pandas를 이용하여 학습데이터 파일에서 학습에 필요한 입력 및 출력데이터를 읽어온다.

```
from tensorflow.keras.models import Sequential
from tensorflow.keras.layers import Dense
```

```
import pandas as pd
import matplotlib.pyplot as plt
```

```
df=pd.read_csv('xor.csv')
```

```
print(df)
```

```
   X1  X2  Y
0   0   0  0
1   0   1  1
2   1   0  1
3   1   1  0
```

```
x=df.iloc[:,0:2]
y=df.iloc[:, 2]
```

```
print(x)
```

```
   X1  X2
0   0   0
1   0   1
2   1   0
3   1   1
```

```
print(y)
```

```
0    0
1    1
2    1
3    0
Name: Y, dtype: int64
```

[그림 10-13] 학습데이터 불러오기 실행

③ 인공신경망 설계

입력뉴런 2개, 2개의 은닉층(첫 번째 은닉층 뉴런 10개, 두 번째 은닉층 뉴런 30개), 출력뉴런 1개로 설계한다. 입력과 은닉층의 활성화 함수로는 'relu' 함수를 사용하고, 출력층은 'sigmoid' 함수를 사용한다. 다음은 xor 학습을 위해 설계된 인공신경망 코딩 및 결과를 나타낸다. 함수에 대한 상세한 설명은 관련 전문서적 또는 인터넷 검색을 통해서 학습하도록 한다.

```
model=Sequential()
model.add(Dense(10,input_dim=2, activation='relu', name='Dense_1'))
model.add(Dense(30, activation='relu', name='Dense_2'))
model.add(Dense(1, activation='sigmoid', name='Dense_3'))
model.summary()
```

```
Model: "sequential_7"
_________________________________________________________________
 Layer (type)                Output Shape              Param #
=================================================================
 Dense_1 (Dense)             (None, 10)                30

 Dense_2 (Dense)             (None, 30)                330

 Dense_3 (Dense)             (None, 1)                 31

=================================================================
Total params: 391
Trainable params: 391
Non-trainable params: 0
```

[그림 10-14] 인공신경망 설계

④ 인공신경망 학습

학습한 신경망 구조는 xor_data.hdf5로 저장한다. 저장된 파일은 X-CUBE-AI를 이용하여 Nucleo-F411보드에서 구현시 로드하여 사용한다. 최적화에는 adam을 사용하고 10,000번 학습한다.

```
modelpath="xor_data.hdf5"
from tensorflow.keras.callbacks import ModelCheckpoint
checkpointer=ModelCheckpoint(filepath=modelpath, verbose=1)
```

```
model.compile(optimizer='adam', loss='mse')
model.fit(x,y,epochs=10000, callbacks=[checkpointer])
```

```
Epoch 9996: saving model to xor_data.hdf5
1/1 [==============================] - 0s 25ms/step - loss: 3.1137e-07
Epoch 9997/10000
1/1 [==============================] - ETA: 0s - loss: 3.1120e-07
Epoch 9997: saving model to xor_data.hdf5
1/1 [==============================] - 0s 28ms/step - loss: 3.1120e-07
Epoch 9998/10000
1/1 [==============================] - ETA: 0s - loss: 3.1101e-07
Epoch 9998: saving model to xor_data.hdf5
1/1 [==============================] - 0s 26ms/step - loss: 3.1101e-07
Epoch 9999/10000
1/1 [==============================] - ETA: 0s - loss: 3.1084e-07
Epoch 9999: saving model to xor_data.hdf5
1/1 [==============================] - 0s 27ms/step - loss: 3.1084e-07
Epoch 10000/10000
1/1 [==============================] - ETA: 0s - loss: 3.1067e-07
```

[그림 10-15] 인공신경망 학습과정

⑤ 학습결과 추론

입력데이터에 대한 XOR 추론결과를 보여준다. 입력이 [0,0], [1,1]일 때 출력 값은 0(0.0004), 입력이 [0,1], [1,0]일 때 출력 값은 1(0.9994)을 보여준다.

```
model.predict(x)
```

```
1/1 [==============================] - 0s 71ms/step

array([[4.0124822e-04],
       [9.9939466e-01],
       [9.9938858e-01],
       [5.8367947e-04]], dtype=float32)
```

[그림 10-16] 학습결과 추론

10.4 X-CUBE-AI를 이용한 인공신경망 적용

지금까지 사용한 STM32CubeIDE 1.12.0 버전에서는 X-CUBE-AI 사용의 오류가 있었으므로 STM32CubeMx 6.7버전을 사용하도록 한다. ST사 홈페이지에서 [그림 10-17]과 같이 Windows용 6.7버전을 반드시 다운로드한 후에 사용한다.

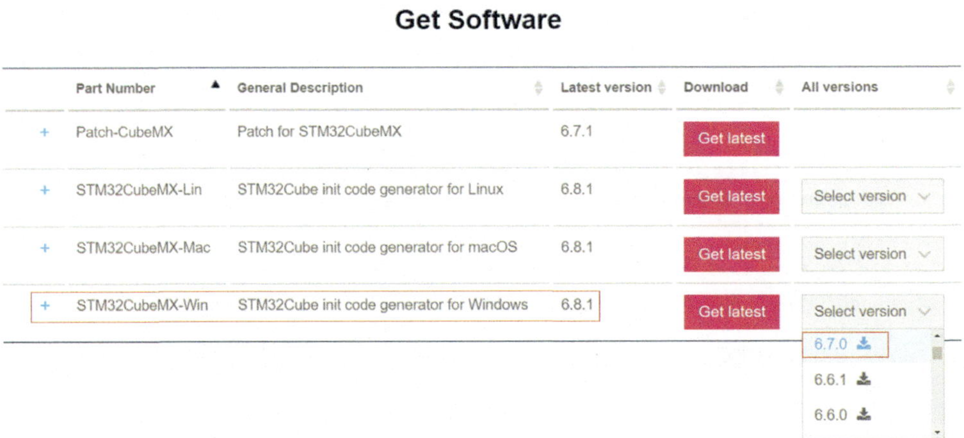

Get Software

	Part Number	General Description	Latest version	Download	All versions
+	Patch-CubeMX	Patch for STM32CubeMX	6.7.1	Get latest	
+	STM32CubeMX-Lin	STM32Cube init code generator for Linux	6.8.1	Get latest	Select version
+	STM32CubeMX-Mac	STM32Cube init code generator for macOS	6.8.1	Get latest	Select version
+	STM32CubeMX-Win	STM32Cube init code generator for Windows	6.8.1	Get latest	Select version 6.7.0 6.6.1 6.6.0

[그림 10-17] STM32CubeMX 다운로드

① STM32CubeMX를 사용한 프로그램 작성 및 실행

○ 프로젝트 만들기

STM32CubeMX 실행 후 [그림 10-18]과 같이 ACCESS TO BOARD SELECTOR를 선택한다.

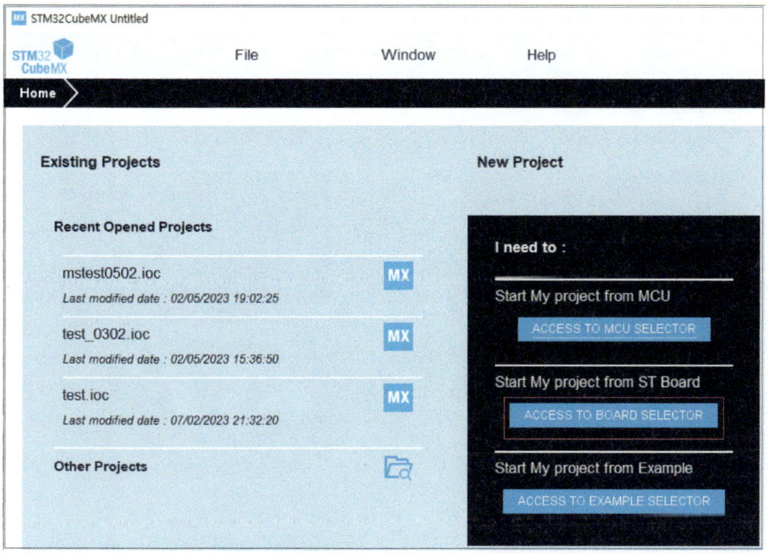

[그림 10-18] STM32CubeMX 실행

○ 사용할 보드 선택

Board Selector를 선택한 후 Commercial Part Number에서 nucleo-f411re를 입력하여 선택하고, 실습에 사용할 보드를 선택 후 Start Project를 선택한다.

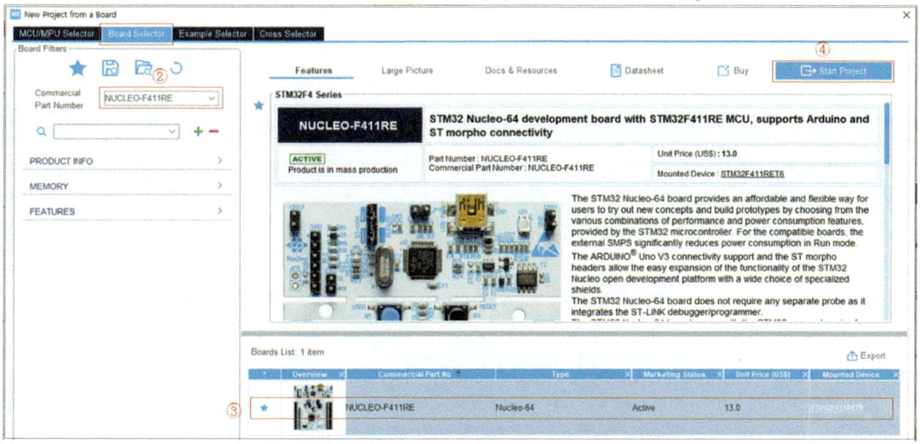

[그림 10-19] 사용할 보드 선택

○ GPIO 및 UART 설정

[그림 10-20]은 STM32CubeIDE 프로젝트 생성 결과이다. STM32CubeMx 파일은 ai_test.ioc이다.

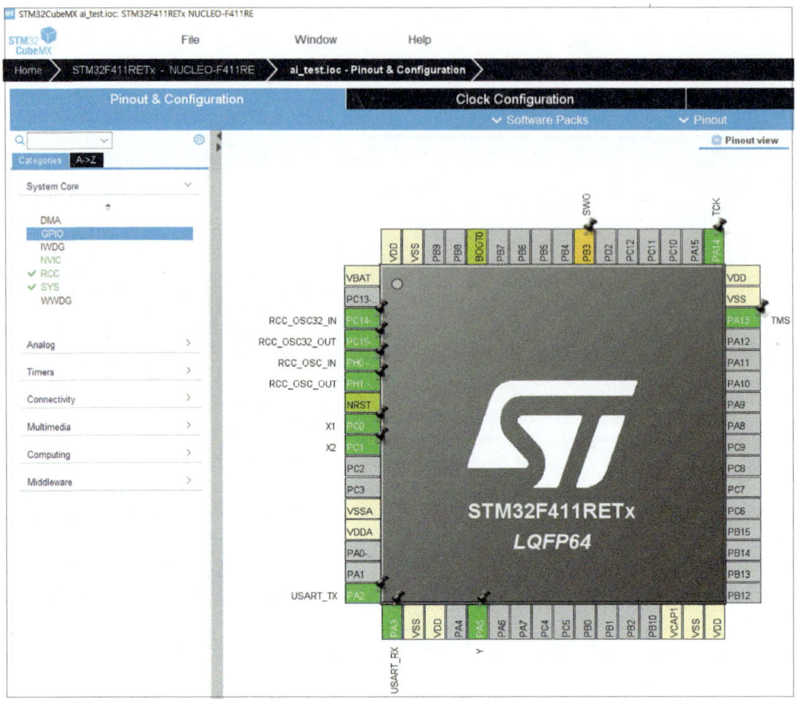

[그림 10-20] STM32CubeIDE 프로젝트 생성 결과

○ X-CUBE-AI 다운 및 설치

X-CUBE-AI Software Pack을 사용하기 위해 [그림 10-21]에서와 같이 Manage Software Packs를 선택한다.

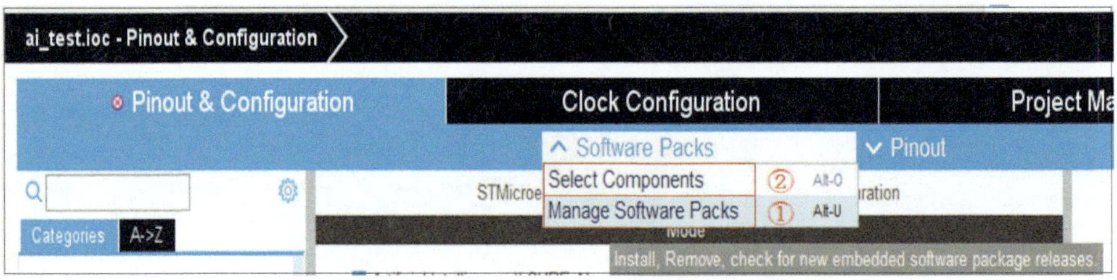

[그림 10-21] X-CUBE-AI Software Pack 설치

[그림 10-22]에서 Artificial Intelligence 7.3.0을 선택한 후 Install을 실행하여 파일을 다운로드 한다. Artificial Intelligence 7.3.0 버전은 TensorFlow and Keras 2.10 버전을 사용한다.

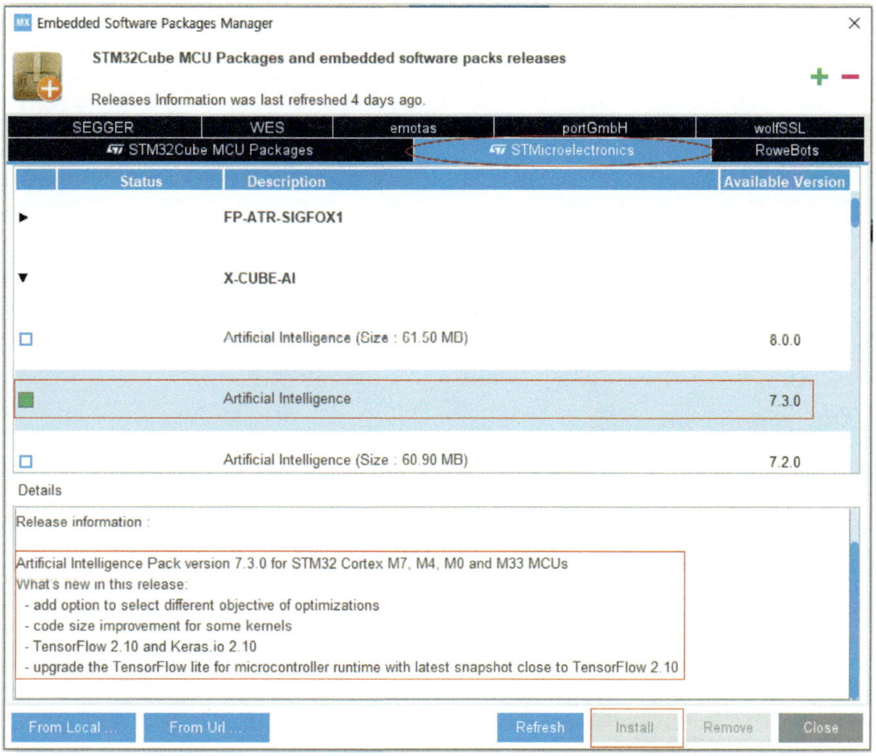

[그림 10-22] Artificial Intelligence 7.3.0 다운로드

[그림 10-21]의 X-CUBE-AI Software Pack에서 Select Components를 선택한다. 그리고 [그림 10-23]과 같이 X-CUBE-AI 7.3.0버전을 선택하고, Core를 선택한 후 Ok를 선택한다.

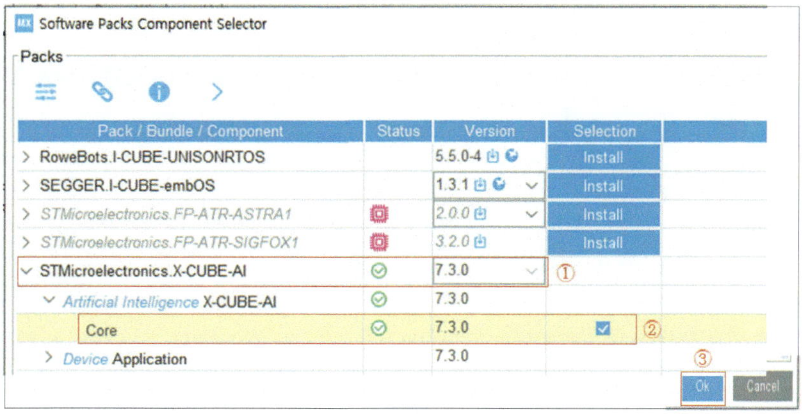

[그림 10-23] X-CUBE-AI 7.3.0 Core 설치

○ X-CUBE-AI 설정

[그림 10-24]는 X-CUBE-AI 설정을 나타낸다. 먼저 Software Pack에서 X-CUBE-AI 7.3.0을 선택하고 Add network을 선택하여 network을 추가하고 Keras 모델을 선택한다. 마지막으로 PC환경에서 Python, TensorFlow를 이용해 설계한 인공신경망 파일(xor_data.hdf5)을 불러온 후, Analyze를 실행한다.

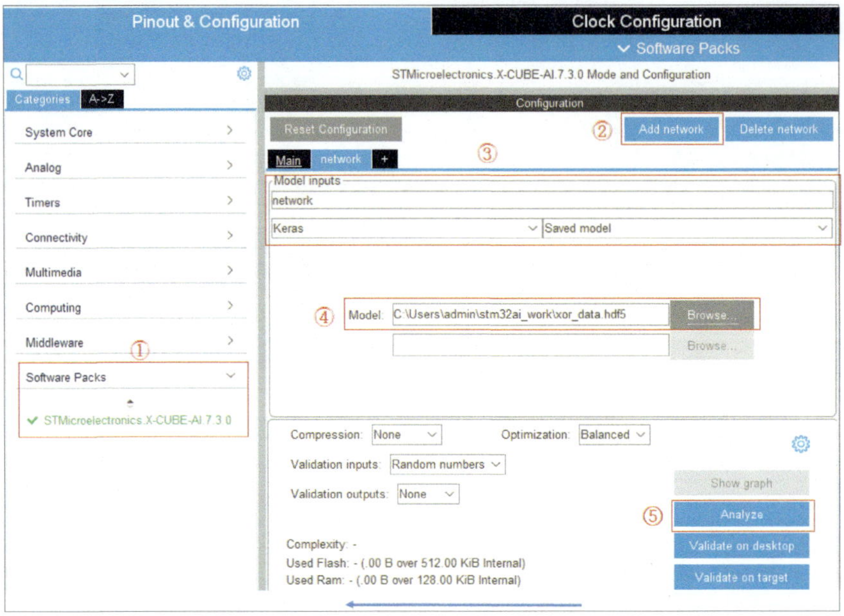

[그림 10-24] X-CUBE-AI 설정

[그림 10-25]는 Analyzer 결과를 보여준다. 내용을 살펴보면 X-CUBE-AI 구현에 필요한 메모리에 대한 내용이다.

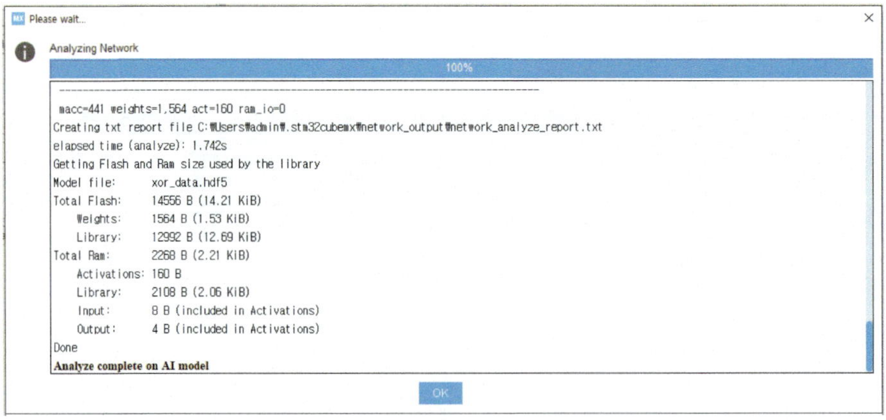

[그림 10-25] Analyzer 결과

○ **프로젝트 관리 및 코드 생성**

STM32CubeMX에서 프로젝트 이름과, 사용한 컴파일러 등에 대한 설정이다. 먼저 프로젝트 이름을 ai_test로 하고, Toolchain/IDE는 STM32CubeIDE를 선택한다. 마지막으로 GENERATE CODE를 선택하여 코드를 생성시킨다.

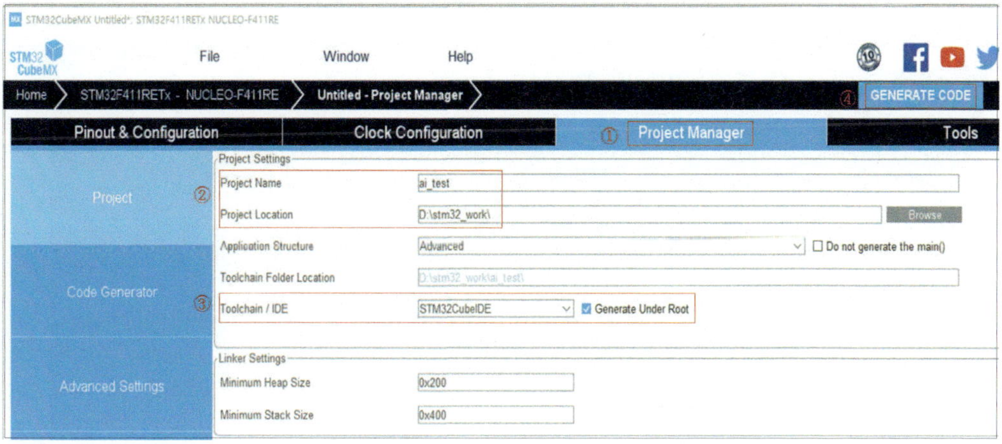

[그림 10-26] STM32CubeMX 프로젝트 관리

정상적으로 코드가 생성되면 [그림 10-27]과 같다. 여기서 Open Project를 선택하면 STM32CubeIDE 환경이 실행된다. 이후의 과정은 다른 실습과정과 동일하다.

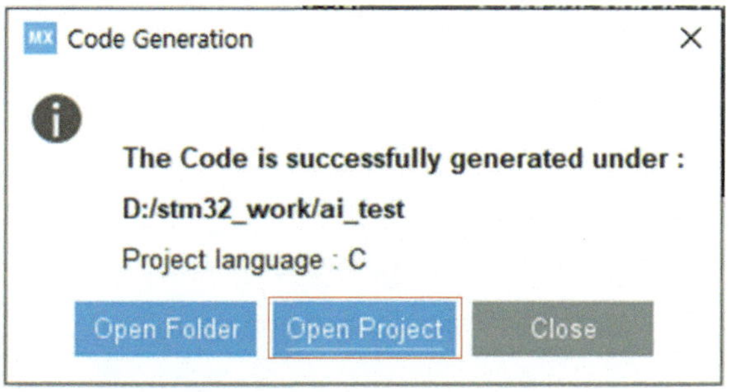

[그림 10-27] Code Generation 결과

○ 생성코드 확인하기

정상적으로 파일들이 자동 생성된 경우 [그림 10-28]과 같은 파일들이 생성된다.

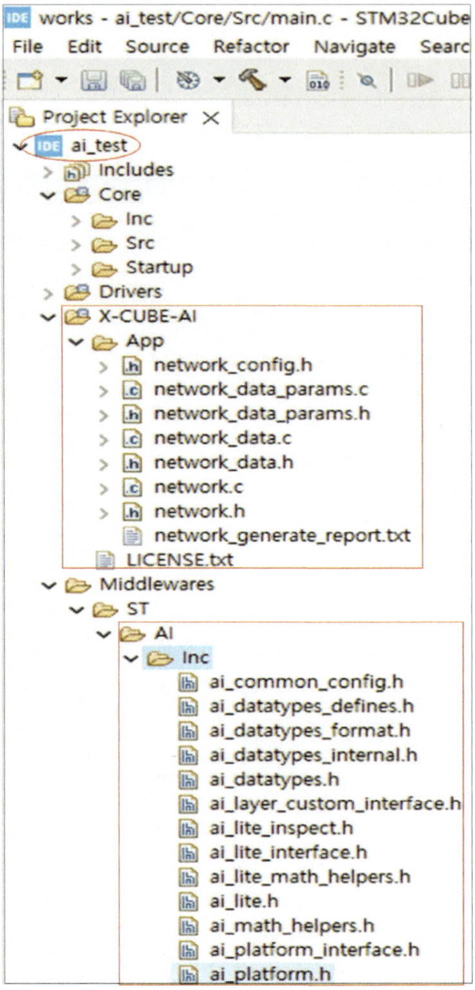

[그림 10-28] 자동생성된 파일들

○ **코드 작성**

사용자가 코드를 작성할 때는 /* USER CODE BEGIN ~ USER CODE END */ 안에 작성한다. XOR를 학습시켰으므로, XOR의 결과를 추론하는지 확인한다.

코드위치 : Project Name₩Core₩Src₩main.c

```
#include "main.h"
#include "ai_platform.h"
#include "network.h"
#include "network_data.h"
#include<stdio.h>

CRC_HandleTypeDef hcrc;
UART_HandleTypeDef huart2;

void SystemClock_Config(void);
static void MX_GPIO_Init(void);
static void MX_USART2_UART_Init(void);
static void MX_CRC_Init(void);

int __io_putchar(int ch)
{  HAL_UART_Transmit(&huart2, (uint8_t *)&ch, 1, 0xFFFF);
   return ch;
}

ai_handle network;
float aiInData[AI_NETWORK_IN_1_SIZE];
float aiOutData[AI_NETWORK_OUT_1_SIZE];
ai_u8 activations[AI_NETWORK_DATA_ACTIVATIONS_SIZE];
ai_buffer * ai_input;
ai_buffer * ai_output;


// AI 초기화 Network 생성 및 초기화 함수
static void AI_Init(void)
{
  ai_error err;
  const ai_handle act_addr[] = { activations };
  err = ai_network_create_and_init(&network, act_addr, NULL);
  if (err.type != AI_ERROR_NONE) {
    printf("AI_Network Create Error - type=%d code=%d\r\n", err.type, err.code);
    Error_Handler();
  }
  ai_input = ai_network_inputs_get(network, NULL);
  ai_output = ai_network_outputs_get(network, NULL);
```

```
}

// AI RUN 함수
static void AI_Run(float *pIn, float *pOut)
{ ai_i32 batch;
  ai_error err;
  ai_input[0].data = AI_HANDLE_PTR(pIn);
  ai_output[0].data = AI_HANDLE_PTR(pOut);

  batch = ai_network_run(network, ai_input, ai_output);
  if (batch != 1) {
    err = ai_network_get_error(network);
    printf("AI_Network Run Error - type=%d code=%d\r\n", err.type, err.code);
    Error_Handler();
  }
}

int main(void)
{
   HAL_Init();
   SystemClock_Config();
   MX_USART2_UART_Init();
   MX_GPIO_Init();
   MX_USART2_UART_Init();
   MX_CRC_Init();

   AI_Init();

  while (1)
  {
    printf("\n\r XOR AI Test!");
    aiInData[0]=0;
    aiInData[1]=0;
    AI_Run(aiInData, aiOutData);
    printf("\n\r [%d]XOR[%d]=[%1.0f]", (int)aiInData[0], (int)aiInData[1],
aiOutData[0]);
    HAL_Delay(1000);

     aiInData[0]=0;
     aiInData[1]=1;
     AI_Run(aiInData, aiOutData);
     printf("\n\r [%d]XOR[%d]=[%1.0f]", (int)aiInData[0], (int)aiInData[1],
aiOutData[0]);
     HAL_Delay(1000);
```

```
        aiInData[0]=1;
        aiInData[1]=0;
        AI_Run(aiInData, aiOutData);
        printf("\n\r [%d]XOR[%d]=[%1.0f]", (int)aiInData[0], (int)aiInData[1],
aiOutData[0]);
        HAL_Delay(1000);

        aiInData[0]=1;
        aiInData[1]=1;
        AI_Run(aiInData, aiOutData);
        printf("\n\r [%d]XOR[%d]=[%1.0f]", (int)aiInData[0], (int)aiInData[1],
aiOutData[0]);
        HAL_Delay(1000);
  }
 }
```

○ 생성된 코드 실행하기

[그림 10-29]와 같이 Project → Build Project를 실행하여 생성된 코드가 컴파일과 링크과정을 거쳐서 디버깅에 필요한 파일(ai_test.elf)이 생성되는지 확인하고, Run → Run을 선택하여 실행한다.

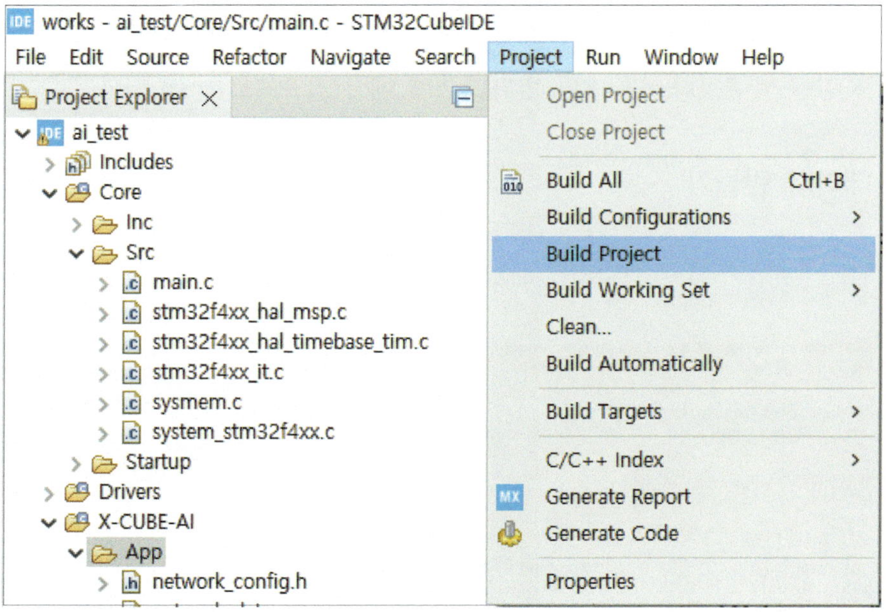

[그림 10-29] 코드 실행하기

○ 실행 결과

[그림 10-30]은 XOR 입력에 대한 인공신경망 추론 결과를 나타낸다.

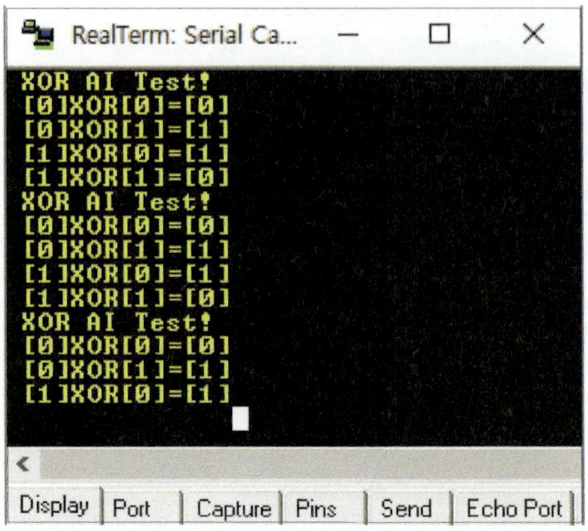

[그림 10-30] XOR 인공신경망 추론 결과

10.5 SIN(X) 인공신경망 설계 및 적용

인공신경망을 통해서 SIN(X) 연산을 설계하고, 설계된 데이터를 X-CUBE-AI를 이용하여 Nucleo-F411보드에서 구현한다. ADC를 이용하여 0~3.14까지 입력받고, 입력(X) 받은 값에 대한 SIN(X)값을 추론한다. 단, X의 범위는 ADC에서 받으므로 0~3.14까지로 한다.

① 학습데이터 만들기

```
from tensorflow.keras.models import Sequential
from tensorflow.keras.layers import Dense
```

```
import matplotlib.pyplot as plt
import numpy as np
```

```
x=np.arange(0,np.pi,0.01)
print(x)
y=np.sin(x)
print(y)
```

```
[0.   0.01 0.02 0.03 0.04 0.05 0.06 0.07 0.08 0.09
 0.14 0.15 0.16 0.17 0.18 0.19 0.2  0.21 0.22 0.23
 0.28 0.29 0.3  0.31 0.32 0.33 0.34 0.35 0.36 0.37
```

```
plt.plot(x,y)
plt.xlabel('x from 0 to pi(3.14)')
plt.ylabel('sin(x)')
plt.show()
```

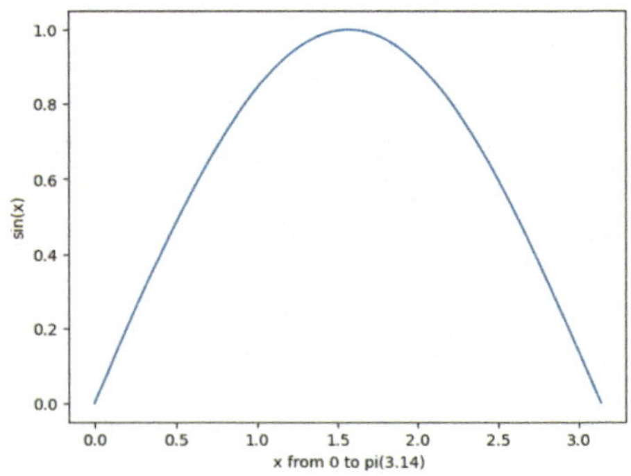

[그림 10-31] 학습데이터 만들기

② 인공신경망 설계

입력뉴런 1개, 2개의 은닉층(첫 번째 은닉층 뉴런 10개, 두 번째 은닉층 뉴런 10개), 출력뉴런 1개로 설계한다. 입력과 은닉층의 활성화 함수로는 'relu' 함수를 사용하고, 출력층은 'sigmoid' 함수를 사용한다.

```
model=Sequential()
model.add(Dense(10,input_dim=1, activation='relu', name='Dense_1'))
model.add(Dense(10, activation='relu', name='Dense_2'))
model.add(Dense(1, activation='sigmoid', name='Dense_3'))
model.summary()
```

```
Model: "sequential_2"
_________________________________________________________________
 Layer (type)                Output Shape              Param #
=================================================================
 Dense_1 (Dense)             (None, 10)                20

 Dense_2 (Dense)             (None, 10)                110

 Dense_3 (Dense)             (None, 1)                 11

=================================================================
Total params: 141
Trainable params: 141
Non-trainable params: 0
_________________________________________________________________
```

[그림 10-32] 인공신경망 설계

③ 인공신경망 학습

학습한 신경망 구조는 sine1.hdf5로 저장하고, 저장된 파일은 X-CUBE-AI를 이용하여 Nucleo-F411 보드에서 구현시 로드하여 사용한다. 최적화에는 adam을 사용하고 5,000번 학습한다.

```
modelpath="sine1.hdf5"
from tensorflow.keras.callbacks import ModelCheckpoint
checkpointer=ModelCheckpoint(filepath=modelpath, verbose=1)
```

```
model.compile(optimizer='adam', loss='mse')
model.fit(x,y,epochs=5000, callbacks=[checkpointer])
```

```
Epoch 4996: saving model to sine1.hdf5
10/10 [==============================] - 0s 5ms/step - loss: 7.0007e-04
Epoch 4997/5000
 1/10 [==>...........................] - ETA: 0s - loss: 4.8261e-04
Epoch 4997: saving model to sine1.hdf5
10/10 [==============================] - 0s 4ms/step - loss: 7.3734e-04
Epoch 4998/5000
 1/10 [==>...........................] - ETA: 0s - loss: 8.8507e-04
Epoch 4998: saving model to sine1.hdf5
10/10 [==============================] - 0s 4ms/step - loss: 7.0168e-04
Epoch 4999/5000
 1/10 [==>...........................] - ETA: 0s - loss: 6.5298e-04
Epoch 4999: saving model to sine1.hdf5
10/10 [==============================] - 0s 3ms/step - loss: 7.1224e-04
Epoch 5000/5000
 1/10 [==>...........................] - ETA: 0s - loss: 0.0014
```

[그림 10-33] 인공신경망 학습과정

④ 학습결과 추론

입력데이터에 대한 XOR 추론결과를 보여준다. 입력이 [0, 0], [1, 1]일 때 출력 값은 0(0.0004), 입력이 [0, 1], [1, 0]일 때 출력 값은 1(0.9994)을 보여준다.

```
1  plt.plot(x,model.predict(x))
```

```
10/10 [==============================] - 0s 1ms/step
[<matplotlib.lines.Line2D at 0x1fb27bccf40>]
```

[<matplotlib.lines.Line2D at 0x1fb27bccf40>]

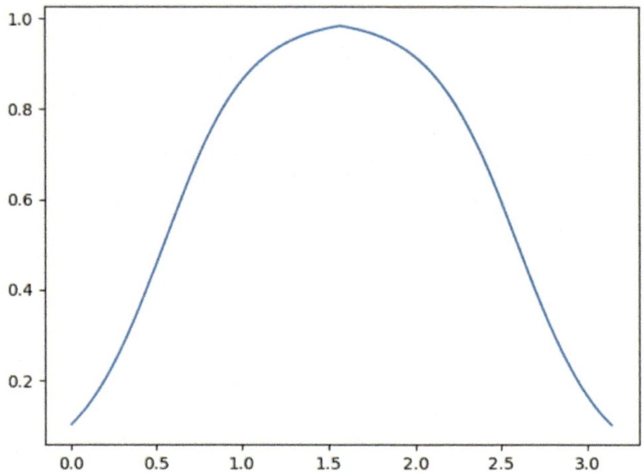

[그림 10-34] 학습결과 추론

⑤ STM32CubeMX를 사용한 프로그램 작성 및 실행

○ 프로젝트 만들기 및 사용할 보드 선택 등은 앞 장의 내용과 동일하게 진행한다.

○ ADC 설정

6장 인터럽트를 이용한 ADC 방법을 이용한다. ADC1의 IN0(PA0)에서 Analog신호를 입력받는다.

○ X-CUBE-AI 설정

[그림 10-35]와 같이 X-CUBE-AI 설정을 나타낸다. 인공신경망 학습파일(sin1.hdf5)을 불어온 후, Analyze를 실행한다.

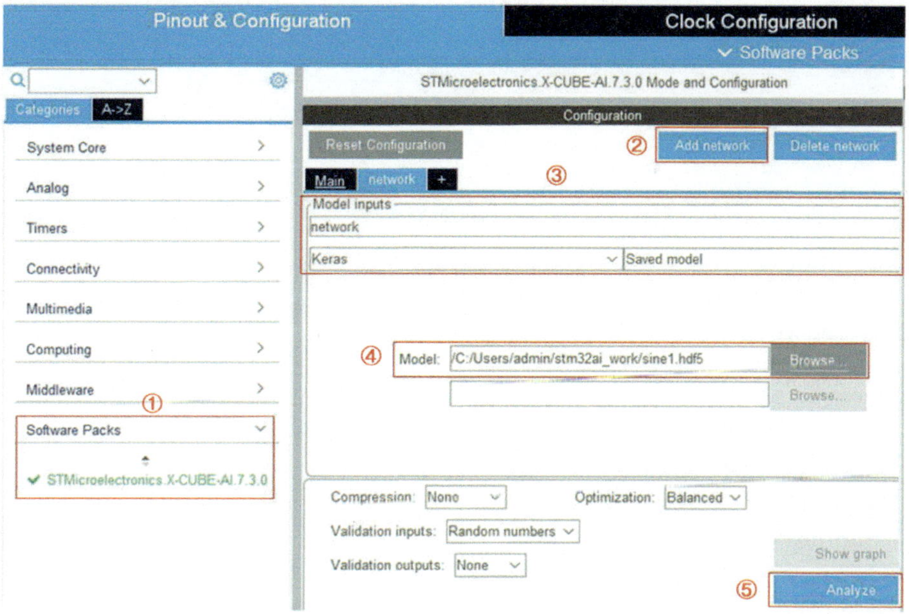

[그림 10-35] X-CUBE-AI 설정

○ 프로젝트 관리 및 코드 생성

[그림 10-36]과 같이 STM32CubeMX에서 프로젝트 이름과, 사용한 컴파일러 등에 대한 설정이다. 프로젝트이름을 <u>ai_sinetest</u>로 하고, Toolchain/IDE는 <u>STM32CubeIDE</u>를 선택한다. 마지막으로 <u>GENERATE CODE</u>를 선택하여 코드를 생성시킨다.

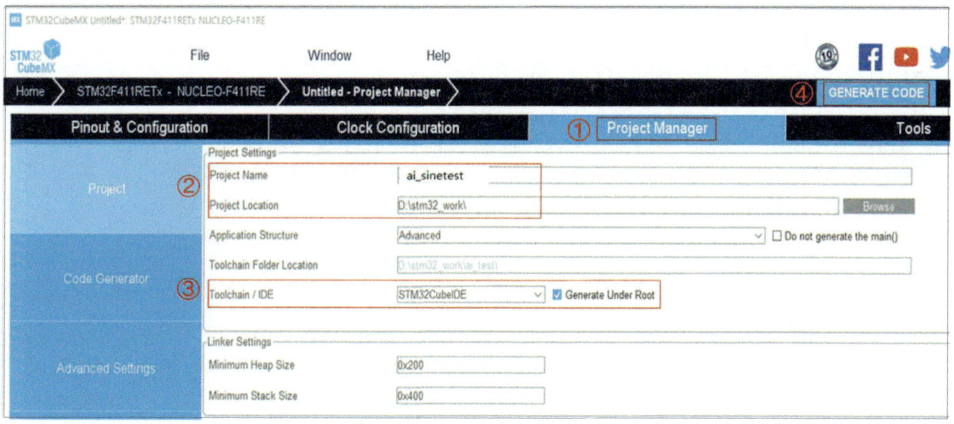

[그림 10-36] 프로젝트 관리 및 코드 생성

○ 코드 작성

사용자가 코드를 작성할 때는 /* USER CODE BEGIN ~ USER CODE END */ 안에 작성한다. sin(x)를 학습시켰으므로, sin(x)의 결과를 추론하는지 확인한다.

코드위치 : Project Name₩Core₩Src₩main.c

```
#include "main.h"
#include "ai_platform.h"
#include "network.h"
#include "network_data.h"
#include<stdio.h>

ADC_HandleTypeDef hadc1;
CRC_HandleTypeDef hcrc;
UART_HandleTypeDef huart2;

void SystemClock_Config(void);
static void MX_GPIO_Init(void);
static void MX_ADC1_Init(void);
static void MX_USART2_UART_Init(void);
static void MX_CRC_Init(void);

int __io_putchar(int ch)
{  HAL_UART_Transmit(&huart2, (uint8_t *)&ch, 1, 0xFFFF);
   return ch;
}

ai_handle network;
float aiInData[AI_NETWORK_IN_1_SIZE];
float aiOutData[AI_NETWORK_OUT_1_SIZE];
ai_u8 activations[AI_NETWORK_DATA_ACTIVATIONS_SIZE];
ai_buffer * ai_input;
ai_buffer * ai_output;

// AI 초기화 Network 생성 및 초기화 함수
static void AI_Init(void)
{
   ai_error err;
   const ai_handle act_addr[] = { activations };
   err = ai_network_create_and_init(&network, act_addr, NULL);
   if (err.type != AI_ERROR_NONE) {
      printf("AI_Network Create Error - type=%d code=%d\r\n", err.type, err.code);
      Error_Handler();
   }
   ai_input = ai_network_inputs_get(network, NULL);
```

```
  ai_output = ai_network_outputs_get(network, NULL);
}

// AI RUN 함수
static void AI_Run(float *pIn, float *pOut)
{ ai_i32 batch;
  ai_error err;
  ai_input[0].data = AI_HANDLE_PTR(pIn);
  ai_output[0].data = AI_HANDLE_PTR(pOut);

  batch = ai_network_run(network, ai_input, ai_output);
  if (batch != 1) {
    err = ai_network_get_error(network);
    printf("AI_Network Run Error - type=%d code=%d\r\n", err.type, err.code);
    Error_Handler();
  }
}

uint32_t value=0, ad_max=4095;

void HAL_ADC_ConvCpltCallback(ADC_HandleTypeDef* hadc)
{
  if(hadc->Instance==ADC1)
  { value=HAL_ADC_GetValue(&hadc1);}

   HAL_ADC_Start_IT(hadc);
 }

int main(void)
{  float volt=0.0;
   HAL_Init();
   SystemClock_Config();
   MX_USART2_UART_Init();
   MX_GPIO_Init();
   MX_USART2_UART_Init();
   MX_CRC_Init();
   HAL_ADC_Start_IT(&hadc1);
   printf("\n ADC test start!");
   AI_Init();
   aiInData[0]=0;

  while (1)
  {
      volt=(float)((value*3.3)/ad_max);
      aiInData[0]=volt;
```

```
        AI_Run(aiInData, aiOutData);
        HAL_Delay(200);
        printf("\n\r SIN(%1.3f) AI Inference = %1.3f", aiInData[0], aiOutData[0]);
    }
  }
```

○ 생성된 코드 실행하기

[그림 10-37]과 같이 Project → Build Project를 실행하여 생성된 코드가 컴파일과 링크과정을 거쳐서 디버깅에 필요한 파일(ai_sinetest.elf)이 생성되는지 확인하고, Run → Run을 선택하여 실행한다.

○ 실행 결과

인공신경망을 통해 학습한 sin(x)에 대한 추론 값은 [그림 10-37]과 같다.

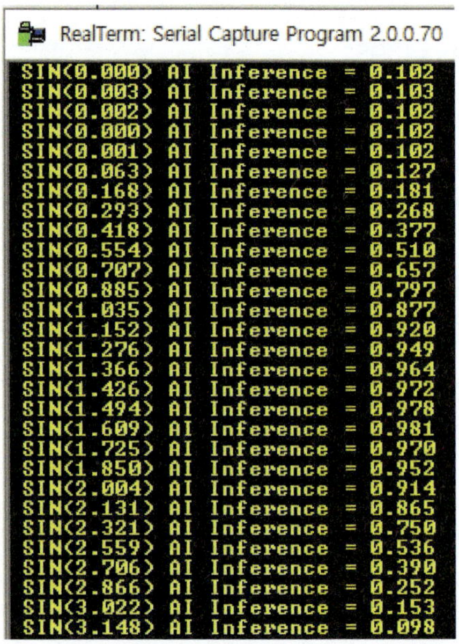

[그림 10-37] 인공신경망을 이용한 sin(x) 추론 결과

참고문헌 REFERENCE

1. STM32F411xC datasheet(www.st.com)
2. STM32 Cortex-M4 MCUs and MPUs programming manual (www.st.com)
3. NUCLEO-F411 보드 회로도(MB1136, www.st.com)
4. MPU6050 datasheet(https://invensense.tdk.com)
5. 《ATmega128 응용실습》, 박민상, 복두출판사

저 자 약 력

박민상

- 現, 한국폴리텍대학 인천캠퍼스 정보통신과 교수
- 前, LG정보통신 중앙연구소 주임연구원

저자와의
협의에 의해
인지 생략

STM32CubeIDE를 이용한

CORTEX-M4 기초 및 응용

2판 1쇄 2025년 7월 25일

저 자	박민상
발행인	송광헌
발행처	**복두(더)**
주 소	서울특별시 영등포구 경인로82길 3-4 센터플러스 807호 (우) 07371
전 화	02-2164-2580
FAX	02-2164-2584
등 록	1993. 11. 22. 제 10-902 호

정가 : 28,000원

ISBN : 979-11-6675-636-8 93560

한국과학기술출판협회 회원사